水利水电工程施工现场管理人员培训教材

安 全 员

中国水利工程协会　主编

黄 河 水 利 出 版 社
·郑 州·

内容提要

本教材是基于水利水电工程建设发展的需要，按照国家有关法律法规和水利行业规范标准，以紧密联系工程建设为核心，以培养高素质、高水准、高规格的水利工程从业人员为目标，加强科学施工与工程安全管理，确保工程质量和生产安全。全书共分为十章，内容包括安全生产管理概述，安全生产教育培训，文明施工，安全技术措施与专项施工方案，施工设备和设施安全管理，施工作业安全管理，金属结构及机电设备安装与调试安全管理，危险物品安全管理，隐患排查治理、危险源管理和重大危险源监控，安全事故和应急救援知识。

本教材主要作为水利水电工程施工现场管理人员培训、学习及考核用书，也可供从事水利领域专业研究和工程建设有关设计、施工、监理等人员以及大专院校相关专业师生参考阅读。

图书在版编目(CIP)数据

安全员/中国水利工程协会主编. —郑州：黄河水利出版社，2020.5

水利水电工程施工现场管理人员培训教材

ISBN 978-7-5509-2473-4

Ⅰ.①安… Ⅱ.①中… Ⅲ.①水利水电工程-安全管理-技术培训-教材 Ⅳ.①TV513

中国版本图书馆 CIP 数据核字(2019)第 178591 号

出 版 社：黄河水利出版社　　网址：www.yrcp.com

地址：河南省郑州市顺河路黄委会综合楼 14 层　　邮政编码：450003

发行单位：黄河水利出版社

发行部电话：0371-66026940、66020550、66028024、66022620(传真)

E-mail：hhslcbs@126.com

承印单位：河南承创印务有限公司

开本：787 mm×1 092 mm　1/16

印张：19.5

字数：475 千字　　印数：1—2 000

版次：2020 年 5 月第 1 版　　印次：2020 年 5 月第 1 次印刷

定价：78.00 元

序

随着我国经济社会的快速发展，水利作为国民经济的基础设施和基础产业，在经济社会发展中起着越来越重要的作用。党中央、国务院高度重视水利工作，水利投资逐年增加，水利工程建设方兴未艾，172 项节水供水重大水利工程在建投资规模超万亿，开工建设 80% 以上。“水利工程补短板、水利行业强监管”正有效推进大规模水利工程的建设和水利事业改革发展。

“百年大计，质量第一”。水利工程质量涉及社会公共利益、人民生命安全，至关重要。水利工程施工是确保工程质量的关键，它不仅要求严格执行施工作业程序，还要求对质检、材料、资料等方面进行严格管理，特别是涉及人民生命财产安全的施工质量和施工安全，一旦出现问题，极有可能导致灾难性后果。水利水电工程施工现场管理人员作为水利工程建设的一线人员，与水利工程施工质量、安全密切相关，提高水利工程施工管理人员技术水平，是确保工程质量顺利实施的关键。因此，重视水利工程施工的管理，加强对生产一线的水利工程建设施工单位的施工现场管理人员的培养，建设一支合格的、高水平的、技术精湛的水利工程建设施工管理人员队伍显得尤为重要。

中国水利工程协会组织国内多年从事水利水电工程施工、管理的有关单位和专家、学者、教授，在两年时间里编写了水利水电工程施工现场管理人员培训教材，包括《基础知识》《施工员》《安全员》《质检员》《资料员》《材料员》。本套教材将会对水利工程建设一线的相关人员提供一个有益的借鉴和参考。有利于规范水利工程施工管理行为，提高施工现场管理人员综合素质与业务水平，打造一支过硬的水利工程建设人员队伍。对弘扬工匠精神，打造精品工程，保障水利工程建设质量和安全，发挥积极的作用。

孙继昌

序

《安全员》编审委员会

前言

在水利水电建设快速发展的新形势下，水利水电工程建设领域对施工现场管理人员的职业素质提出了更高的要求，中国水利工程协会于2017年6月26日发布了《水利水电工程施工现场管理人员职业标准》。为全面贯彻、执行水利行业法律法规和规范标准，提高水利水电工程施工现场管理人员的专业素质和业务水平，中国水利工程协会组织编写了水利水电工程施工现场管理人员培训教材，包括《基础知识》《施工员》《质检员》《安全员》《材料员》《资料员》。

水利水电工程是国家重要的基础设施，在社会可持续发展中发挥着不可替代的重要作用，其工程建设的安全不仅关系到人民生命和财产安全，而且还关系到国计民生和社会稳定。因此，在水利水电工程建设全过程中，加强安全管理十分重要。《安全员》作为培训教材之一，内容主要根据"安全第一、预防为主、综合治理"的施工项目安全管理方针，按照施工现场安全生产的原则，从安全员岗位职业需要出发，介绍了安全生产过程中涉及的计划、组织、监控、调节和改进等一系列致力于满足生产安全所进行的生产管理活动。全书分安全生产管理概述，安全生产教育培训，文明施工，安全技术措施与专项施工方案，施工设备和设施安全管理，施工作业安全管理，金属结构及机电设备安装与调试安全管理，危险物品安全管理，隐患排查治理、危险源管理和重大危险源监控，安全事故和应急救援知识十部分。作者在编写过程中参考了国家安全管理法律法规及相关规程、规范、标准以及文献中的某些内容，若教材内容与国家法律法规及相关规程、规范和标准不一致，以国家法律法规及相关规程、规范和标准为准。

本书由重庆水利电力职业技术学院陈邦尚、肖云川担任主编，中国水电建设集团十五工程局有限公司王星照担任主审。重庆水利电力职业技术学院肖云川编写了第一章、第二章和第三章，陈邦尚编写了第四章和第五章，闵志华编写了第六章，程小龙编写了第八章和第九章，张守平编写了第十章；中水淮河规划设计研究有限公司王桂生编写了第七章。

本书在编写过程中得到了中国水利工程协会领导，中水淮河规划设计研究有限公司伍宛生，中国水电建设集团十五工程局有限公司王星照，上海宏波工程咨询管理有限公司韩忠，华北水利水电大学刘秋常、吕艺生等专家的帮助和指导，参考和引用了文献中的内容，在此对所有在本书编写工作中给予指导和帮助的专家及单位以及本书引用文献的作者表示衷心的感谢！

由于编者水平有限，书中难免存在一些缺点和不足之处，敬请广大读者不吝批评指正，以便再版改进。

编　者

2019年6月

前言

目　录

第一章　安全生产管理概述

第一节　安全生产的基本知识

一、安全生产方针

《水利工程建设安全生产管理规定》提出安全生产工作应以“安全第一，预防为主，综合治理”的安全生产方针，强化和落实生产经营单位的主体责任，建立生产经营单位负责、职工参与、政府监管、行业自律和社会监督的机制。

这个安全生产方针，强化了安全生产的重要性，并强调在生产中要做好预防工作，尽可能将事故消灭在萌芽状态。这个方针的含义如下。

（一）安全生产工作的重要性

在生产过程中的安全是生产发展的客观需要，特别是现代化生产，更不允许有所忽视，必须强化安全生产，在生产活动中把安全工作放在第一位，当生产与安全发生矛盾时，生产要服从安全。这就是安全第一的含义。

我国是社会主义国家，安全生产是党和国家的一项重要政策，是保护劳动者安全和发展生产力的重要工作，也是维护社会安定，促进国民经济稳定、持续、健康发展的基本条件，是社会文明程度的重要标志。安全生产也是社会主义企业管理的一项重要原则，这是社会主义制度性质所决定的。

（二）安全与生产的辩证统一

在生产建设中，必须用辩证统一的观点去处理好安全与生产的关系。也就是说，企业领导者必须善于安排安全和生产。越是生产任务忙，越要重视安全，把安全工作搞好。否则，就会招致工伤事故，既妨碍生产，又影响安全。这是生产实践证明了的一条重要经验教训。

怎样理解安全和生产的辩证统一关系呢？在生产过程中，安全和生产既有矛盾性，又有统一性。所谓矛盾性，首先是生产过程中不安全因素与生产的矛盾。要对不安全因素采取措施，就要增加支出，或影响生产进度。所谓统一性，就是对不安全因素采取措施后，改善了劳动条件、职工有良好的精神状态和劳动热情，劳动生产率就会提高。没有生产活动，安全工作就不会存在；反之，没有安全工作，生产就不能顺利进行，这就是安全与生产互为条件、互相依存的道理，也就是安全与生产的统一性。

（三）安全生产工作必须强调预防为主

安全生产以预防为主是现代生产发展的需要。现代科学技术日新月异，在生产过程中，安全问题十分复杂，稍有疏忽就会酿成重大事故。预防为主，就是要在事前做好安全工作。要做到“防微杜渐”“防患于未然”。要依靠技术进步，加强科学管理，搞好科学预测与分析工作，把事故消灭在萌芽状态。安全第一、预防为主两者是相辅相成、互相促进的。预防为主是实现安全第一的基础，要做到安全第一，首先要搞好预防措施。预防工作做好了，就可以保证生产安全。

(四)安全生产工作必须综合治理

随着社会经济的快速发展,生产经营活动面临的情况错综复杂,稍有疏忽就会酿成事故,且事故带来的破坏性越来越大。将"综合治理"纳入安全生产方针,标志着对安全生产的认识上升到一个新的高度,是贯彻落实科学发展观的具体体现,秉承"安全发展"的理念,从遵循和适应安全生产的规律出发,综合运用经济手段、法律手段和必要的行政手段,从发展规划、行业管理、安全投入、科技进步、经济政策、教育培训、安全立法、激励约束、企业管理、监管体制、社会监督以及追究事故责任、查处违法违纪等方面着手,解决影响制约安全生产的历史性、深层次问题,建立安全生产长效机制。

二、安全生产责任制

安全生产责任制是生产经营单位和企业根据"管生产必须管安全""安全生产,人人有责"的原则,明确规定各级领导、各职能部门、各岗位、各工种人员在生产活动中应承担的安全职责的管理制度。

安全生产责任制是各项安全管理制度的核心,是企业岗位责任制的一个重要组成部分,是企业安全管理中最基本的制度,是保障安全生产的重要组织措施。它是经过长期的安全生产、劳动保护管理实践证明的成功制度与措施。

(一)职能部门安全生产责任制

1. 生产计划部门

(1)在编制下达生产计划时,要考虑工程特点和季节气候条件,合理安排并会同有关部门提出相应的安全要求和注意事项,安排月、旬作业计划时,要将支、拆安全网,拆、搭脚手架等列为正式工作,给予时间保证。

(2)在检查月、旬生产计划的同时,要检查安全措施的执行情况。

(3)在排除生产障碍时,要贯彻"安全第一"的思想,同时消除安全隐患,遇到生产与安全发生矛盾时,生产必须服从安全,不得违章作业。

(4)对改善劳动条件的工程项目必须纳入生产计划,视同生产任务并优先安排,在检查生产计划完成情况时,一并检查。

(5)加强对现场的场容场貌管理,做到安全生产、文明施工。

2. 技术部门

(1)对施工生产中的有关技术问题负安全责任。

(2)对改善劳动条件、减轻笨重体力劳动、消除噪声、治理尘毒危害等情况,负责制定技术措施。

(3)严格按照国家有关安全技术规程、标准,编制、审批施工组织设计、施工方案、工艺等技术文件,使安全措施贯穿于施工组织设计、施工方案、工艺卡的内容里,负责解决施工中的疑难问题,从技术措施上保证安全生产。

(4)对新工艺、新技术、新设备、新施工方法要制定相应的安全措施和安全操作规程。

(5)会同劳动、教育部门编制安全技术教育计划,对职工进行安全技术教育。

(6)参加安全检查,对查出的隐患因素提出技术改进措施,并检查执行情况。

(7)参加伤亡事故和重大未遂事故的调查,针对事故原因提出技术措施。

3. 机械设备部门

(1)制定安全措施,保证机、电、起重设备、锅炉、受压容器安全运行,对所有现用的安全防护装置及一切附件,经常检查其是否齐全、灵敏、有效,并督促操作人员进行日常维护。

(2)对严重危及职工安全的机械设备,应会同技术部门提出技术改进措施,并付诸实施。

(3)新购进的机械、锅炉、受压容器等设备的安全防护装置必须齐全、有效,出厂合格证及技术资料必须完整,使用前要制定安全操作规程。

(4)负责对机、电、起重设备的操作人员,锅炉、受压容器的运行人员进行定期培训、考核并签发作业合格证,制止无证上岗。

(5)认真贯彻执行机、电、起重设备、锅炉、受压容器的安全规程和安全运行制度,对违章作业人员要严肃处理,发生机、电设备事故应认真调查分析。

4. 材料供应部门

(1)供施工生产使用的一切机具和附件等,在购入时必须有出厂合格证明,发放时必须符合安全要求,回收后必须检修。

(2)采购的劳动保护用品,必须符合规格标准。

(3)负责采购、保管、发放和回收劳动保护用品,并向本单位劳动部门说明使用情况。

(4)对批准的安全设施所用材料应纳入计划,及时供应。

(5)对所属职工经常进行安全意识和纪律教育。

5. 劳动部门

(1)负责对劳动保护用品发放标准的执行情况进行监督检查,并根据上级有关规定修改和制定劳保用品发放标准实施细则。

(2)严格审查和控制上报职工加班、加点和营养补助,以保证职工劳逸结合和身体健康。

(3)会同有关部门对新工人做好入场安全教育,对职工进行定期安全教育和培训考核。

(4)对违反劳动纪律,影响安全生产者应加强教育,经说服无效或屡教不改的应提出处理意见。

(5)参加伤亡事故调查处理,认真执行对责任者的处理决定,并将处理材料归档。

6. 安全生产管理部门

(1)组织或者参与拟订本单位安全生产规章制度、操作规程和生产安全事故应急救援预案。

(2)组织或者参与本单位安全生产教育和培训,如实记录安全生产教育和培训情况。

(3)督促落实本单位重大危险源的安全管理措施。

(4)组织或者参与本单位应急救援演练。

(5)检查本单位的安全生产状况,及时排查生产安全事故隐患,提出改进安全生产管理的建议。

(6)制止和纠正违章指挥、强令冒险作业、违反操作规程的行为。

(7)督促落实本单位安全生产整改措施。

7. 工会

(1)向员工宣传国家的安全生产方针、政策、法律、法规、标准和行业标准以及企业的安全生产规章制度，对员工进行遵章守纪安全意识和安全卫生知识教育。

(2)监督检查企业安全生产经费的投入，督促改善安全生产条件项目的落实情况。

(3)发现违章指挥、强令工人冒险作业或发现明显重大事故隐患和职业危害，危及职工生命安全和身体健康时，有权代表职工向企业主要负责人或现场指挥人员提出解决的建议，若无效，应支持和组织职工停止作业，撤离危险现场。

(4)把本单位安全生产和职业卫生议题，纳入职工代表大会的重要议程，并做出相应决议。

(5)督促和协助企业负责人严格执行国家有关保护女职工的规定，切实做好女职工的"四期"保护工作。

(6)组织职工开展安全生产竞赛活动，发动职工为安全生产提供合理化建议和举报事故隐患，评选先进时，严把安全关，凡违章指挥、强令工人冒险作业而造成死亡事故的单位不能评为先进集体，责任者不能评为先进个人。

(7)参加职工伤亡事故和职业病的调查工作，协助查清事故原因，总结经验教训，采取防范措施，有权代表职工和家属对事故主要责任者提出控告，追究其行政、法律的责任。

(二)企业领导安全生产责任

1. 企业主要负责人

(1)依法对本单位的安全生产工作全面负责。

(2)建立、健全本单位安全生产责任制。

(3)组织制定本单位安全生产规章制度和操作规程。

(4)组织制订并实施本单位安全生产教育和培训计划。

(5)保证本单位安全生产投入的有效实施。

(6)督促、检查本单位的安全生产工作，及时消除生产安全事故隐患。

(7)组织制订并实施本单位的生产安全事故应急救援预案。

(8)及时、如实报告生产安全事故。

2. 企业技术负责人(总工程师)

(1)贯彻执行国家和上级的安全生产方针、政策，协助法定代表人做好安全方面的技术领导工作，在本企业施工安全生产中负技术领导责任。

(2)制订年度和季节性施工计划时，要确定指导性的安全技术方案。

(3)组织编制和审批施工组织设计、特殊复杂工程项目或专业性工程项目施工方案时，应严格审查是否具备安全技术措施及其可行性，并提出决定性意见。

(4)领导安全技术攻关活动，确定劳动保护研究项目，并组织鉴定验收。

(5)从技术上对本企业使用的新材料、新技术、新工艺负责，组织审查其使用和实施过程中的安全性，组织编制或审定相应的操作规程，重大项目应组织安全技术交底工作。

(6)参加特大、重大伤亡事故的调查，从技术上分析事故原因，制定防范措施。

3. 企业安全生产管理人员

(1)组织或者参与拟订本单位安全生产规章制度、操作规程和生产安全事故应急救援预案。

(2)组织或者参与本单位安全生产教育和培训，如实记录安全生产教育和培训情况。

(3)督促落实本单位重大危险源的安全管理措施。

(4)组织或者参与本单位应急救援演练。

(5)检查本单位的安全生产状况,及时排查生产安全事故隐患,提出改进安全生产管理的建议。

(6)制止和纠正违章指挥、强令冒险作业、违反操作规程的行为。

(7)督促落实本单位安全生产整改措施。

(三)项目管理人员安全生产责任

1. 项目经理

(1)对水利工程建设项目的安全施工负责。

(2)落实安全生产责任制度、安全生产规章制度和操作规程。

(3)确保安全生产费用的有效使用。

(4)根据工程的特点组织制定安全施工措施,消除安全事故隐患。

(5)及时、如实报告生产安全事故。

2. 项目工程技术负责人(项目总工程师)

(1)对项目工程生产经营中的安全生产负技术责任。

(2)贯彻、落实安全生产方针、政策,严格执行安全技术规程、规范、标准。结合项目工程特点,主持项目工程的安全技术交底。

(3)参加或组织编制施工组织设计,编制、审查施工方案时,要制定、审查安全技术措施,保证其可行性与针对性,并随时检查、监督、落实。

(4)主持制订技术措施计划和季节性施工方案的同时,制定相应的安全技术措施并监督执行。及时解决执行中出现的问题。

(5)项目工程应用新材料、新技术、新工艺,要及时上报,经批准后方可实施。同时要组织上岗人员的安全技术培训、教育。认真执行相应的安全技术措施与安全操作工艺、要求,预防施工中因化学物品引起的火灾、中毒或其新工艺实施中可能造成的事故。

(6)主持安全防护设施和设备的验收。发现设备、设施的不正常情况应及时采取措施。严格控制不合标准要求的防护设备、设施投入使用。

(7)参加安全生产检查,对施工中存在的不安全因素,从技术方面提出整改意见和办法予以消除。

(8)参加、配合因工伤亡及重大未遂事故的调查,从技术上分析事故原因,提出防范措施、意见。

3. 专职安全生产管理人员

(1)组织或者参与拟订本项目安全生产规章制度、操作规程和生产安全事故应急救援预案。

(2)组织或者参与本项目安全生产教育和培训,如实记录安全生产教育和培训情况。

(3)督促落实本项目重大危险源的安全管理措施。

(4)组织或者参与本项目应急救援演练。

(5)对发现的安全生产违章违规行为或安全隐患,应当立即处理;不能处理的,应当及时报告项目负责人和企业安全生产管理机构。

(6)制止和纠正违章指挥、强令冒险作业、违反操作规程的行为。

(7)督促落实本项目安全生产整改措施。

(8)对施工现场存在的重大安全隐患有权越级报告或直接向建设主管部门报告。

4. 工长、施工员

(1)认真执行上级有关安全生产规定，对所管辖班组(特别是外包工队)的安全生产负直接领导责任。

(2)认真执行安全技术措施及安全操作规程，针对生产任务特点，向班组(特别是外包工队)进行书面安全技术交底，履行签认手续，并对规程、措施、交底要求执行情况经常检查，及时纠正作业违章。

(3)经常检查所辖班组(特别是外包工队)作业环境及各种设备、设施的安全状况，发现问题及时纠正解决。对重点、特殊部位施工，必须检查作业人员及各种设备设施技术状况是否符合安全要求，严格执行安全技术交底，落实安全技术措施，并监督其执行，做到不违章指挥。

(4)定期和不定期组织所辖班组(特别是外包工队)学习安全操作规程，开展安全教育活动，教育工人不违章作业。接受安全部门或人员的安全监督检查，及时解决提出的不安全问题。

(5)对分管工程项目应用的新材料、新工艺、新技术严格执行申报、审批制度，发现问题，及时停止使用，并上报有关部门或领导。

(6)发生因工伤亡及未遂事故要保护好现场，立即上报。

5. 班组长

(1)严格执行安全生产规章制度及安全操作规程，合理安排班组人员工作，对本班组人员在生产中的安全和健康负责。

(2)经常组织班组人员学习安全操作规程，监督班组人员正确使用个人劳保用品，不断提高自保能力。

(3)安排生产任务时要认真进行安全技术交底，有权拒绝违章指挥，也不违章指挥、冒险蛮干。

(4)岗前要对所使用的机具、设备、防护用具及作业环境进行安全检查，发现问题立即采取改进措施，及时消除事故隐患，并上报有关领导。

(5)组织班组开展安全活动，开好班前安全生产会，做好收工前的安全检查，坚持周安全讲评工作。

(6)认真做好新工人的岗位教育。

(7)发生因工伤亡及未遂事故要立即组织抢救，保护好现场，立即上报有关领导。

6. 分包单位(队)负责人

(1)认真执行安全生产的各项法规、规定、规章制度及安全操作规程，合理安排班组人员工作，对该项目本单位(队)人员在施工生产中的安全和健康负责。

(2)按制度严格履行各项劳务用工手续，做好本单位(队)人员的岗位安全培训，经常组织学习安全操作规程，监督员工遵守劳动、安全纪律，做到不违章指挥，制止违章作业。

(3)必须保持本单位(队)人员的相对稳定，人员需要变更时，须事先向有关部门申报，批准后新来人员应按规定办理各种手续，并经入场和上岗安全教育后方准上岗。

(4)根据上级的交底向本单位(队)各工种进行详细的书面安全交底，针对当天任务、作业环境等情况，做好班前安全讲话，监督其执行情况，发现问题及时纠正、解决。

(5)定期和不定期组织检查本单位(队)人员作业现场安全生产状况,发现问题及时纠正,发现重大隐患应立即上报有关领导。

(6)发生因工伤亡及未遂事故,保护好现场,做好伤者抢救工作,并立即上报有关领导。

7. 工人

(1)认真学习,严格执行安全技术操作规程,自觉遵守安全生产规章制度。

(2)积极参加安全活动,认真执行安全交底,不违章作业,服从安全人员的指导。

(3)发扬团结友爱精神,在安全生产方面做到互相帮助、互相监督。对新工人要积极传授安全生产知识,维护一切安全设施和防护用具,做到正确使用,不准拆改。

(4)对不安全作业要敢于提出意见,并有权拒绝违章指令。

(5)发生伤亡和未遂事故,要保护好现场并立即上报。

【案例】

事故简介:2009 年某月某日,某公司承建了某市新建水利工程项目,在浇筑混凝土过程中,发生模板支撑系统坍塌事故,造成 2 人死亡、1 人轻伤,直接经济损失约 100 万元。

直接原因:现浇混凝土模板支撑系统钢管立杆间距、大横杆步距和剪刀撑的设置不符合安全技术规范的要求,不能满足承载力的需要,加载后致使模板支撑系统失稳。

间接原因:①未按工程建设强制性规定编制安全专项施工方案。②未严格按施工组织设计实施,现浇板模板支撑系统基础未进行填平处理压实,立杆直接置于回填用的片石和块石上,并且钢管立杆间距、大横杆步距、剪刀撑严重不符合施工组织设计和脚手架安全生产技术交底的相关要求,不能满足承载力的需要。③安全生产培训教育不到位。特种作业人员无证上岗,该工程使用的 8 名架子工没有一人经过培训取得特种作业资格证书。

事故处理:项目常务副经理、现场监理工程师、土建工程分包负责人 3 人移交司法机关依法追究刑事责任;总包单位经理、安全员、总监理工程师、土建分包单位经理等 4 名责任人受到相应经济处罚;总包、土建分包、监理等单位受到相应经济处罚。

三、安全生产管理组织机构和人员配备

(一)安全生产管理组织机构的职责

《中华人民共和国安全生产法》第二十二条规定,生产经营单位的安全生产管理机构以及安全生产管理人员履行下列职责:

(1)组织或者参与拟订本单位安全生产规章制度、操作规程和生产安全事故应急救援预案。

(2)组织或者参与本单位安全生产教育和培训,如实记录安全生产教育和培训情况。

(3)督促落实本单位重大危险源的安全管理措施。

(4)组织或者参与本单位应急救援演练。

(5)检查本单位的安全生产状况,及时排查生产安全事故隐患,提出改进安全生产管理的建议。

(6)制止和纠正违章指挥、强令冒险作业、违反操作规程的行为。

(7)督促落实本单位安全生产整改措施。

(二)安全生产管理组织机构的设置

每一个施工企业,都应当建立健全以企业法人代表为第一责任人的安全生产保证体系,

建立完善的安全生产管理组织机构。

1. 企业安全生产管理组织机构

《建筑施工企业安全生产管理机构设置及专职安全生产管理人员配备办法》规定，施工总承包特级资质不少于6人，一级资质不少于4人，二级和二级以下资质企业不少于3人。施工专业承包一级资质不少于3人，二级和二级以下资质企业不少于2人。施工劳务分包资质不少于2人。建立安全生产领导小组，实行领导小组成员轮流进行安全生产值班制度，随时解决和处理生产中的安全问题。

2. 工程项目经理部安全生产管理组织机构

工程项目经理部是施工第一线的管理机构，必须依据工程特点，建立以项目经理为首的安全生产领导小组。小组成员由项目经理、项目技术负责人、专职安全员、施工员及各工种班组的组长组成。工程项目经理部应根据工程规模大小配备专职安全员。建立安全生产领导小组成员轮流安全生产值日制度，解决和处理施工生产中的安全问题并进行巡回安全生产监督检查，并建立每周一次的安全生产例会制度和每日班前安全讲话制度。项目经理应亲自主持定期的安全生产例会，协调安全与生产之间的矛盾，督促检查班前安全讲话活动的活动记录。

项目施工现场应建立安全生产值班制度。24小时分班作业时，每班都应有领导值班和安全管理人员在现场。做到只要有人作业，应有领导值班。值班领导应认真做好安全生产值班记录。

建设工程实行施工总承包的，安全生产领导小组由总承包企业、专业承包企业和劳务分包企业项目经理、技术负责人和专职安全生产管理人员组成。《建筑施工企业安全生产管理机构设置及专职安全生产管理人员配备办法》规定：

(1)总承包单位配备项目专职安全生产管理人员应当满足下列要求：

建筑工程、装修工程按照建筑面积配备：

①1万m^2以下的工程不少于1人；

②1万~5万m^2的工程不少于2人；

③5万m^2及以上的工程不少于3人，且按专业配备专职安全生产管理人员。

土木工程、线路管道、设备安装工程按照工程合同价配备：

①5 000万元以下的工程不少于1人；

②5 000万~1亿元的工程不少于2人；

③1亿元及以上的工程不少于3人，且按专业配备专职安全生产管理人员。

(2)分包单位配备项目专职安全生产管理人员应当满足下列要求：

①专业承包单位应当至少配置1人，并根据所承担的分部分项工程的工程量和施工危险程度增加。

②劳务分包单位施工人员在50人以下的，应当配备1名专职安全生产管理人员；50~200人的，应当配备2名专职安全生产管理人员；200人及以上的，应当配备3名及以上专职安全生产管理人员，并根据所承担的分部分项工程施工危险实际情况增加，不得少于工程施工人员总人数的5‰。

3. 生产班组安全生产管理

加强班组安全建设是安全生产管理的基础，也是关键所在。因为班组成员既是完成安全生产各项目标的主要承担者和实现者，也是生产安全事故和职业危害的直接受害者。每个生产班组都要设置不脱产的兼职安全巡查员，协助班组长搞好班组的安全生产管理。班组要坚持班前班后岗位安全检查、安全值日和安全日活动制度，同时要做好班组的安全记录。

加强班组安全管理是减少伤亡事故最切实、最有效的方法。

四、职业健康安全管理

（一）职业健康安全管理的目的

职业健康安全管理的目的是在生产活动中，通过职业健康安全生产的管理活动，对影响生产的具体因素的状态进行控制，使生产因素中的不安全行为和状态减少或消除，避免事故的发生，以保证生产活动中人员的健康和安全。

对于建设工程项目，职业健康安全管理的目的是防止和减少生产安全事故、保护产品生产者的健康与安全、保障人民群众的生命和财产免受损失；控制影响工作场所内员工、临时工作人员、合同方人员、访问者和其他有关部门人员健康和安全的条件和因素；考虑和避免因管理不当对员工健康和安全造成的危害。

（二）职业健康安全管理的基本要求

根据《建设工程安全生产管理条例》和《职业健康安全管理体系》（GB/T 28001）标准，建设工程对施工职业健康安全管理的基本要求如下：

（1）坚持安全第一、预防为主和综合治理的方针，建立职业健康安全管理体系并持续改进职业健康安全管理工作。

（2）施工企业在其经营生产的活动中，对本企业的安全生产负全面责任。企业的法定代表人是安全生产的第一负责人，项目经理是施工项目生产的主要负责人。施工企业应当具备安全生产的资质条件，取得安全生产许可证的施工企业应设立安全生产管理机构，配备合格的专职安全生产管理人员，并提供必要的资源；施工企业要建立健全职业健康安全体系以及有关的安全生产责任制和各项安全生产规章制度。施工企业对项目要编制切合实际的安全生产计划，制定职业健康安全保障措施；实施安全教育培训制度，不断提高员工的安全意识和安全生产素质；项目负责人和专职安全生产管理人员应持证上岗。

（3）在工程设计阶段，设计单位应按照有关建设工程法律法规的规定和强制性标准的要求，进行安全保护设施的设计；对涉及施工安全的重点部分和环节在设计文件中应进行注明，并对防范生产安全事故提出指导意见，防止因设计考虑不周而导致生产安全事故的发生；对于采用新结构、新材料、新工艺的建设工程和特殊结构的建设工程，设计文件中提出保障施工作业人员安全和预防生产安全事故的措施和建议。

（4）在工程施工阶段，施工企业应根据风险预防要求和项目的特点，制订职业健康安全生产技术措施计划；在进行施工平面图设计和安排施工计划时，应充分考虑安全、防火、防爆和职业健康等因素；施工企业应制订安全生产应急救援预案，建立相关组织，完善应急准备措施；发生事故时，应按国家有关规定，向有关部门报告；处理事故时，应防止二次伤害。建设工程实行总承包的，由总承包单位对施工现场的安全生产负总责并自行完成工程主体结构的施工。分包单位应当接受总承包单位的安全生产管理，分包合同中应当明确各自的安全生产方面的权利、义务。分包单位不服从管理导致生产安全事故的，由分包单位承担主要责任,总承包和分包单位对分包工程的安全生产承担连带责任。

(5)应明确和落实工程安全环保设施费、安全施工和环境保护措施费等各项费用。

(6)施工企业应按有关规定必须为从事危险作业的人员在现场工作期间办理意外伤害保险。

(7)现场应将生产区与生活、办公区分离,配备紧急处理医疗设施,使现场的生活设施符合卫生防疫要求,采取防暑、降温、保温、消毒、防毒等措施。

(8)工程施工职业健康安全管理应遵循下列程序:

①识别并评价危险源及风险;

②确定职业健康安全目标;

③编制并实施项目职业健康安全技术措施计划;

④职业健康安全技术措施计划实施结果验证;

⑤持续改进相关措施和绩效。

五、安全生产费用管理

为了改善水利施工企业作业条件,减少施工伤亡事故发生,切实保障工程施工人员人身安全,根据《企业安全生产费用提取和使用管理办法》《水利水电工程施工安全管理导则》,要求施工企业应当建立安全生产费用管理制度,确保施工现场安全生产费用落实到位和专款专用。

(一)安全生产费用的计取

1. 相关单位职责

1)建设单位职责

(1)水利水电工程建设项目招标文件中应包含安全生产费用项目清单,明确投标方应按有关规定计取,单独报价,不得删减。

(2)项目法人在工程承包合同中应明确安全生产所需费用支付计划、使用要求、调整方式等。

(3)项目法人对安全生产有特殊要求,需增加安全生产费用的,应在招标文件中说明,并列入安全生产费用项目清单。

2)设计单位职责

设计单位在编制工程概算时,应按有关规定计列建设工程安全作业环境及安全施工措施所需费用。

3)施工单位职责

(1)施工单位应根据现行标准,按照招标文件要求结合自身的施工技术水平、管理水平,对增加的安全生产项目进行报价。

(2)总承包单位实行分包的,分包合同中应明确分包工程的安全生产费用,由总承包单位监督使用。

2. 安全生产费用计取标准

(1)水利施工企业按照国家有关规定足额提取安全生产费用,取费按建筑安装工程造价的2%,落实各项施工安全措施,改善作业环境和施工条件,确保施工安全。

(2)建设工程施工企业提取的安全费用列入工程造价,在竞标时,不得删减,列入标外管理。国家对基本建设投资概算另有规定的,从其规定。

(3)总包单位应当将安全费用按比例直接支付分包单位并监督使用,分包单位不再重复提取。

(二)安全生产费用的使用

1.安全生产费用的使用范围

(1)完善、改造和维护安全防护设施设备支出(不含“三同时”要求初期投入的安全设施),包括施工现场临时用电系统、洞口、临边、机械设备、高处作业防护、交叉作业防护、防火、防爆、防尘、防毒、防雷、防台风、防地质灾害、地下工程有害气体监测、通风、临时安全防护等设施设备支出。

(2)配备、维护、保养应急救援器材、设备支出和应急演练支出。

(3)开展重大危险源和事故隐患排查、评估、监控和整改支出。

(4)安全生产检查、评估、咨询和标准化建设支出。

(5)配备和更新现场作业人员安全防护用品支出。

(6)安全生产宣传、教育、培训支出。

(7)适用的安全生产新技术、新标准、新工艺、新装备的推广应用支出。

(8)安全设施及特种设备检测、检验支出。

(9)安全生产信息化建设及相关设备支出。

(10)其他与安全生产相关的支出等。

2.安全生产费用的使用要求

(1)各施工单位应定期组织对本单位(包括分包单位)安全生产费用使用情况进行检查,并对存在的问题进行整改。

(2)项目法人不得调减或挪用批准概算中所确定的安全生产费用,应监督施工单位落实安全作业环境及安全施工措施费用。

(3)项目法人、施工单位安全生产费用管理制度应明确安全费用使用、管理的程序、职责及权限等。施工单位应按规定及时、足额使用安全生产费用。

(4)项目法人应至少每半年组织有关参建单位和专家对安全生产费用使用落实情况进行检查,并将检查意见通知施工单位。施工单位应及时进行整改。

(5)监理单位应对施工单位落实安全生产费用情况进行监理,并在监理月报中反映监理及施工单位安全生产工作开展情况、工程现场安全状况和安全生产费用使用情况。

(6)施工单位应在开工前编制安全生产费用使用计划,经监理单位审核,报项目法人同意后执行。

(7)施工单位提取的安全费用应专门核算,建立安全费用使用台账。台账应按月度统计,年度汇总。

(8)总承包单位对安全生产费用的使用负总责,分包单位对所分包工程的安全生产费用的使用负直接责任,总承包单位应定期检查评价分包单位施工现场安全生产费用使用情况。

(9)施工单位应按照安全生产措施计划和安全生产费用使用计划开展安全生产工作,使用安全生产措施费用,并在施工月报中反映安全生产工作开展情况、危险源监测管理情况、事故隐患排查治理情况、现场安全生产状况和安全生产费用使用情况。

六、安全生产法律法规

安全生产法律法规是指国家关于改善劳动条件，实现安全生产，为保护劳动者在生产过程中的安全和健康而制定的各种法律、法规、部门规章和规范性文件的总和。

（一）法律

安全生产法律是由全国人大及其常务委员会制定，经国家主席签署主席令予以公布，由国家政权保证执行的行为规范。安全生产法律是制定安全生产行政法规、标准及地方法规的依据。它规定了我国的安全生产方针、安全生产保障、从业人员的权利和义务、安全生产监督管理及事故应急救援与调查处理原则，规定女职工劳动保护、未成年工劳动保护、工作时间、休假制度、工伤事故报告及处理、职业病预防、劳动安全卫生及安全生产监督等内容。

主要的安全生产法律有《中华人民共和国安全生产法》《中华人民共和国建筑法》《中华人民共和国消防法》等。

（二）行政法规

国家行政法规是指由国务院制定和发布的各类条例、办法、规定、实施细则、决定等。行政法规的作用是将劳动安全生产法律的原则性规定具体化。

主要的安全生产行政法规有：《建设工程安全生产管理条例》（国务院令第393号）、《安全生产许可证条例》（国务院令第397号）、《建设项目环境保护管理条例》（国务院令第253号）、《特种设备安全生产监察条例》（国务院令第373号发布、第549号令修订）、《国务院关于特大安全事故行政责任追究的规定》（国务院令第302号）等。

（三）地方性法规

地方性法规由具有立法权的地方人民代表大会及其常务委员会制定和发布。它原则上是在与法律和国家行政法规保持高度一致的前提下，根据安全生产工作的需要，与地方实际情况相结合而制定的更具可操作性的详细规定。地方性法规在所属地区内适用，如《北京市安全生产条例》（2004年7月29日北京市第十二届人民代表大会常务委员会第十三次会议通过，2011年5月27日北京市第十三届人民代表大会常务委员会第二十五次会议修订）。

（四）部门规章

部门规章（含规定、办法、规则等）由国务院所属各部委制定，部委行政首长签署命令予以公布。它是在与法律和国家行政法规保持高度一致的前提下，根据安全生产工作的需要，为控制易发、多发事故和预防职业病而制定的更具有可操作性的详细规定。部门规章在全国范围内适用。

主要的安全生产部门规章有《水利工程建设安全生产管理规定》（水利部令第26号）、《水利工程质量管理规定》（水利部令第7号）、《建筑施工企业安全生产许可证管理规定》（建设部令128号）、《建筑起重机械安全监督管理规定》（建设部令第166号）等。

（五）标准规范

以国家标准名义发布的安全生产标准（规程、规范），是为了适应国家法律和行政法规而建立的技术性法规。根据《中华人民共和国安全生产法》《中华人民共和国劳动法》的规定，安全技术标准属于强制性标准，且有相应的法律地位和法律效力。

主要的关于安全生产的标准规范有《水利水电工程施工通用安全技术规程》（SL 398—

2007)、《水利水电工程施工安全管理导则》(SL 721—2015)等。

(六)规范性文件

规范性文件是指由国务院所属各部委制定,或由各省、自治区、直辖市政府以及各厅(局)、委员会等政府管理部门制定,对某方面或某项工作进行规范的文件,一般以“通知”“规定”“决定”等文件形式出现,并且一般不在媒体上公开发布。

主要的安全生产的规范性文件有《国务院关于进一步加强企业安全生产工作的通知》(国发〔2010〕23号)等。

行政法规、地方性法规、部门规章以及规范性文件都是法律的具体化或必要补充。

常用安全管理法律法规及标准清单详见附录一。

第二节　参建单位的安全生产管理责任

一、项目法人(建设单位)的安全生产管理责任

建设单位是建设工程项目的投资主体或管理主体,在整个工程建设中居于主导地位。为此,《水利工程建设安全生产管理规定》中明确规定,建设单位必须遵守安全生产法律、法规的规定,保证建设工程安全生产,依法承担建设工程安全生产责任。

(1)项目法人在对施工投标单位进行资格审查时,应当对投标单位的主要负责人、项目负责人以及专职安全生产管理人员是否经水行政主管部门安全生产考核合格进行审查。有关人员未经考核合格的,不得认定投标单位的投标资格。

(2)项目法人应当向施工单位提供施工现场及施工可能影响的毗邻区域内供水、排水、供电、供气、供热、通信、广播电视等地下管线资料,气象和水文观测资料,拟建工程可能影响的相邻建筑物和构筑物、地下工程的有关资料,并保证有关资料的真实、准确、完整,满足有关技术规范的要求。对可能影响施工报价的资料,应当在招标时提供。

(3)项目法人不得调减或挪用批准概算中所确定的水利工程建设有关安全作业环境及安全施工措施等所需费用。工程承包合同中应当明确安全作业环境及安全施工措施所需费用。

(4)项目法人应当组织编制保证安全生产的措施方案,并自工程开工之日起15个工作日内报有管辖权的水行政主管部门、流域管理机构或者其委托的水利工程建设安全生产监督机构(简称安全生产监督机构)备案。建设过程中安全生产的情况发生变化时,应当及时对保证安全生产的措施方案进行调整,并报原备案机关。

保证安全生产的措施方案应当根据有关法律法规、强制性标准和技术规范的要求并结合工程的具体情况编制,应当包括以下内容:

①项目概况;

②编制依据;

③安全生产管理机构及相关负责人;

④安全生产的有关规章制度制定情况;

⑤安全生产管理人员及特种作业人员持证上岗情况等;

⑥生产安全事故的应急救援预案;

⑦工程度汛方案、措施；

⑧其他有关事项。

项目法人在水利工程开工前，应当就落实保证安全生产的措施进行全面系统的布置，明确施工单位的安全生产责任。

(5)项目法人应当将水利工程中的拆除工程和爆破工程发包给具有相应水利水电工程施工资质等级的施工单位。

项目法人应当在拆除工程或者爆破工程施工前15日，将下列资料报送水行政主管部门、流域管理机构或者其委托的安全生产监督机构备案：

①施工单位资质等级证明；

②拟拆除或拟爆破的工程及可能危及毗邻建筑物的说明；

③施工组织方案；

④堆放、清除废弃物的措施；

⑤生产安全事故的应急救援预案。

二、施工单位的安全生产管理责任

施工单位是建设工程项目的施工主体，在整个工程建设中居于主导地位。为此，《水利工程建设安全生产管理规定》中明确规定，施工单位必须遵守安全生产法律、法规的规定，保证建设工程安全生产，依法承担建设工程安全生产责任。

(1)施工单位从事水利工程的新建、扩建、改建、加固和拆除等活动，应当具备国家规定的注册资本、专业技术人员、技术装备和安全生产等条件，依法取得相应等级的资质证书，并在其资质等级许可的范围内承揽工程。

(2)施工单位应当依法取得安全生产许可证后，方可从事水利工程施工活动。

(3)施工单位主要负责人依法对本单位的安全生产工作全面负责。施工单位应当建立健全安全生产责任制度和安全生产教育培训制度，制定安全生产规章制度和操作规程，保证本单位建立和完善安全生产条件所需资金的投入，对所承担的水利工程进行定期和专项安全检查，并做好安全检查记录。

施工单位的项目负责人应当由取得相应执业资格的人员担任，对水利工程建设项目的安全施工负责，落实安全生产责任制度、安全生产规章制度和操作规程，确保安全生产费用的有效使用，并根据工程的特点组织制定安全施工措施，消除安全事故隐患，及时、如实报告生产安全事故。

(4)施工单位在工程报价中应当包含工程施工的安全作业环境及安全施工措施所需费用。对列入建设工程概算的上述费用，应当用于施工安全防护用具及设施的采购和更新、安全施工措施的落实、安全生产条件的改善，不得挪作他用。

(5)施工单位应当设立安全生产管理机构，按照国家有关规定配备专职安全生产管理人员。施工现场必须有专职安全生产管理人员。专职安全生产管理人员负责对安全生产进行现场监督检查。发现生产安全事故隐患，应当及时向项目负责人和安全生产管理机构报告；对违章指挥、违章操作的，应当立即制止。

(6)施工单位在建设有度汛要求的水利工程时，应当根据项目法人编制的工程度汛方案、措施制订相应的度汛方案，报项目法人批准；涉及防汛调度或者影响其他工程、设施度汛安全的，由项目法人报有管辖权的防汛指挥机构批准。

(7)垂直运输机械作业人员、安装拆卸工、爆破作业人员、起重信号工、登高架设作业人员等特种作业人员，必须按照国家有关规定经过专门的安全作业培训，并取得特种作业操作资格证书后，方可上岗作业。

(8)施工单位应当在施工组织设计中编制安全技术措施和施工现场临时用电方案，对下列达到一定规模的危险性较大的工程应当编制专项施工方案，并附具安全验算结果，经施工单位技术负责人签字以及总监理工程师核签后实施，由专职安全生产管理人员进行现场监督：

①基坑支护与降水工程；

②土方和石方开挖工程；

③模板工程；

④起重吊装工程；

⑤脚手架工程；

⑥拆除、爆破工程；

⑦围堰工程；

⑧其他危险性较大的工程。

对前款所列工程中涉及高边坡、深基坑、地下暗挖工程、高大模板工程的专项施工方案，施工单位还应当组织专家进行论证、审查。

(9)施工单位在使用施工起重机械和整体提升脚手架、模板等自升式架设设施前，应当组织有关单位进行验收，也可以委托具有相应资质的检验检测机构进行验收；使用承租的机械设备和施工机具及配件的，由施工总承包单位、分包单位、出租单位和安装单位共同进行验收。验收合格后方可使用。

(10)施工单位的主要负责人、项目负责人、专职安全生产管理人员应当经水行政主管部门对其安全生产知识和管理能力考核合格。

施工单位应当对管理人员和作业人员每年至少进行一次安全生产教育培训，其教育培训情况记入个人工作档案。安全生产教育培训考核不合格的人员，不得上岗。

施工单位在采用新技术、新工艺、新设备、新材料时，应当对作业人员进行相应的安全生产教育培训。

三、其他相关单位的安全责任

(一)勘察(测)单位的安全责任

勘察(测)单位应当按照法律、法规和工程建设强制性标准进行勘察(测)，提供的勘察(测)文件必须真实、准确，满足水利工程建设安全生产的需要。

勘察(测)单位在勘察(测)作业时，应当严格执行操作规程，采取措施保证各类管线、设施和周边建筑物、构筑物的安全。

勘察(测)单位和有关勘察(测)人员应当对其勘察(测)成果负责。

(二)设计单位的安全责任

工程设计是工程建设的灵魂。在建设工程项目确定后，工程设计便成为工程建设中最重要、最关键的环节，对安全施工有着重要影响。

设计单位应当按照法律、法规和工程建设强制性标准进行设计，并考虑项目周边环境对施工安全的影响，防止因设计不合理导致生产安全事故的发生。

设计单位应当考虑施工安全操作和防护的需要，对涉及施工安全的重点部位和环节，在设计文件中注明，并对防范生产安全事故提出指导意见。

采用新结构、新材料、新工艺以及特殊结构的水利工程，设计单位应当在设计中提出保障施工作业人员安全和预防生产安全事故的措施及建议。

设计单位和有关设计人员应当对其设计成果负责。

设计单位应当参与与设计有关的生产安全事故分析，并承担相应的责任。

（三）工程监理单位的安全责任

建设监理单位和监理人员应当按照法律、法规和工程建设强制性标准实施监理，并对水利工程建设安全生产承担监理责任。

建设监理单位应当审查施工组织设计中的安全技术措施或者专项施工方案是否符合工程建设强制性标准。

建设监理单位在实施监理过程中，发现存在生产安全事故隐患的，应当要求施工单位整改；对情况严重的，应当要求施工单位暂时停止施工，并及时向水行政主管部门、流域管理机构或者其委托的安全生产监督机构以及项目法人报告。

（四）机械设备等单位相关的安全责任

为水利工程提供机械设备和配件的单位，应当按照安全施工的要求提供机械设备和配件，配备齐全有效的保险、限位等安全设施和装置，提供有关安全操作的说明，保证其提供的机械设备和配件等产品的质量和安全性能达到国家有关技术标准。

第三节　安全员岗位职责

一、安全员的作用与要求

（一）安全员的作用

水利水电施工企业的安全员是战斗在水利水电基本建设战线上从事劳动保护工作的安全检查员；是直接在生产线避免伤亡事故的工地警察；是保证职工在生产过程中安全与健康的卫士。他们身上担负的责任重大、任务艰巨，当然，也随之带来了光荣和伟大。这是因为他们所从事的事业是为人民造福的事业，不仅仅是保证了安全生产的顺利进行，更重要的是保护了职工的生命安全，为成百上千户的家庭幸福做出了贡献。

（二）安全员的要求

（1）每个安全员应经培训合格后持证上岗，要有高度的热情和强烈的责任感、事业心，热爱安全工作，且在工作中敢于坚持原则，认真负责。

（2）熟悉安全生产方针政策，了解国家及行业有关安全生产的所有法律、法规、条例、操作规程、安全技术要求等。

（3）熟悉工程所在地管理部门的有关规定，熟悉施工现场各项安全生产制度。

（4）要求有一定的专业知识和操作技能，熟悉施工现场各道工序的技术要求，熟悉生产流程，了解各工种、各工序之间的衔接，善于协调各工种、各工序之间的关系。

(5)有一定的施工现场工作经验和现场组织能力,有分析问题和解决问题的能力,善于总结经验和教训,有洞察力和预见性,及时发现事故苗头并提出改进措施,对突发事故能够沉着应对。

(6)对工地上经常使用的机械设备和电气设备的性能和工作原理有一定的了解;对起重、吊装、脚手架、爆破等容易出事故的工种或工序应有一定程度的了解;懂得脚手架的负荷计算、架子的架设和拆除程序,土方开挖坡度计算和架设支撑,电气设备接零接地的一般要求等,发现问题能够正确处理。

(7)有一定的防火防爆知识和技术,能够熟练地使用工地上配备的消防器材。懂得防尘防毒的基本知识,会使用防护设施和劳保用品。

(8)熟悉工伤事故调查处理程序,掌握一些简单的急救技术进行现场初级救生。

二、安全员的权利

(1)遇有特别紧急的不安全情况时,有权指令先行停止生产,并且立即报告领导研究处理。

(2)有权检查所属单位对安全生产方针或上级指示贯彻执行的情况。

(3)对少数执意违章者、经教育不改的,有权执行罚款办法。

(4)对安全隐患存在较多、较严重的施工部位,有权签发隐患通知单,并责令班组负责人限期整改。

(5)对不认真执行安全生产方针或上级指示的单位或个人,有权越级向上汇报。

三、安全员工作职责与专业技能

(一)安全员法定职责

《建筑施工企业安全生产管理机构设置及专职安全生产管理人员配备办法》规定,专职安全生产管理人员应当履行下列职责:

(1)查阅在建项目安全生产有关资料,核实有关情况。

(2)检查危险性较大工程安全专项施工方案落实情况。

(3)监督作业人员安全防护用品的配备及使用情况。

(4)对发现的安全生产违章违规行为或安全隐患,应当立即处理;不能处理的,应当及时报告项目负责人和企业安全生产管理机构。

(5)对不符合安全生产条件的设施、设备、器材,有权当场做出查封的处理决定。

(6)对施工现场存在的重大安全隐患,有权越级报告或直接向建设主管部门报告。

(二)安全员工作职责

1. 安全方案策划

(1)参与制定项目安全生产目标和安全目标分解文件。

(2)参与制定项目安全与环境管理制度。

(3)参与制订应急救援预案。

2. 资源环境安全检查

(1)负责项目安全生产计划和安全目标落实的监督检查。

(2)负责特种作业人员和特种设备的证照合规性检查。

(3)负责对设备安全、作业安全、环境安全等进行检查。
(4)负责隐患排查、重大危险源的检查。
(5)负责施工环境条件的检查,组织对施工环境条件的检测。

3. 施工作业安全管理

(1)负责督促开展向作业人员进行安全技术交底。
(2)负责安全生产管理制度的实施。
(3)负责检查重要危险源的监控和隐患的治理。
(4)参与安全防护设施、消防器材和施工现场用电设施等的验收。

4. 安全事故处理

(1)负责上报生产安全事故。
(2)负责保护生产安全事故现场。
(3)参与生产安全事故应急救援预案。
(4)协助做好生产安全事故原因调查等相关工作。

5. 安全资料管理

(1)负责收集、整理书面施工作业安全交底记录。
(2)负责做好安全日志的填写工作,及时收集整理安全三级教育等各种安全管理资料。
(3)负责收集、整理违章作业、安全隐患排查及整改等安全管理资料。

(三)安全员专业技能

1. 安全方案策划

(1)具备制订项目安全生产计划、应急救援预案,制定安全目标分解文件的能力。
(2)具备制定项目安全生产与环境管理制度的能力。

2. 资源环境安全检查

(1)具备辨识特种作业人员操作证有效性和特种设备的证照合规性检验的能力。
(2)具备设备安全、作业安全、环境安全检查的能力。
(3)具备隐患排查、重大危险源的识别能力。
(4)具备施工环境条件的检查,组织对施工环境条件检测的能力。

3. 施工作业安全管理

(1)具备向施工作业人员进行书面施工作业安全、设备安全技术交底的能力。
(2)具备胜任设备安全、施工作业安全检查工作的能力。
(3)具备监督安全生产管理制度实施的能力。
(4)具备负责施工现场环境安全隐患的排查与处置的能力。

4. 安全事故处理

(1)具备参与生产安全事故报告和生产安全事故现场保护的能力。
(2)具备参与生产安全事故应急救援工作的能力。

5. 安全资料管理

(1)具备编制书面施工作业安全交底记录资料的能力。
(2)具备填写施工安全日志的能力。
(3)具备收集、整理安全档案资料的能力。

四、安全员主要业务

(一)安全技术措施审查

检查单位工程施工组织设计中的安全技术措施。所有单位工程在编制施工组织设计时,应当根据工程特点、施工工艺、作业条件以及队伍素质等制定相应的安全技术措施。

按施工部位列出施工的危险点,对照各危险点制定具体的防护措施和安全作业注意事项,并将各种防护设施的用料计划一并纳入施工组织设计,安全技术措施必须经上级主管领导审批,并经专业部门会签。

(二)施工现场安全检查

1. 安全检查的内容

查思想、查制度、查机械设备、查安全设施、查安全教育培训、查操作行为、查劳保用品使用、查伤亡事故处理等。

2. 安全检查的形式

(1)项目主要负责人每周或每旬带队组织定期的安全大检查。

(2)施工班组长和安全值班人员每天上班前组织班前安全检查。

(3)安全生产管理小组和安全专职人员、安全值班人员等在季节更换前组织季节劳动保护安全检查。

(4)由安全管理小组、职能部门人员、专职安全员和专业技术人员组成对电气、机械设备、脚手架等进行的专项安全检查。

(5)由安全管理小组成员、安全专兼职人员和安全值日人员进行的日常安全检查。

(三)安全检查的方法

水利工程安全检查在正确使用安全检查表的基础上,可以采用“听”“问”“看”“量”“测”“运转试验”等方法进行。

1.“听”

“听”主要是指听取基层管理人员或施工现场安全员汇报安全生产情况,介绍现场安全工作经验、存在的问题、今后的发展方向。

2.“问”

“问”主要是指通过询问、提问,对以项目经理为首的现场管理人员和操作工人进行应知应会抽查,以便了解现场管理人员和操作工人的安全意识和安全素质。

3.“看”

“看”主要是指查看施工现场安全管理资料和对施工现场进行巡视。例如:查看项目负责人、特种作业人员等的持证上岗情况;现场安全标志设置情况;劳动防护用品使用情况;现场安全防护情况;现场安全设施及机械设备安全装置配置情况等。

4.“量”

“量”主要是指使用测量工具对施工现场的一些设施、装置进行实测实量。例如:对脚手架各种杆件间距的测量;对现场安全防护栏杆高度的测量;对电气开关箱安装高度的测量;对在建工程与外电边线安全距离的测量等。

5."测"

"测"主要是指使用专用仪器、仪表等监测器具对特定对象关键特性技术参数的测试。例如:使用漏电保护器测试仪对漏电保护器漏电动作电流、漏电动作时间的测试;使用地阻仪对现场各种接地装置接地电阻的测试;使用兆欧表对电机绝缘电阻的测试;使用经纬仪对塔吊、外用电梯安装垂直度的测试等。

6."运转试验"

"运转试验"主要是指由具有专业资格的人员对机械设备进行实际操作、试验,检验其运转的可靠性或安全限位装置的灵敏性。例如:对塔吊力矩限制器、变幅限位器、起重限位器等安全装置的试验。

(四)安全资料管理

(1)安全资料员应及时收集、整理安全资料,督促建档工作,促进企业安全管理上台阶。

(2)资料的整理应做到现场实物与记录相符,行为与记录相吻合,以更好地反映出安全管理的全貌及全过程。

(3)建立定期、不定期的安全资料的检查与审核制度,及时查找问题并进行整改。

(4)安全资料实行按岗位职责分工编写,及时归档,定期装订成册的管理办法。

(5)建立借阅台账,及时登记,及时追回,收回时做好检查工作,检查是否有损坏、丢失现象发生。

(五)安全生产监督检查导则

为规范水利工程建设安全生产监督检查行为,提高监督检查工作绩效,根据《中华人民共和国安全生产法》《建设工程安全生产管理条例》《水利工程建设安全生产管理规定》等法律法规和规章,制定水利工程建设安全生产监督检查导则。

1.施工单位安全生产监督检查内容

(1)安全生产管理制度建立健全情况。

(2)资质等级、安全生产许可证的有效性。

(3)安全生产管理机构设立及人员配置情况。

(4)安全生产责任制建立及落实情况。

(5)安全生产例会制度、隐患排查制度、事故报告制度和培训制度等执行情况。

(6)安全生产操作规程制定及执行情况。

(7)"三类人员"安全生产考核合格证及特种作业人员持证上岗情况。

(8)劳动防护用品管理制度及执行情况。

(9)安全费用的提取及使用情况。

(10)安全生产事故应急预案制订及演练情况。

(11)安全生产事故处理情况。

(12)危险源分类、识别管理及应对措施等。

检查项目和要求参见表1-1。

表 1-1　施工单位安全生产检查表

序号	检查项目	检查内容要求与记录	检查意见
1	资质等级	(1)本单位资质	
		(2)项目经理资质	
		(3)分包单位资质	
		(4)分包项目经理资质	
2	安全生产许可证	(1)本单位许可证	
		(2)分包单位许可证	
3	安全管理机构设立和人员配备	(1)安全管理机构设立	
		(2)安全管理人员到位	
4	现场专职安全生产管理人员配备	(1)人员数量满足需要	
		(2)人员跟班作业	
5	安全生产责任制	(1)相关人员职责和权利、义务明确	
		(2)单位与现场机构责任明确	
		(3)检查分包单位安全生产责任制(包括总包与分包的安全生产协议)	
6	安全生产培训	(1)制度明确、有效实施	
		(2)培训经费落实	
		(3)所有员工每年至少培训一次	
		(4)进入新工地或换岗培训	
		(5)使用“四新”(新技术、新材料、新设备、新工艺)培训	
		(6)培训档案齐全	
7	安全生产例会制度	(1)制度明确	
		(2)执行有效	
		(3)记录完整	
8	定期安全生产检查制度	(1)制度明确	
		(2)执行有效	
		(3)整改验收情况	
		(4)记录完整	
9	制定安全生产规章和安全生产操作规程	(1)制度明确	
		(2)制度齐全、执行有效	

续表 1-1

序号	检查项目	检查内容要求与记录	检查意见
10	“三类人员”安全生产考核合格证	(1)施工企业主要负责人	
		(2)项目负责人	
		(3)专职安全生产管理人员	
11	特种作业人员资格证	(1)所有特种作业人员资格证	
		(2)资格证有效期	
12	安全施工措施费	(1)措施费用使用计划	
		(2)有效使用费用不低于报价	
		(3)满足需要	
13	生产安全事故应急预案管理	(1)预案完整并与其他相关预案衔接合理	
		(2)定期演练	
		(3)应急设备器材	
14	隐患排查	(1)定期排查、及时上报	
		(2)隐患治理“五落实”	
15	事故报告	(1)报告制度	
		(2)及时报告	
16	接受安全监督	(1)及时提供监督所需资料	
		(2)监督意见及时落实	
17	分包合同管理	(1)安全生产权利、义务明确	
		(2)安全生产管理及时、有效	
18	专项施工方案	(1)危险性较大的工程明确	
		(2)制订专项施工方案	
		(3)制订施工现场临时用电方案	
		(4)审核手续完备	
		(5)专家论证	
19	施工前安全技术交底	(1)项目技术人员向施工作业班组	
		(2)施工作业班组向作业人员	
		(3)签字手续完整	
20	专项防护措施	(1)毗邻建筑物、地下管线	
		(2)粉尘、废气、废水、固体废弃物、噪声、振动	
		(3)施工照明	

续表 1-1

序号	检查项目	检查内容要求与记录	检查意见
21	安全防护用具、机械设备、机具	(1)生产许可证	
		(2)产品合格证	
		(3)进场前查验	
		(4)制度明确并有专人管理	
		(5)定期检查、维修和保养	
		(6)资料档案齐全	
		(7)使用有效期	
22	特种设备	(1)施工起重设备验收	
		(2)整体提升脚手架验收	
		(3)自升式模板验收	
		(4)租赁设备使用前验收	
		(5)特种设备使用有效期	
		(6)验收合格证标志置放	
		(7)特种设备合格证或安全检验合格标志	
		(8)维修保养制度建立和维修、保养、定期检测落实情况	
23	危险作业人员	(1)危险作业明确	
		(2)办理意外伤害保险	
		(3)保险有效期	
		(4)保险费用支付	
24	工程度汛	(1)度汛措施落实	
		(2)组织防汛抢险演练	

2. 施工现场安全生产监督检查内容

(1)施工支护、脚手架、爆破、吊装、临时用电、安全防护设施和文明施工等情况。

(2)安全生产操作规程执行与特种作业人员持证上岗情况。

(3)个体防护与劳动防护用品使用情况。

(4)应急预案中有关救援设备、物资落实情况。

(5)特种设备检验与维护状况。

(6)消防设施等落实情况。

检查项目和要求参见表 1-2。

表 1-2　施工现场安全生产检查表

序号	检查项目	检查内容要求与记录	检查意见
1	文明施工	(1)建筑材料、构件、料具按总平面布局堆放;料堆应挂名称、品种、规格等标牌;堆放整齐,做到工完场地清	
		(2)易燃易爆物品分类存放	
		(3)施工现场应能够明确区分工人住宿区、材料堆放区、材料加工区,施工现场的材料堆放加工应整齐有序	
2	施工管理措施	(1)爆破、吊装等危险作业有专门人员进行现场安全管理	
		(2)人、车分流,道路畅通,设置限速标志。场内运输机动车辆不得超速、超载行驶或人货混载	
		(3)在建工程禁止住人	
		(4)集体宿舍符合要求,安全距离满足要求	
3	脚手架	(1)架管、扣件、安全网等合格证及检测资料	
		(2)有脚手架、卸料平台施工方案	
		(3)验收记录(含脚手架、卸料平台、安全网、防护棚、马道、模板等)	
4	施工支护	(1)深度超过 2 m 的基坑施工有临边防护措施	
		(2)按规定进行基坑支护变形监测,支护设施已产生局部变形应及时采取措施调整	
		(3)人员上下应有专用通道	
		(4)垂直作业上下应有隔离防护措施	
5	爆破作业	(1)爆破作业和爆破器材的采购、运输、储存、加工和销毁	
		(2)爆破人员资质和岗位责任制、器材领发、清退制度、培训制度及审批制度	
		(3)爆破器材储存于专用仓库内	
6	临时用电	(1)施工现场应做好供用电安全管理,并有临时用电方案。配电箱开关箱符合三级配电两级保护	
		(2)设备专用箱做到"一机、一闸、一漏、一箱";严禁一闸多机	
		(3)配电箱、开关箱应有防尘、防雨措施	
		(4)潮湿作业场所照明安全电压不得大于 24 V;使用行灯电压不得大于 36 V;电源供电不得使用其他金属丝代替熔丝	
		(5)配电线路布设符合要求,电线无老化、破皮	
		(6)有备用的"禁止合闸、有人工作"标志牌	
		(7)电工作业应佩戴绝缘防护用品,持证上岗	

续表 1-2

序号	检查项目	检查内容要求与记录	检查意见
7	吊装作业	(1)塔吊应有力矩限制器、限位器、保险装置及附墙装置与夹轨钳	
		(2)制订安装拆卸方案;安装完毕由验收资料人员或责任人签字	
		(3)有设备运行维护保养记录	
		(4)起重吊装作业应设警戒标志,并设专人警戒	
8	安全警示标志	在有较大危险因素的生产场所和有关设施、设备上,设置明显的安全警示标志	
9	安全防护设施	(1)在建工程应有预留洞口的防护措施	
		(2)在建工程的临边有防护措施	
		(3)在高处外立面,无外脚手架时,应张挂安全网	
		(4)防护棚搭设与拆除时,应设警戒区,并应派专人监护。严禁上下同时拆除	
		(5)对进行高处作业的高耸建筑物,应事先设置避雷设施	
10	个体安全防护	(1)进入生产经营现场按规定正确佩戴安全帽,穿防护服装;从事高空作业应当正确使用安全带	
		(2)电气作业应当佩戴绝缘防护用品	
11	安全设备	(1)有维护、保养、检测记录;能保证正常运转	
		(2)有易燃易爆气体和粉尘的作业场所,应当使用防爆型电气设备或者采取有效的防爆技术措施	
12	消防安全管理	(1)制定消防安全制度、消防安全操作规程	
		(2)防火安全责任制,确定消防安全责任人	
		(3)对职工进行消防宣传教育	
		(4)防火检查,及时消除火灾隐患	
		(5)建立防火档案,确定重点防火部位,设置防火标志	
		(6)灭火和应急疏散预案,定期演练	
		(7)按规定配备相应的消防器材、设施	
		(8)消防通道畅通、消防水源有保证	
		(9)消防标志完整	
13	施工现场安全保卫	(1)施工现场进出口应有大门,有门卫	
		(2)非施工人员不得进入现场	
		(3)必要有遮挡或围栏设施	

（六）安全检查评分标准

为了科学地评价水利施工安全生产情况，提高安全生产工作的管理水平，预防伤亡事故的发生，实现安全检查工作的标准化、规范化，参照《建筑施工安全检查标准》（JGJ 59—2011）执行。

1. 安全检查表评分方法

（1）各分项检查评分标准中，满分为100分。表中各检查项目得分应为按规定检查内容所得分数之和。每张表总得分应为各自表内各检查项目实得分数之和。

（2）在检查评分中，遇有多个脚手架、龙门架等时，该项得分应为各单项实得分数的算术平均值。

（3）检查评分不得采用负值。各检查项目所扣分数总和不得超过该项应得分数。

（4）在检查评分中，保证项目应全数检查，当保证项目有一项不得分或保证项目得分不足40分时，此检查评分表不应得分。

（5）汇总表满分为100分。汇总表总得分应为表中各分项项目实得分数之和。各分项实得分应按下式计算：

$$\text{汇总表中各分项项目实得分数}=\frac{\text{汇总表中该项应得满分分值}\times\text{该项检查评分表实得分数}}{100}$$

（6）检查中遇有缺项时，汇总表总得分应按下式计算：

$$\text{遇有缺项时}=\frac{\text{实查项目在该表中按各对应项实得分值之和}}{\text{实查项目在该表中应得满分的分值之和}}\times 100$$

（7）多人对同一项目检查评分时，应按加权评分方法确定分值。权数的分配原则按照专职安全人员与其他人员：专职安全人员的权数为0.6，其他人员的权数为0.4。

2. 水利工程施工安全检查评分方法

水利工程施工安全检查评分，应以汇总表的总得分及保证项目达标与否，作为对一个施工现场安全生产情况的评价依据，分为优良、合格、不合格三个等级。

当施工安全检查评定的等级为不合格时，必须限期整改达到合格。

1）优良

分项检查评分表无零分，检查评分汇总表得分值应在80分及以上。保证项目分值均应达到规定得分标准。

2）合格

分项检查评分表无零分，检查评分汇总表得分值应在70分及以上。

3）不合格

（1）当汇总表得分值不足70分时。

（2）当有一分项检查评分表得零分时。

3. 水利工程施工安全检查评分汇总表

水利工程施工安全检查评分汇总表主要内容应包括：安全管理、文明施工、扣件式钢管脚手架、门式钢管脚手架、碗扣式钢管脚手架、承插型盘扣式钢管脚手架、满堂脚手架、悬挑式脚手架、附着式升降脚手架、高处作业吊篮、基坑工程、模板支架、高处作业、施工用电、物料提升机、施工升降机、塔式起重机、起重吊装和施工机具共十九项分项检查评分表和一张安全检查评分汇总表。该表所示得分作为对一个施工现场安全生产情况的评价依据。

水利工程施工安全检查评分表详见附录二。

第四节　安全生产标准化建设

一、安全生产标准化基本知识

（一）安全生产标准化管理的概念

通过建立安全生产责任制，制定安全管理制度和操作规程，排查治理隐患和监控重大危险源，建立预防机制，规范生产行为，使各生产环节符合有关安全生产法律法规和标准规范的要求，人、机、物、环处于良好的生产状态，并持续改进，不断加强企业安全生产规范化建设。

（二）安全生产标准化建设的一般要求

开展安全生产标准化工作，要遵循“安全第一、预防为主、综合治理”的方针，以隐患排查治理为基础，提高安全生产水平，减少事故发生，保障人身安全，保证生产经营活动的顺利进行。通过加强本单位各个岗位和环节的安全生产标准化建设，不断提高安全管理水平，促进安全生产主体责任落实到位。建立预防机制，规范生产行为，使各生产环节符合有关安全生产法律法规和标准规范的要求，人、机、物、环处于良好的生产状态，并持续改进。

水利工程建设安全生产标准化工作采用“策划、实施、检查、改进”动态循环的模式，结合自身的特点，建立并保持安全生产标准化系统，通过自我检查、自我纠正和自我完善，建立安全绩效持续改进的安全生产长效机制。

二、水利安全生产标准化主要内容

《企业安全生产标准化基本规范》（GB/T 33000—2016）共分为范围、规范性引用文件、术语和定义、一般要求、核心要求等五章。其中，核心要求这一章，对企业安全生产工作的目标职责、制度化管理、教育培训、现场管理、安全风险管控及隐患排查治理、应急管理、事故管理、持续改进等八方面的内容做了具体规定。

水利水电施工企业安全生产标准化评审内容以《企业安全生产标准化基本规范》（GB/T 33000—2016）的核心要求为基础，共设置 8 个一级项目、28 个二级项目和 149 个三级项目。

（一）分值设置

水利水电施工企业安全生产标准化评审按 1 000 分设置得分点，并实行扣分制。在三级项目内有多个扣分点的，可累计扣分，直到该三级项目标准分值扣完，不出现负分。

（二）得分换算

水利水电施工企业安全生产标准化评审按百分制设置最终得分，其换算公式如下：

$$\text{评定得分} = \frac{\text{各项实际得分之和}}{1\,000 - \text{各合理缺项分值之和}} \times 100$$

最后得分采用四舍五入，保留一位小数。

《水利水电施工企业安全生产标准化评审标准》详见附录三。

三、水利安全生产标准化评审

(一)水利安全生产标准化评审的条件

(1)已开展安全生产标准化建设一年以上,自评结果符合申请等级要求。

(2)从事水利水电施工的企业应依法取得国家规定的安全生产行政许可并承担在建水利水电工程项目施工。

(3)受理申请截至日前1年内不得发生死亡1人(含)以上,或者一次3人(含)以上重伤,或者1 000万元以上直接经济损失的生产安全事故;不存在违法生产经营建设行为和重大事故隐患;没有安全生产不良信誉记录。

(4)按规定提交评审申请材料。

(二)水利安全生产标准化评审程序

(1)水利生产经营单位依照《水利水电施工企业安全生产标准化评审标准》进行自主评定,并按规定提交评审申请材料。

(2)上级主管部门(单位)应严格对照《水利水电施工企业安全生产标准化评审标准》,负责对申请材料进行认真审核。

(3)经审核符合条件的,由评审委员会组织专家开展评审;水利部安全生产标准化评审委员会负责标准化一级的评审,省级水行政主管部门负责本地区标准化二级、三级的评审。

(4)水利安全生产标准化评审委员会审定,由水行政主管部门进行公告、颁证、授牌。

(三)水利安全生产标准化等级证书

水利安全生产标准化等级分为一级、二级、三级,其中一级为最高。原则上每年开展一次安全生产标准化评审。达到水利安全生产标准化等级的单位,满一年后方可申请更高等级的评审。

全生产标准化等级证书有效期为3年,有效期满且满足以下条件需要延期的,须于期满前3个月提出延期申请。

(1)提交各年度的自评报告。

(2)未发生1人(含)以上死亡,或者一次3人(含)以上重伤,或者1 000万元以上直接经济损失的生产安全事故。

(3)未发现安全管理存在突出问题或者重大事故隐患。

(4)无违法生产经营建设行为等。

第二章　安全生产教育培训

第一节　安全生产教育培训概述

一、安全生产教育培训的基本要求

从目前我国生产安全事故的特点可以看出，重特大人身伤亡事故主要集中在劳动密集型的生产经营单位，如煤矿、非煤矿山、道路交通、烟花爆竹、建筑施工等。从这些生产经营单位的用工情况看，其从业人员多数以农民工为主，以不签订劳动合同或签订短期劳动合同为主要形式。这些从业人员多数文化水平不高，流动性大，也影响了部分生产经营单位在安全教育培训方面不愿意做出更多投入，安全教育培训流于形式的情况较为严重，导致了从业人员对违章作业（或根本不知道本人的行为是违章）的危害认识不清，对作业环境中存在的危险、有害因素认识不清。

因此，加强对从业人员的安全教育培训，提高从业人员对作业风险的辨识、控制、应急处置和避险自救能力，提高从业人员安全意识和综合素质，是防止产生不安全行为、减少人为失误的重要途径。

《中华人民共和国安全生产法》第二十四条规定：生产经营单位的主要负责人和安全生产管理人员必须具备与本单位所从事的生产经营活动相应的安全生产知识和管理能力。危险物品的生产、经营、储存单位以及矿山、金属冶炼、建筑施工、道路运输单位的主要负责人和安全生产管理人员，应当由主管的负有安全生产监督管理职责的部门对其安全生产知识和管理能力考核合格。考核不得收费。

第二十五条规定：生产经营单位应当对从业人员进行安全生产教育和培训，保证从业人员具备必要的安全生产知识，熟悉有关的安全生产规章制度和安全操作规程，掌握本岗位的安全操作技能，了解事故应急处理措施，知悉自身在安全生产方面的权利和义务。未经安全生产教育和培训合格的从业人员，不得上岗作业。

第二十六条规定：生产经营单位采用新工艺、新技术、新材料或者使用新设备，必须了解、掌握其安全技术特性，采取有效的安全防护措施，并对从业人员进行专门的安全生产教育和培训。

第二十七条规定：生产经营单位的特种作业人员必须按照国家有关规定经专门的安全作业培训，取得相应资格，方可上岗作业。特种作业人员的范围由国务院安全生产监督管理部门会同国务院有关部门确定。

第四十一条规定：生产经营单位应当教育和督促从业人员严格执行本单位的安全生产规章制度和安全操作规程；并向从业人员如实告知作业场所和工作岗位存在的危险因素、防范措施以及事故应急措施。

第五十五条规定：从业人员应当接受安全生产教育和培训，掌握本职工作所需的安全生产知识，提高安全生产技能，增强事故预防和应急处理能力。

为确保国家有关生产经营单位从业人员安全教育培训政策、法规、要求的贯彻实施，必须首先从强化生产经营单位领导人员安全生产法制化教育入手，强化生产经营单位领导人员的安全意识。各级政府安全生产监督管理部门、负有安全生产监督管理责任的有关部门，应结合生产经营单位的用工形式，安全教育培训投入，安全教育培训的内容、方法、时间，以及安全教育培训的效果验证等方面实施综合监管。

二、安全教育特点

安全教育既是施工企业安全管理工作的重要组成部分，也是施工现场安全生产的一个重要工作方面，安全教育具有以下几个特点。

（一）安全教育的全员性

安全教育的对象是企业所有从事生产活动的人员。因此，从企业经理、项目经理，到一般管理人员及普通工人，都必须接受安全教育。安全教育是企业所有人员上岗前的先决条件，任何人不得例外。

（二）安全教育的长期性

安全教育是一项长期性的工作，主要体现在以下三个方面：

（1）安全教育贯穿于每个职工工作的全过程。从新工人进入企业开始，就必须接受安全教育，这种教育尽管存在着形式、内容、要求、时间等的不同，但是对个人来讲，在其一生的工作经历中，都在不断地、反复地接受着各种类型的安全教育，这种全过程的安全教育是确保职工安全生产的基本前提条件。因此，安全教育必须贯穿于职工工作的全过程。

（2）安全教育贯穿于每个工程施工的全过程。从施工队伍进入现场开始，就必须对职工进行入场安全教育，使每个职工了解并掌握本工程施工的安全生产特点；在工程的每个重要节点，也要对职工进行施工转折时期的安全教育；在节假日前后，要对职工进行安全思想教育，稳定情绪；在突击加班赶进度或工程临近收尾时，更要针对麻痹大意思想，进行有针对性的教育等。因此，安全教育应贯穿于整个工程施工的全过程。

（3）安全教育贯穿于施工企业生产的全过程。有生产就有安全问题，安全与生产是不可分割的统一体。哪里有生产，哪里就要讲安全；哪里有生产，哪里就要进行安全教育。企业的生存靠生产，没有生产就没有发展，就无法生存；而没有安全，生产也无法长久进行。因此，只有把安全教育贯穿于企业生产的全过程，把安全教育看成是关系到企业生存、发展的大事，安全工作才能做得扎扎实实，才能保障生产安全，才能促进企业的发展。

安全教育的长期性所体现的这三种全过程告诫我们，安全教育的任务“任重而道远”，不应该也不可能会是一劳永逸的，这就需要经常地、反复地、不断地进行安全教育，才能减少并避免事故的发生。

（三）安全教育的专业性

施工现场生产所涉及的范围广、内容多。安全生产既有管理性要求，也有技术性要求，安全生产的管理性与技术性结合，使得安全教育具有专业性要求。教育者既要有充实的理论知识，也要有丰富的实践经验，这样才能使安全教育做到深入浅出、通俗易懂，并且收到良好的效果。

安全教育的目的是，通过对企业各级领导、管理人员及工人的安全培训教育，使他们学习并了解安全生产和劳动保护的法律、法规、标准，掌握安全知识与技能，运用先进的、科学的方法，避免并制止生产中的不安全行为，消除一切不安全因素，防止事故发生，实现安全生产。

三、主要工种安全操作规程

为了贯彻执行国家“安全第一、预防为主、综合治理”的安全生产方针，坚持“以人为本”的安全理念，规范水利水电工程施工现场作业人员的安全、文明施工行为，以控制各类事故的发生，确保施工人员的安全、健康，确保安全生产，安全员在进行安全教育培训和安全技术交底时，可参照《水利水电工程施工作业人员安全操作规程》(SL 401—2007)执行。

主要工种安全操作规程详见附录四。

第二节　安全生产教育培训对象

一、三类人员的安全教育培训

为贯彻落实《中华人民共和国安全生产法》《安全生产许可证条例》和《水利工程建设安全生产管理规定》，提高施工企业主要负责人、项目负责人、专职安全生产管理人员安全生产知识水平和管理能力，保证建筑施工安全生产，对施工企业三类人员进行考核认定。三类人员应当经水利行政主管部门或者其他有关部门考核合格后方可任职，考核内容主要是安全生产知识和安全管理能力。

(一)施工企业主要负责人

施工企业主要负责人指对本企业日常生产经营活动和安全生产工作全面负责、有生产经营决策权的人员，包括企业法定代表人、经理、企业分管安全生产工作的副经理等。其安全教育的重点是：

(1)国家有关安全生产的方针政策、法律法规、部门规章、标准及有关规范性文件，本地区有关安全生产的法规、规章、标准及规范性文件。

(2)施工企业安全生产管理的基本知识和相关专业知识。

(3)重特大事故防范、应急救援措施，报告制度及调查处理方法。

(4)企业安全生产责任制和安全生产规章制度的内容、制定方法。

(5)国内外安全生产管理经验。

(二)施工企业项目负责人

施工企业项目负责人指由企业法定代表人授权，负责建设工程项目管理的项目经理或负责人等。其安全教育的重点是：

(1)国家有关安全生产的方针政策、法律法规、部门规章、标准及有关规范性文件，本地区有关安全生产的法规、规章、标准及规范性文件。

(2)工程项目安全生产管理的基本知识和相关专业知识。

(3)重大事故防范、应急救援措施，报告制度及调查处理方法。

(4)企业和项目安全生产责任制和安全生产规章制度内容、制定方法。

(5)施工现场安全生产监督检查的内容和方法。

(6)国内外安全生产管理经验。

(7)典型事故案例分析。

(三)施工企业专职安全生产管理人员

施工企业专职安全生产管理人员指在企业专职从事安全生产管理工作的人员,包括企业安全生产管理机构的负责人及其工作人员和施工现场专职安全生产管理人员。其安全教育的重点是:

(1)国家有关安全生产的方针政策、法律法规、部门规章、标准及有关规范性文件,本地区有关安全生产的法规、规章、标准及规范性文件。

(2)重大事故防范、应急救援措施,报告制度,调查处理方法以及防护救护方法。

(3)企业和项目安全生产责任制和安全生产规章制度。

(4)施工现场安全监督检查的内容和方法。

(5)典型事故案例分析。

二、入场新工人安全教育培训

每个刚进企业的新工人必须接受首次安全生产方面的基本教育,即三级安全教育。三级一般是指公司(企业)、项目(工程处、施工队、工区)、班组三级。

新参加水利水电工程施工的作业人员以及转岗的作业人员,作业前,施工企业应进行不少于一周的学习培训,考试合格后,方可进入现场作业。

施工企业应坚持定期培训、教育制度,施工作业人员应每年进行一次本专业安全技术和本标准的学习、培训和考核,考核不合格者不应上岗。

施工班组应坚持执行工前安全会、工中巡回检查和工后安全小结的每日"三工活动"和每周一次的"安全日"活动。

(一)公司安全教育主要内容

(1)国家和地方有关安全生产、劳动保护的方针、政策、法律、法规、规范、标准及规章。

(2)企业及其上级部门(主管局、集团、总公司、办事处等)印发的安全管理规章制度。

(3)安全生产与劳动保护工作的目的、意义等。

(二)项目(施工现场)安全教育主要内容

(1)建设工程施工生产的特点,施工现场的一般安全管理规定、要求。

(2)施工现场主要事故类别,常见多发性事故的特点、规律及预防措施、事故教训等。

(3)本工程项目施工的基本情况(工程类型、施工阶段、作业特点等),施工中应当注意的安全事项。

(三)班组教育主要内容

(1)本工种作业的安全技术操作要求。

(2)本班组施工生产概况,包括工作性质、职责、范围等。

(3)本人及本班组在施工过程中,所使用、所遇到的各种生产设备、设施、电气设备、机械、工具的性能、作用、操作要求、安全防护要求。

(4)个人使用和保管的各类劳动防护用品的正确穿戴、使用方法及劳防用品的基本原理与主要功能。

(5)发生伤亡事故或其他事故,如火灾、爆炸、设备及管理事故等,应采取的措施(救助抢险、保护现场、报告事故)等要求。

三、变换工种的工人安全教育培训

施工现场变化大,动态管理要求高,随着工程进度的发展,部分工人的工作岗位会发生变化,转岗现象较普遍。这种工种之间的互相转换,有利于施工生产的需要。但是,如果安全管理工作没有跟上,安全教育不到位,就可能给转岗工人带来伤害事故。因此,必须对他们进行转岗安全教育。根据住房和城乡建设部的规定,企业待岗、转岗、换岗的职工,在重新上岗前,必须接受一次安全培训。对待岗、转岗、换岗职工的安全教育主要内容是:

(1)本工种作业的安全技术操作规程。

(2)本班组施工生产的概况介绍。

(3)施工区域内各种生产设施、设备、工具的性能、作用、安全防护要求等。

四、特种作业人员的安全教育培训

(一)特种作业及人员范围

特种作业是指对操作者本人,尤其对他人或周围设施的安全有重大危害因素的作业。直接从事特种作业的人,称为特种作业人员。根据《水利工程建设安全生产管理规定》,垂直运输机械作业人员、安装拆卸工、爆破作业人员、起重信号工、登高架设作业人员等特种作业人员,必须按照国家有关规定经过专门的安全作业培训,并取得特种作业操作资格证书后,方可上岗作业。

这些特种作业具备以下特点:一是独立性,必须有独立的岗位,由专人操作的作业,操作人员必须具备一定的安全生产知识和技能;二是危险性,必须是危险性较大的作业,如果操作不当,容易对操作者本人、他人或物造成伤害,甚至发生重大伤亡事故;三是特殊性,从事特种作业的人员不能很多,总体上讲,每个类别的特种作业人员一般不超过该行业或领域全体从业人员的30%。

(二)特种作业人员的要求

(1)年满18周岁,且不超过国家法定退休年龄。

(2)经社区或者县级以上医疗机构体检健康合格,并无妨碍从事相应特种作业的器质性心脏病、癫痫病、美尼尔氏综合症、眩晕症、癔症、帕金森病、精神病、痴呆症以及其他疾病和生理缺陷。

(3)具有初中及以上文化程度。

(4)具备必要的安全技术知识与技能。

(5)相应特种作业规定的其他条件。

危险化学品特种作业人员除符合前款第1项、第2项、第4项和第5项规定的条件外,应当具备高中或者相当于高中及以上文化程度。

(三)特种作业人员安全教育培训

由于特种作业较一般作业的危险性更大,所以特种作业人员必须经过安全培训和严格考核。对特种作业人员的安全教育应注意以下三点:

(1)特种作业人员上岗作业前,必须进行专门的安全技术和操作技能的培训教育,这种培训教育要实行理论教学与操作技术训练相结合的原则,重点放在提高其安全操作技术和预防事故的实际能力上。

(2)培训后,经考核合格方可取得操作证,并准许独立作业。

(3)取得操作证的特种作业人员,必须定期进行复审。特种作业操作证有效期为 6 年,每 3 年复审 1 次。特种作业人员在特种作业操作证有效期内,连续从事本工种 10 年以上,严格遵守有关安全生产法律法规的,经原考核发证机关或者从业所在地考核发证机关同意,特种作业操作证的复审时间可以延长至每 6 年 1 次。

五、安全生产教育培训的内容

安全生产教育,主要包括安全生产思想教育、安全知识教育、安全技能教育和法制教育四个方面的内容。

(一)安全生产思想教育

安全思想教育是为安全生产奠定思想基础。通常从加强思想认识和方针政策的教育、劳动纪律教育两个方面进行。

(1)思想认识和方针政策的教育。一是提高各级领导干部和广大职工群众对安全生产重要意义的认识。从思想上、理论上认识社会主义制度下搞好安全生产的重要意义,以增强关心人、保护人的责任感,树立牢固的群众观点。二是通过安全生产方针、政策教育,提高各级领导、管理干部和广大职工的政策水平,使他们正确全面地理解党和国家的安全生产方针、政策,严肃认真地执行安全生产方针、政策和法规。

(2)劳动纪律教育。主要是使广大职工懂得严格执行劳动纪律对实现安全生产的重要性,企业的劳动纪律是劳动者进行共同劳动时必须遵守的规则和秩序。反对违章指挥,反对违章作业,严格执行安全操作规程,遵守劳动纪律是贯彻安全生产方针、减少伤亡事故、实现安全生产的重要保证。

(二)安全知识教育

企业所有职工必须具备安全基本知识。因此,全体职工必须接受安全知识教育和每年按规定学时进行安全培训。

安全基本知识教育的主要内容是:企业的基本生产概况;施工(生产)流程、方法;企业施工(生产)危险区域及其安全防护的基本知识和注意事项;机械设备、厂(场)内运输的有关安全知识;有关电气设备(动力照明)的基本安全知识;高处作业安全知识;生产(施工)中使用的有毒有害原材料或可能散发的有毒有害物质的安全防护基本知识;消防制度及灭火器材应用的基本知识;个人防护用品的正确使用知识等。

(三)安全技能教育

安全技能教育,就是结合本工种专业特点,实现安全操作、安全防护所必须具备的基本技术知识要求。每个职工都要熟悉本工种、本岗位专业安全技术知识,安全技能知识是比较专门、细致和深入的知识。它包括安全技术、劳动卫生和安全操作规程。国家规定建筑登高架设、起重、焊接、电气、爆破、压力容器、锅炉等特种作业人员必须进行专门的安全技术培训,并经考试合格,持证上岗。

在开展安全生产教育中,可以结合典型经验和事故教训进行教育。因此,要注意收集本单位和外单位的先进经验及事故教训。宣传先进经验,既是教育职工找差距的过程,又是学、赶先进的过程;事故教育可以从事故教训中吸取有益的东西,防止今后类似事故的重复发生。

(四)法制教育

法制教育就是要采取各种有效形式,对全体职工进行安全生产法规和法制教育,从而提高职工遵法、守法的自觉性,以达到安全生产的目的。

第三章　文明施工

第一节　文明施工概述

一、文明施工的重要意义

改革开放以来,随着城市建设规模空前大发展,建筑业的管理水平也得到很大提高。文明施工在20世纪80年代中期抓施工现场安全标准化管理的基础上,得到了循序渐进、逐步深化的长足发展,重点体现了"以人为本"的思想。施工现场的文明施工是以安全生产为突破口,以质量为基础,以科技进步为重点,狠抓"窗口"达标,突破了传统的管理模式,注入新的内容,使施工现场纳入现代企业制度的管理。

文明施工主要是指在工程建设实施过程中,保持施工现场良好的作业环境、卫生环境和工作秩序,规范、标准、整洁、有序、科学地建设施工生产活动。文明施工主要包括以下几个方面的工作:规范施工现场的场容,保持作业环境的整洁卫生;科学组织施工,使生产有序进行;减少施工对周围居民和环境的影响;保证职工的安全和身体健康。其重要意义在于:

(1)它是改善人的劳动条件,适应新的环境,提高施工效益,消除施工给城市环境带来的污染,提高人的文明程度和自身素质,确保安全生产、工程质量的有效途径。

(2)它是施工企业落实社会主义精神、物质两个文明建设的最佳结合点,是广大建设者几十年心血的结晶。

(3)它是文明城市建设的一个必不可少的重要组成部分,文明城市的大环境客观上要求建筑工地必须成为现代化城市的新景观。

(4)文明施工对施工现场贯彻"安全第一、预防为主、综合治理"的指导方针,坚持"管生产必须管安全"的原则起到保证作用。

(5)文明施工以各项工作标准规范施工现场行为,是建筑业施工方式的重大转变。文明施工以文明工地建设为切入点,通过管理出效益,改变了建筑业过去靠延长劳动时间增加效益的做法,是经济增长方式的一个重大转变。

(6)文明施工是企业无形资产原始积累的需要,是在市场经济条件下企业参与市场竞争的需要。创建文明工地投入了必要的人力物力,这种投入不是浪费,而是为了确保在施工过程中的安全与卫生所采取的必要措施。这种投入与产出是成正比的,是为了在产出的过程中体现出企业的信誉、质量、进度,其本身就能带来直接的经济效益,提高建筑业在社会上的知名度,为促进生产发展,增强市场竞争能力起到积极的推动作用。文明施工已经成为企业的一个有效的无形资产,已被广大建设者认可,对建筑业的发展发挥了应有的作用。

(7)为了更好地同国际接轨,文明施工也参照国际劳工组织第167号《施工安全与卫生公约》,以保障劳动者的安全与健康为前提,文明施工创建了一个安全、有序的作业场所以及卫生、舒适的休息环境,从而带动了其他工作,是"以人为本"思想的具体体现。

二、文明施工管理规定

(一)现场围挡

1. 点状工程围护设施

点状工程工地四周应按规定设置连续、密闭的围挡,使施工现场与外界有效隔离。围挡使用的材料应保证围挡稳固、整洁、美观。有条件的工地,四周围挡必须张挂、书写反映企业精神、时代风貌的醒目宣传标语。

2. 线状工程围护设施

河道(护岸)工程、交通半开放的占路施工等线状工程,其施工现场边界应当设置定型化施工路栏封闭。重点区域的河道(护岸)工程有条件时应采用围挡。

(二)封闭管理

(1)施工现场的进出口应设置大门,门头按规定设置企业标志,并应设置车辆冲洗设施(施工现场工地的门头、大门,各企业须统一标准。施工企业可根据各自的特色,标明集团、企业的规范简称)。工地内还须立旗杆,升挂集团、企业等旗帜。

(2)门口应设置门卫值班室,制定门卫值守管理制度和岗位责任制,配备门卫职守人员,切实起到门卫作用。来访人员应进行登记,进出料要有收发手续。

(3)进入施工现场的工作人员按规定整齐佩戴工作卡。

(三)施工场地

(1)施工场地的主要道路及材料加工区,其地面应按规定进行硬化处理,道路应保持畅通。

(2)施工场地应设置排水设施,排水须保持通畅无积水。

(3)施工场地应有循环干道,且保持经常畅通,不堆放构件、材料,道路应平整、坚实、无积水。

(4)施工现场应有防止扬尘措施。

(5)制定防止泥浆、污水、废水污染环境的措施。工程施工的废水、泥浆应经流水槽或管道流到工地集水池统一沉淀处理,不得随意排放和污染施工区域以外的河道、路面。工程泥浆实行三级沉淀,二级排放。施工现场的管道不能有跑、冒、滴、漏或大面积积水现象。

(6)施工现场应该禁止吸烟,防止发生危险,应该按照工程情况设置固定的吸烟室或吸烟处,要求有烟缸或水盆。吸烟室应远离危险区并设必要的灭火器材。禁止流动吸烟。

(四)材料管理

(1)施工现场建筑材料、构配件、料具应按照总平面图规定的位置码放。

(2)材料要码放整齐并按规定挂置标明名称、品种、规格、数量、进货日期等的标牌。

(3)施工现场材料码放应采取防火、防锈蚀、防雨等措施。

(4)建筑物内施工垃圾的清运,应采用器具或管道运输,严禁随意抛掷。

(5)易燃易爆物品不能混放,应分类储藏在专用库房内,并应制定防火措施。

(五)现场办公与住宿

(1)施工现场必须将施工作业区、材料存放区与办公区、生活区严格分开不能混用,并应采取相应的隔离措施。

(2)在建工程内,伙房、库房不得兼作宿舍。因为在施工区内住宿会带来各种危险,如落物伤人,触电或内洞口、临边防护不严而造成事故;两班作业时,施工噪声影响工人的休息。

(3)宿舍、办公用房的防火等级应符合规范要求。

(4)宿舍应设置可开启式窗户,床铺不得超过2层,通道宽度不应小于0.9 m。

(5)宿舍内住宿人员人均面积不应小于2.5 m^2,且不得超过16人。

(6)冬季北方严寒地区的宿舍应有保暖和防止煤气中毒措施。炉火应统一设置,有专人管理并有岗位责任。

(7)炎热季节宿舍应有防暑降温和防蚊虫叮咬措施,保证施工人员有充足睡眠。

(8)宿舍内床铺及各种生活用品力求统一并放置整齐,环境卫生应良好。

(六)现场防火

(1)施工现场应根据施工作业条件建立消防安全管理制度、制定消防措施,并记录落实效果。

(2)施工现场临时用房和作业场所的防火设计应符合规范要求。

(3)施工现场应设置消防通道、消防水源,并应符合规范要求。

(4)按照不同作业条件,在不同场所合理配置种类合适的灭火器材并保证可靠有效。布局配置应符合规范要求。

(5)明火作业应履行动火审批手续,配备动火监护人员。动火必须具有“二证一器一监护”,即焊工证、动火证、灭火器、监护人。作业后,必须确认无火源危险时方可离开。

第二节　施工现场环境保护

环境保护是按照法律法规、各级主管部门和企业的要求,保护和改善作业现场的环境,控制现场的各种粉尘、废水、废气、固体废弃物、噪声、振动等对环境的污染和危害。环境保护也是文明施工的重要内容之一。

一、防治施工大气污染

(1)施工现场主要道路必须进行硬化处理。施工现场应采取覆盖、固化、绿化、洒水等有效措施,做到不泥泞、不扬尘。施工现场的材料存放区、大模板存放区等场地必须平整夯实。

(2)遇有4级风以上天气不得进行土方回填、转运以及其他可能产生扬尘污染的施工。

(3)施工现场应有专人负责环保工作,配备相应的洒水设备,及时洒水,减少扬尘污染。

(4)建筑物内的施工垃圾清运必须采用封闭式专用垃圾道或封闭式容器吊运,严禁临空抛撒。施工现场应设密闭式垃圾站,施工垃圾、生活垃圾分类存放。施工垃圾清运时应提前适量洒水,并按规定及时清运消纳。

(5)水泥和其他易飞扬的细颗粒建筑材料应密闭存放,使用过程中应采取有效措施防止扬尘。施工现场土方应集中堆放,采取覆盖或固化等措施。

(6)从事土方、渣土和施工垃圾的运输,必须使用密闭式运输车辆。施工现场出入口处设置冲洗车辆的设施,出场时必须将车辆清理干净,不得将泥沙带出现场。

(7)市政道路施工铣刨作业时,应采取冲洗等措施控制扬尘污染。灰土和无机料拌和,应采用预拌进场，碾压过程中要洒水降尘。

（8）规划市区内的施工现场，混凝土浇筑量超过10 m^3的工程，应当使用预拌混凝土，施工现场设置搅拌机的机棚必须封闭，并配备有效的降尘、防尘装置。

（9）施工现场使用的热水锅炉、炊事炉灶及冬施取暖锅炉等必须使用清洁燃料。施工机械、车辆尾气排放应符合环保要求。

（10）拆除原有建筑时，应随时洒水，减少扬尘污染。渣土要在拆除施工完成之日起3日内清运完毕，并应遵守拆除工程的有关规定。

二、防治施工水污染

水污染物主要来源于工业污染、农业污染和生活污染，包括各种工业废水向自然水体的排放，化肥、农药、食物废渣、食油、粪便、合成洗涤剂、杀虫剂、病原微生物等对水体的污染。

施工现场废水和固体废弃物随水流流入水体部分，包括泥浆、水泥、油漆、各种油类、混凝土外加剂、重金属、酸碱盐、非金属无机毒物等。

施工过程防控水污染的措施有：

（1）禁止将有毒有害废弃物作为土方回填。

（2）施工现场搅拌机前台、混凝土输送泵及运输车辆清洗处应当设置沉淀池，搅拌站废水、现制水磨石的污水、电石（碳化钙）的污水不得直接排入市政污水管网，必须经二次沉淀，合格后再排放，最好将沉淀水用于洒水降尘或采取措施回收循环使用。

（3）现场存放油料，必须对库房进行防渗漏处理，如采取防渗混凝土地面、铺油毡等措施。储存和使用都要采取措施，防止油料泄、跑、冒、滴、漏，污染土壤水体。

（4）施工现场设置的临时食堂，用餐人数在100人以上的，污水排放时应设置简易有效的隔油池，加强管理，专人负责定期清理，防止污染。

（5）工地临时厕所，化粪池应采取防渗漏措施。中心城市施工现场的临时厕所可采用水冲式厕所，并有防蝇、灭蛆措施，防止污染水体和环境。

（6）化学用品、外加剂等要妥善保管，库内存放，防止污染环境。

三、防治施工噪声污染

噪声是影响与危害非常广泛的环境污染问题。噪声环境可以干扰人的睡眠与工作，影响人的心理状态与情绪，造成人的听力损失，甚至引起许多疾病。此外，噪声对人们的对话干扰也是相当大的。施工现场环境污染问题首推噪声污染。

（1）施工现场应遵照《建筑施工场界环境噪声排放标准》（GB 12523—2011）制定降噪措施。在城市市区范围内，建筑施工过程中使用的设备，可能产生噪声污染的，施工单位应按有关规定向工程所在地的环保部门申报。

（2）施工现场的电锯、电刨、搅拌机、固定式混凝土输送泵、大型空气压缩机等强噪声设备应搭设封闭式机棚，并尽可能设置在远离居民区的一侧，以减少噪声污染。

（3）因生产工艺上要求必须连续作业或者特殊需要，确需在20时至次日6时期间进行施工的，建设单位和施工单位应当在施工前到工程所在地的区、县建设行政主管部门提出申请，经批准后方可进行夜间施工。建设单位应当会同施工单位做好周边居民的安抚工作，并公布施工期限。

(4)进行夜间施工作业的,应采取措施,最大限度地减少施工噪声,可采用隔音布、低噪声振捣棒等方法。

(5)对人为的施工噪声应有管理制度和降噪措施,并进行严格控制。承担夜间材料运输的车辆,进入施工现场严禁鸣笛,装卸材料应做到轻拿轻放,最大限度地减少噪声扰民。

(6)施工现场应进行噪声值监测,监测方法执行《建筑施工场界环境噪声排放标准》(GB 12523—2011),噪声值不应超过国家或地方噪声排放标准。

(7)建筑施工过程中场界环境噪声昼间不得超过 70 dB(A),夜间不得超过 55 dB(A)。

四、防治施工固体废弃物污染

(1)施工现场设立专门的固体废弃物临时储存场所,用砖砌成池,废弃物应分类存放,对有可能造成二次污染的废弃物必须单独储存,设置安全防范措施且有醒目标识。对储存物应及时收集并处理,可回收的废弃物做到回收再利用。

(2)固体废弃物的运输应采取分类、密封、覆盖,避免泄露、遗漏,并送到政府批准的单位或场所进行处理。

(3)施工现场应使用环保型的建筑材料、工器具、临时设施、灭火器和各种物质的包装箱袋等,减少固体废弃物污染。

(4)提高工程施工质量,减少或杜绝工程返工,避免产生固体废弃物污染。

(5)施工中及时回收使用落地灰和其他施工材料,做到工完料尽,减少固体废弃物污染。

第四章　安全技术措施与专项施工方案

第一节　安全技术措施

安全技术措施，是指为防止工伤事故和职业病的危害，从技术上采取的措施。

工程施工中，针对工程的特点、施工现场环境、施工方法、劳动组织、作业方法、使用的机械、动力设备、变配电设施、架设工具以及各项安全防护设施等制定的确保安全施工的措施，称为施工安全技术措施。施工安全技术措施是施工组织设计（或施工方案）的重要组成部分。

一、施工安全技术措施编制的要求

（1）要在工程开工前编制，并经过审批。要求在开工前编审好安全技术措施，在工程图纸会审时，就必须考虑到施工安全。同时，因为开工前已编审了安全技术措施，为此，用于该工程的各种安全设施能有较充分的时间做准备，从而保证了各种安全设施的落实。

对于在施工过程中，由于工程更改等情况变化，安全技术措施也必须及时相应地补充完善。

（2）要有针对性。由于施工安全技术措施是针对每项工程特点而制定的，所以要有针对性。编制安全技术措施的技术人员必须掌握工程概况、施工方法、场地环境、条件等第一手资料。熟悉安全法规、标准等才能编写有针对性的安全技术措施。

①针对不同工程的特点可能造成施工的危害，从技术上采取措施，消除危险，保证施工安全。

②针对不同的施工方法，如立体交叉作业、滑模、网架整体提升吊装，大模板施工等，可能给施工带来不安全因素，从技术上采取措施，保证安全施工。

③针对使用的各种机械设备、变配电设施给施工人员可能带来哪些危险因素，从安全保险装置等方面采取技术措施，防止伤害事故。

④针对施工中有毒有害、易爆易燃等作业可能给施工人员造成的危害，从技术上采取防护措施，防止伤害事故。

⑤针对施工场地及周围环境可能给施工人员或周围居民带来的危害，以及材料、设备运输带来的困难和不安全因素，从技术上采取措施，给予保护。

（3）要考虑全面、具体。安全技术措施均应贯彻于全部施工工序之中，力求细致全面、具体。例如，施工平面布置不当、暂设工程多次迁移、建筑材料多次转运，不仅影响施工进度，而且造成浪费，有的还留下隐患。再如，易爆易燃临时仓库及明火作业区、工地宿舍、厨房等定位及间距不当，可能酿成事故。只有把多种因素和各种不利条件考虑周全，有对策措施，才能真正做到预防事故。

但是，全面、具体不等于罗列通常的操作工艺、施工方法以及日常安全工作制度、安全纪律等。这些制度性规定,安全技术措施中不需再做抄录,但必须严格执行。

(4)对大型群体工程或一些面积大、结构复杂的重点工程,除必须在施工组织总设计中编制施工安全技术总体措施外,还应编制单位工程或分部分项工程安全技术措施,详细地制定出有关安全方面的防护要求和措施,确保该单位工程或分部分项工程的安全施工。对爆破、吊装、水下、深坑、支模、拆除等大型特殊工程,都要编制单项安全技术方案。此外,还应编制季节性施工安全技术措施。

总之,应该根据某工程施工的具体情况进行系统的分析,选择最佳施工安全方案,编制有针对性的安全技术措施。

二、施工安全技术措施的主要内容

工程大致分为两种:一是结构共性较多的,称为一般工程;二是结构比较复杂、施工特点较多的,称为特殊工程。由于施工条件、环境等不同,二者既有共性,也有不同之处。不同之处在共性措施中就无法解决。因此,应根据工程施工特点,将不同危险因素,按照有关规程的规定,结合以往的施工经验与教训,参照以下内容编制安全技术措施。

(一)一般工程安全技术措施

(1)土方工程。根据基坑、基槽、地下室等开挖土方深度和土的种类,选择开挖方法,确定边坡的坡度或采用基坑支护等方法,以防土方塌方。

(2)脚手架、吊篮、工具式脚手架等选型、设计搭设方案和安全防护措施。

(3)高处作业的上下安全通道。

(4)安全网(平网、立网)的架设要求、范围(保护区域)、架设层次、段落。

(5)对施工用的电梯、井架(龙门架)等垂直运输设备,位置、搭设要求,稳定性、安全装置等的要求和措施。

(6)施工洞口及临边的防护方法和立体交叉施工作业区的隔离措施。

(7)场内运输道路及人行通道的布置。

(8)编制施工临时用电的组织设计和临时用电图纸。

(9)防火、防毒、防爆、防雷等安全措施。

(10)在建工程与周围人行通道及民房的防护隔离设置。

(二)特殊工程安全技术措施

对于结构复杂、危险性大、特性较多的特殊工程,应编制单项的安全措施。例如,爆破、大型吊装、沉箱、沉井、烟囱、水塔、各种特殊架设作业、高层脚手架、井架和拆除工程等,必须编制单项的安全技术措施,并要有设计依据、有计算、有详图、有文字要求。

(三)季节性施工安全措施

季节性施工安全措施,就是考虑不同季节的气候,对施工生产带来的不安全因素,可能造成各种突发性事故,而从防护上、技术上、管理上采取的措施。一般水利工程可在施工组织设计或施工方案的安全技术措施中,编制季节性施工安全措施;危险性大、危害性气候长的水利工程,应单独编制季节性的施工安全措施。季节性主要指夏季、雨季和冬季。各季节性施工安全的主要内容如下。

1.夏季施工安全措施

夏季气候炎热,高温时间持续较长,主要是做好防暑降温工作。

(1)采取多种形式,对职工进行防暑降温知识的宣传教育,使职工知道中暑症状,学会对中暑病人采取应急措施。

(2)合理调整作息时间,避开中午高温时间工作,严格控制工人加班加点,高处作业工人的工作时间要适当缩短。保证工人有充足的休息和睡眠时间。

(3)对在容器内和高温条件下的作业场所,要采取措施,搞好通风和降温。

(4)对露天作业集中和固定场所,应搭设歇凉棚,防止热辐射,并要经常洒水降温。

(5)对高温、高处作业的工人,需经常进行健康检查。发现有作业禁忌症者,应及时调离高温和高处作业岗位。

(6)要及时供应合乎卫生要求的茶水、清凉含盐饮料、绿豆汤等。

(7)要经常组织医护人员深入工地进行巡回医疗和预防工作。重视年老体弱、患过中暑者和血压较高的工人身体情况的变化。

(8)及时给职工发放防暑降温的急救药品和劳动保护用品。

2. 雨季施工安全措施

雨季进行作业,主要做好防触电、防雷击、防坍塌和防台风的工作。

(1)防触电。电源线不得使用裸导线和塑料线,不得沿地面敷设。配电箱必须防雨、防水,电器布置符合规定,电器元件不应破损,严禁带电明露。机电设备的金属外壳,必须采取可靠的接地或接零保护。手持电动工具和机械设备使用时,必须安装合格的漏电保护器。工地临时照明灯、标志灯,其电压不超过 36 V。特别潮湿场所、金属管道和容器内的照明灯,电压不超过 12 V。电气作业人员,应穿绝缘鞋、戴绝缘手套。

(2)防雷击。高出建筑物的塔吊、井字架、龙门架、脚手架等应安装避雷装置。

(3)防坍塌。搞好脚手架、井字架、龙门架的排水工作,防止沉陷倾斜。坑、槽、沟两边要放足边坡,危险部位要另外加支撑,搞好排水工作,发现紧急情况,应马上停止土方施工。

(4)防台风。沿海地区还应防止汛期台风的侵袭,在此期间,风力增大,水位升高,施工单位要及时收听气象台天气预报。现场各类机械设备、电气装置、库房等,应注意防止进水受潮;大型施工机械在风力达到 6 级时,要采取各种措施(如放下臂杆、固定行走装置等),避免发生各类事故。

3. 冬季施工安全措施

冬季进行作业,主要应做好防风、防火、防滑、防煤气中毒、防亚硝酸钠中毒的工作。

(1)凡参加冬季施工作业的工人,都应进行冬季施工安全教育,并进行安全交底。

(2)烧蒸汽锅炉人员必须要经过专门培训,取得司炉证后才能独立作业。烧热水锅炉的也要经过培训,合格后才能上岗。

(3)安装的取暖炉必须符合要求,验收合格后才能使用。

(4)大雪或 6 级以上大风天气,应停止高处作业和吊装作业。

(5)做好防滑措施。通道防滑条损坏的要及时修补,对斜道、通行道、爬梯等作业面上的霜冻、冰块、积雪要及时清除。

(6)用热电法施工,要加强检查和维修,防止触电和火灾。

(7)对亚硝酸钠要加强管理,严格发放制度,要按定量改革小包装,并加上水泥、细砂、粉煤灰等,将其改变颜色,以防止误食中毒。

(8)加强用火申请和管理,遵守消防规定,防止火灾发生。

(9)现场脚手架、安全网、暂设电气工程、土方、机械设备等安全防护，必须按有关规定执行。

(10)必须正确使用个人防护用品。

由工程技术人员负责编制的安全技术措施，必须报经上一级技术负责人审查批准后执行。

三、贯彻执行安全技术措施要求

经过批准的安全技术措施具有技术法规的作用，必须认真贯彻执行。遇到因条件变化或考虑不周必须变更安全技术措施内容时，应经由原编制、审批人员办理变更手续，否则不能擅自变更。

(1)要认真进行安全技术措施的交底。工程开工前，总工程师或技术负责人，要将工程概况、施工方法和安全技术措施，向参加施工的工地负责人、工长和职工进行安全技术交底。每个单项工程开始前，应重复进行交代单项工程的安全技术措施。对安全技术措施中的具体内容和施工要求，应向工地负责人、工长进行详细交底和讨论，使执行者了解其道理，为安全技术措施的落实打下基础，安全交底应有书面材料，有双方的签字和交底日期。

(2)安全技术措施中的各种安全设施、防护设置的实施应列入施工任务单，责任落实到班组或个人，并实行验收制度。

(3)加强安全技术措施实施情况的检查，技术负责人、编制者和安全技术人员，要经常深入工地检查安全技术措施的实施情况，及时纠正违反安全技术措施的行为、问题，要对其及时补充和修改，使之更加完善、有效。各级安全部门要以施工安全技术措施为依据，以安全法规和各项安全规章制度为准则，经常性地对各工地实施情况进行检查，并监督各项安全措施的落实。

(4)对安全技术措施的执行情况，除认真监督检查外，还应建立必要的与经济挂钩的奖罚制度。

第二节 安全专项施工方案

为加强对水利工程危险性较大的分部分项工程安全管理，明确安全专项施工方案编制内容，规范专家论证、审查程序，确保安全专项施工方案实施，积极防范和遏制水利工程施工生产安全事故的发生，施工单位在编制施工组织(总)设计的基础上，针对危险性较大的分部分项工程，单独编制安全专项施工方案。

一、危险性较大的分部分项工程

施工单位应当在施工组织设计中编制安全技术措施和施工现场临时用电方案，对下列达到一定规模的危险性较大的分部分项工程编制专项施工方案，并附具安全验算结果，经施工单位技术负责人、总监理工程师签字后实施，由专职安全生产管理人员进行现场监督；对于超过一定规模的危险性较大的分部分项工程，施工单位应当组织专家对安全专项方案进行论证。

（一）危险性较大的分部分项工程

（1）基坑支护、降水工程。

开挖深度超过3 m（含3 m）或虽未超过3 m但地质条件和周边环境复杂的基坑（槽）支护、降水工程。

（2）土方和石方开挖工程。

开挖深度超过3 m（含3 m）的基坑（槽）的土方和石方开挖工程。

（3）模板工程及支撑体系。

①各类工具式模板工程：包括大模板、滑模、爬模、飞模等工程。

②混凝土模板支撑工程：搭设高度5 m及以上，搭设跨度10 m及以上，施工总荷载10 kN/m^2及以上，集中线荷载15 kN/m及以上，高度大于支撑水平投影宽度且相对独立无联系构件的混凝土模板支撑工程。

③承重支撑体系：用于钢结构安装等满堂支撑体系。

（4）起重吊装及安装拆卸工程。

①采用非常规起重设备、方法，且单件起吊重量在10 kN及以上的起重吊装工程。

②采用起重机械进行安装的工程。

③起重机械设备自身的安装、拆卸。

（5）脚手架工程。

①搭设高度24 m及以上的落地式钢管脚手架工程。

②附着式整体和分片提升脚手架工程。

③悬挑式脚手架工程。

④吊篮脚手架工程。

⑤自制卸料平台、移动操作平台工程。

⑥新型及异型脚手架工程。

（6）拆除、爆破工程。

（7）围堰工程。

（8）水上作业工程。

（9）沉井工程。

（10）临时用电工程。

（11）其他危险性较大的工程。

（二）安全专项方案中需要组织专家审查的范围

安全专项方案中需要组织专家审查的范围包括超过一定规模的深基坑、脚手架工程、高大模板及支撑体系等。具体如下。

1. 深基坑工程

（1）开挖深度超过5 m（含5 m）的基坑（槽）的土石方开挖、支护、降水工程。

（2）开挖深度虽未超过5 m，但地质条件、周围环境和地下管线复杂，或影响毗邻建（构）筑物安全的基坑（槽）的土方开挖、支护、降水工程。

2. 模板工程及支撑体系

（1）工具式模板工程：包括滑模、爬模、飞模工程。

（2）混凝土模板支撑工程：搭设高度8 m及以上，搭设跨度18 m及以上，施工总荷载

15 kN/m^{2}及以上,集中线荷载 20 kN/m 及以上。

(3)承重支撑体系:用于钢结构安装等满堂支撑体系,承受单点集中荷载 7 kN 以上。

3.起重吊装及安装拆卸工程

(1)采用非常规起重设备、方法,且单件起吊重量在 110 kN 及以上的起重吊装工程。

(2)起重量 300 kN 及以上的起重设备安装工程,高度 200 m 及以上内爬起重设备的拆除工程。

4.脚手架工程

(1)搭设高度 50 m 及以上的落地式钢管脚手架工程。

(2)提升高度在 150 m 及以上附着式整体和分片提升脚手架工程。

(3)架体高度 20 m 及以上悬挑式脚手架工程。

5.拆除、爆破工程

(1)采用爆破拆除的工程。

(2)可能影响行人、交通、电力设施、通信设施或其他建筑物、构筑物安全的拆除工程。

(3)文物保护建筑、优秀历史建筑或历史文化风貌区控制范围的拆除工程。

6.其他

(1)开挖深度超过 16 m 的人工挖孔桩工程。

(2)地下暗挖工程、顶管工程、水下作业工程。

(3)采用新技术、新工艺、新材料、新设备及尚无相关技术标准的危险性较大的单项工程。

(4)开挖边坡高度不小于 50 m 的高边坡。

建设工程实行施工总承包的,安全专项方案应当由施工总承包单位组织编制。其中,起重机械安装拆卸工程、深基坑工程、附着式升降脚手架等专业工程实行分包的,其安全专项方案可由专业承包单位组织编制。

二、安全专项施工方案审查

施工单位编制的安全专项方案,必须经本单位技术负责人审核签字认可。实行施工总承包的,安全专项方案应当由总承包单位技术负责人及相关专业承包单位技术负责人审核签字认可。

不需专家论证的安全专项方案,经施工单位技术负责人审核后报项目监理单位,由项目总监理工程师审查批准后实施。

超过一定规模的危险性较大的单项工程安全专项方案应当由施工单位组织召开专家论证审查会。实行施工总承包的,由施工总承包单位组织召开专家论证审查会。专家组成员应当由 3 名及以上符合相关专业要求的专家组成。专家论证严格实行回避原则,凡本项目的勘察、设计、施工、监理、建设(代建)等参建各方人员,不得以专家身份参加专家论证会。

(一)审查论证会参加人员

(1)专家组成员(原则上安全专家从区县安监局选取,技术专家从区县水行政主管部门选取)。

(2)建设单位项目负责人(安全管理专职负责人)或技术负责人。

(3)监理单位项目总监理工程师及相关人员。

(4)施工单位分管安全的负责人、技术负责人、项目负责人、项目技术负责人、专项方案编制人员、项目专职安全生产管理人员。

(5)勘察、设计单位项目技术负责人及相关人员。

(二)审查论证主要内容

(1)专项施工方案是否完整、可行,质量、安全标准是否符合工程建设标准强制性条文规定。

(2)设计计算书是否符合有关标准规定。

(3)施工的基本条件是否符合现场实际等。

三、专项施工方案内容

专项施工方案的主要内容应当包括:

(1)工程概况:危险性较大的单项工程概况、施工平面布置、施工要求和技术保证条件等。

(2)编制依据:相关法律、法规、规章、制度、标准及图纸(国标图集)、施工组织设计等。

(3)施工计划:包括施工进度计划、材料与设备计划等。

(4)施工工艺技术:技术参数、工艺流程、施工方法、质量标准、检查验收等。

(5)施工安全保证措施:组织保障、技术措施、应急预案、监测监控等。

(6)劳动力计划:专职安全生产管理人员、特种作业人员等。

(7)设计计算书及相关图纸等。

第三节　安全技术交底

一、安全技术交底的目的

为确保实现安全生产管理目标、指标,规范安全技术交底工作,确保安全技术措施在工程施工过程中得到落实,按不同层次、不同要求和不同方式进行,使所有参与施工的人员了解工程概况、施工计划,掌握所从事工作的内容、操作方法、技术要求和安全措施等,确保安全生产,避免发生生产安全事故。

二、安全技术交底依据

(1)施工图纸、施工图说明文件,包括有关设计人员对涉及施工安全的重点部位和环节方面的注明、对防范生产安全事故提出的指导意见,以及采用新结构、新材料、新工艺和特殊结构时设计人员提出的保障施工作业人员安全和预防生产安全事故的措施建议。

(2)施工组织设计、安全技术措施和专项安全施工方案。

(3)相关工种的安全技术操作规程。

(4)《水利工程建设安全生产监督检查导则》《水利工程施工安全防护设施技术规范》(SL 714—2015)、《水利水电工程施工安全管理导则》(SL 721—2015)、《水利水电工程施工作业人员安全操作规程》(SL 401—2007)等国家、行业的标准、规范。

(5)地方法规及其他相关资料。

(6)建设单位或监理单位提出的特殊要求。

三、安全技术交底职责分工

(1)工程项目开工前，由施工组织设计编制人、审批人向参加施工的施工管理人员(包括分包单位现场负责人、安全管理员)、班组长进行施工组织设计及安全技术措施交底。

(2)分部分项工程施工前、专项安全施工方案实施前，由方案编制人会同施工员将安全技术措施、施工方法、施工工艺、施工中可能出现的危险因素、安全施工注意事项等向参加施工的全体管理人员(包括分包单位现场负责人、安全管理员)、作业人员进行交底。

(3)每道施工工序开始作业前，项目部生产副经理(或施工员)向班组及班组全体作业人员进行安全技术交底。

(4)新进场的工人参加施工作业前，由项目部安全员及项目部分项管理人员进行工种交底。

(5)每天上班作业前，班组长负责对本班组全体作业人员进行班前安全交底。

四、安全技术措施交底的基本要求

(1)工程项目安全技术交底必须实行三级交底制度。由项目经理部技术负责人向施工员、安全员进行交底；施工员向施工班组长进行交底；施工班组长向作业人员交底，分别逐级进行。

工程实行总包、分包的，由总包单位项目技术负责人向分包单位现场技术负责人，分包单位现场技术负责人向施工班组长，施工班组长向作业人员分别逐级进行交底。

(2)安全技术交底应具体、明确、针对性强。交底的内容必须针对分部分项工程施工时给作业人员带来的潜在危险因素和存在的问题而编写。

(3)安全技术交底应优先采取新的安全技术措施。

(4)工程开工前，应将工程概况、施工方法、安全技术措施等情况，向工地负责人、工长进行详细交底。必要时直至向参加施工的全体员工进行交底。

(5)两个以上施工队或工种配合施工时，应按工程进度定期或不定期地向有关施工单位和班组进行交叉作业的安全书面交底。

(6)工长安排班组长工作前，必须进行书面的安全技术交底，班组长要每天对作业人员进行施工要求、作业环境等书面安全交底。

(7)交底应采用口头详细说明(必要时应做图示详细解释)和书面交底确认相结合的形式。各级书面安全技术交底应有交底时间、内容及交底人和接受交底人的签字，并保存交底记录。交底书要按单位工程归总放在一起，以备查验。

(8)交底应涉及与安全技术措施相关的所有员工(包括外来务工人员)，对危险岗位应书面告知作业人员岗位的操作规程和违章操作的危害。

(9)安全技术交底时应有对针对危险部位的安全警示标志的悬挂、拆除提出具体要求，包括施工现场入口处、洞、坑、沟、升降口、危险性气体和液体及夜间警示牌、夜间警示灯。

(10)高空及沟槽作业应对具体的技术细节及日常稳定状态的巡视、观察、支护的拆除等提出要求。

(11)涉及特殊持证作业及女工作业的情况时，技术交底内容还应充分参考相关法律、法规的内容进行。

(12)出现下列情况时,项目经理、项目总工程师或安全员应及时对班组进行安全技术交底:

①因故改变安全操作规程。

②实施重大和季节性安全技术措施。

③推广使用新技术、新工艺、新材料、新设备。

④发生因工伤亡事故、机械损坏事故及重大未遂事故。

⑤出现其他不安全因素、安全生产环境发生较大变化。

五、安全技术交底的内容

(1)工程项目、分部分项工程、工序的概况、施工方法、施工工艺、施工流程等常规内容。

(2)工程项目、分部分项工程、工序的特点和危险点。

(3)作业条件、作业环境、天气状况和可能遇到的不安全因素。

(4)劳动纪律。

(5)针对危险点采取的具体防范措施。

(6)施工机械、机具、工具的正确使用方法。

(7)个人劳动防护用品的正确使用方法。

(8)作业中应注意的安全事项。

(9)作业人员应遵守的安全操作规程和规范。

(10)作业人员发现事故隐患应采取的措施和发生事故后的紧急避险方法和应急措施。

(11)其他需要说明的事项。

六、安全技术交底主要项目

(1)主要作业安全技术交底确定安全技术交底项目时,应结合作业现场的实际情况确定危险部位和人群,组织翔实的技术交底。一般情况下,除施工工种安全技术交底外,交底的项目还包括:

① 2 m 以上的高空作业。

②基坑支护与降水作业。

③土石方开挖作业。

④模板、脚手架作业。

⑤机电设备作业。

⑥季节性施工作业。

⑦洞口及临边作业。

⑧顶管及地下连续墙作业。

⑨沉井及挖孔、钻孔作业。

⑩起重作业。

⑪大型或特种构件运输。

⑫动力机械操作作业。

⑬施工临时用电。

⑭深基坑、地下暗挖施工等。

(2)作业现场还应对如下情况进行安全技术交底：

①易燃易爆物品及危险化学品的使用与储存。

②使用新技术、新工艺、新设备、新技术的工程作业。

③建设单位或结合专项活动提出的作业活动。

④其他需要进行安全技术交底的作业活动。

七、安全技术交底的监督检查

(1)公司的相关职能部门在进行安全检查时，同时检查项目经理部的安全技术交底工作。

(2)项目部技术负责人、安全员负责监督检查生产副经理、施工员、班组长的安全技术交底工作。应对每项工程技术交底情况及时进行监督。

八、安全技术交底记录

项目部安全员须参加并监督除班组安全交底外的所有类型安全技术交底，并负责收集、保存交底记录；交底双方应履行签字手续，各保留一套交底文件，书面交底记录应在技术、施工、安全三方备案。

九、总包对分包的进场安全交底

为了贯彻“安全第一、预防为主、综合治理”的方针，保护国家、企业的财产免遭损失，保障职工的生命安全和身体健康，保障施工生产的顺利进行，各施工单位必须认真执行以下要求：

(1)贯彻执行国家、行业的安全生产、劳动保护和消防工作的各类法规、条例、规定，遵守企业的各项安全生产制度、规定及要求。

(2)分包单位要服从总包单位的安全生产管理。分包单位的负责人必须对本单位职工进行安全生产教育，以增强法制观念和提高职工的安全意识及自我保护能力，自觉遵守安全生产六大纪律和安全生产制度。

(3)分包单位应认真贯彻执行工地的分部分项、分工种及施工安全技术交底要求。分包单位的负责人必须检查具体施工人员落实情况，并进行经常性的督促、指导，确保施工安全。

(4)分包单位的负责人应对所属施工及生活区域的施工安全、文明施工等各方面工作全面负责。分包单位负责人离开现场，应指定专人负责，办理书面委托管理手续。分包单位负责人和被委托负责管理的人员，应经常检查督促本单位职工自觉做好各方面工作。

(5)分包单位应按规定，认真开展班组安全活动。施工单位负责人应定期参加工地、班组的安全活动，以及安全、防火、生活卫生等检查，并做好检查活动的有关记录。

(6)分包单位在施工期间必须接受总包方的检查、督促和指导。同时，总包方应协助各施工单位搞好安全生产、防火管理。对于查出的隐患及问题，各施工单位必须限期整改。

(7)分包单位对各自所处的施工区域、作业环境、安全防护设施、操作设施设备、工具用具等必须认真检查，发现问题和隐患，立即停止施工，落实整改。本单位无能力落实整改的，应及时向总包方汇报，由总包方协调落实有关人员进行整改，分包单位确认安全后，方可施工。

(8)由总包方提供的机械设备、脚手架等设施，在搭设、安装完毕交付使用前，总包方须会同有关分包单位共同按规定验收，并做好移交使用的书面手续，严禁在未经验收或验收不合格的情况下投入使用。

(9)分包单位与总包单位如需相互借用或租赁各种设备以及工具的，应由双方有关人员办理借用或租赁手续，制定有关安全使用及管理制度。借出单位应保证借出的设备和工具完好并符合要求，借入单位必须进行检查，并做好书面移交记录。

(10)分包单位对于施工现场的脚手架、设施、设备的各种安全防护设施、保险装置、安全标志和警告牌等不得擅自拆除、变动，确需拆除变动的，必须经总包施工负责人和安全管理人员的同意，并采取必要、可靠的安全措施后方能拆除。

(11)特种作业及中小型机械的操作人员，必须按规定经有关部门培训、考核合格后，持有效证件上岗作业。起重吊装人员必须遵守“十不吊”规定，严禁违章、无证操作，严禁不懂电气、机械设备的人员擅自操作使用电气、机械设备。

(12)各施工单位必须严格执行防火防爆制度，易燃易爆场所严禁吸烟及动用明火，消防器材不准挪作他用。电焊、气割作业应按规定办理动火审批手续，严格遵守“十不烧”规定，严禁使用电炉。冬期施工当必须采取明火加热的防冻措施时，应取得总包防火主管人员同意，落实防火、防中毒措施，并指派专人值班看护。

(13)分包单位需用总包方提供的电气设备时，在使用前应先进行检测，不符合安全使用规定的，应及时向总包方提出，总包方应积极落实整改，整改合格后方准使用，严禁擅自乱拖乱拉私接电气线路及电气设备。

(14)在施工过程中，分包单位应注意地下管线及高、低压架空线和通信设施、设备的保护。总包方应将地下管线及障碍物情况向分包单位详细交底，分包单位应贯彻交底要求，当遇有问题或情况不明时要采取停止施工的保护措施，并及时向总包方汇报。

(15)贯彻“谁施工谁负责安全、防火”的原则。分包单位在施工期间发生各类事故，应及时组织抢救伤员，保护现场，并立即向总包方和自己的上级单位及有关部门报告。

(16)按工程特点进行针对性交底。

第五章　施工设备和设施安全管理

第一节　施工设备安全管理

近年来,随着建设工程的高速发展,施工机械设备的使用在建设工程中不断增加,重大事故频频发生,甚至有些施工机械已经经过检验单位的初始安全检验仍然出现倒塌、倾翻、触电等安全事故,造成严重的社会不良后果,给人民的生命财产带来了重大损失。由于施工设备数量多、使用广泛,所以发生事故的概率大,在施工现场存在的安全隐患较多。其危害后果一般有:

(1)临时施工用电不符合规范要求,缺少漏电保护装置或保护失效,造成触电事故。

(2)机械设备在安装、防护装置上存在问题,造成对操作人员的机械伤害。

(3)施工人员违反操作规程,造成对操作人员或他人的机械伤害。

主要施工设备操作规程详见附录五。

第二节　施工设施安全管理

一、施工脚手架安全管理

随着社会的发展和建筑施工技术的进步,脚手架的种类也愈来愈多。根据脚手架杆件材质,不仅有木杆脚手架和竹竿脚手架,而且还有金属角钢脚手架和钢管脚手架,金属钢管脚手架又可分扣件式、碗扣式、门式等;根据搭设的用途不仅有砌筑与装饰用的外脚手架,而且还有用作室内装修的里脚手架等;又如根据结构特点和操作条件不同可分单排脚手架、双排脚手架、悬挂式脚手架、桥式脚手架、悬挑式脚手架、吊篮脚手架、整体提升脚手架等。本节重点讲解钢管脚手架。

(一)钢管脚手架原材料要求

脚手架原材料材质优劣、搭设正确与否直接关系到脚手架的稳定和安全,因此所使用的原材料必须要经过认真地挑选,并按规定要求进行搭设,以确保脚手架的安全可靠。

1. 钢管

(1)脚手架钢管应采用现行国家标准《直缝电焊钢管》(GB/T 13793—2016)或《低压流体输送用焊接钢管》(GB/T 3091—2015)中规定的 Q235 普通钢管,钢管的钢材质量应符合现行国家标准《碳素结构钢》(GB/T 700—2006)中 Q235 级钢的规定。

(2)脚手架钢管宜采用ϕ 48.3 × 壁厚 3.6 mm 钢管。每根钢管的最大质量不应大于 25.8 kg。

2. 扣件

(1)扣件应采用可锻铸铁或铸钢制作,其质量和性能应符合现行国家标准《钢管脚手架扣件》(GB 15831—2006)的规定,采用其他材料制作的扣件,应经试验证明其质量符合该标准的规定后方可使用。

(2)扣件在螺栓拧紧扭力矩达到65 N·m时,不得发生破坏。

3.脚手板

(1)脚手板可采用钢、木、竹材料制作,单块脚手板的质量不宜大于30 kg。

(2)冲压钢脚手板的材质应符号现行国家标准《碳素结构钢》(GB/T 700—2006)中Q235级钢的规定。

(3)木脚手板材质应符合现行国家标准《木结构设计规范》(GB 50005—2017)中Ⅱa级材质的规定。脚手板厚度不应小于50 mm,两端宜各设直径不小于4 mm的镀锌钢丝箍两道。

(4)竹脚手板宜采用由毛竹或楠竹制作的竹串片板、竹笆板;竹串片脚手板应符合现行行业标准《建筑施工脚手架安全技术统一标准》(GB 51210—2016)的相关规定。

4.可调托撑

(1)可调托撑螺杆外径不得小于36 mm,走丝与螺距应符合现行国家标准《梯形螺纹》(GB/T 5796)的规定。

(2)可调托撑的螺杆与支架托板焊接应牢固,焊缝高度不得小于6 mm;可调托撑螺杆与螺母旋合长度不得少于5扣,螺母厚度不得小于30 mm。

(3)可调托撑受压承载力设计值不应小于40 kN,支托板厚不应小于5 mm。

5.悬挑脚手架用型钢

(1)悬挑脚手架用型钢的材质应符合现行国家标准《碳素结构钢》(GB/T 700—2016)或《低合金高强度结构钢》(GB/T 1591—2018)的规定。

(2)用于固定型钢悬挑梁的U形钢筋拉环或锚固螺栓材质应符合现行国家标准《钢筋混凝土用钢》(GB 1499)的规定。

(二)地基与基础要求

(1)脚手架地基与基础的施工,必须根据脚手架所受荷载、搭设高度、搭设场地土质情况与现行国家标准《建筑地基基础工程施工质量验收标准》(GB 50202—2018)的有关规定进行。

(2)压实填土地基应符合现行国家标准《建筑地基基础设计规范》(GB 50007—2011)的相关规定;灰土地基应符合现行国家标准《建筑地基基础工程施工质量验收标准》(GB 50202—2018)的相关规定。

(3)立杆垫板或底座底面标高宜高于自然地坪50~100 mm。

(4)脚手架基础经验收合格后,应按施工组织设计或专项施工方案的要求放线定位。

(三)搭设安全管理

(1)脚手架底脚扫地杆、水平横杆离地面距离为20~30 cm。

(2)脚手架各节点应连接可靠,拧紧,各杆件连接处相互伸出的端头长度应大于10 cm,以防杆件滑脱。

(3)外侧及每隔2~3道横杆设剪刀撑,排架基础以上12 m范围内每排横杆均应设置剪刀撑。

(4)剪刀撑、斜撑等整体拉结件和连墙件与脚手架应同步设置,剪刀撑的斜杆与水平面的交角宜为45°～60°,水平投影宽度不应小于2跨或4 m和不大于4跨或8 m。

(5)脚手架与边坡相连处应设置连墙杆,每18 m设一个点,且连墙杆的竖向间距不应大于4 m。连墙杆采用钢管横杆,与墙体预埋锚筋相连,以增加整体稳定性。

(6)脚手架相邻立杆和上下相邻平杆的接头应相互错开,应置于不同的框架格内。搭接杆接头长度,扣件式钢管排架不应小于1.0 m。

(7)钢管立杆、大横杆的接头应错开,搭接长度不小于50 cm,承插式的管接头不应小于8 cm,水平承插或接头应穿销,并用扣件连接,拧紧螺栓,不应用铁丝绑扎。

(8)脚手架的两端,转角处以及每隔6～7根立杆,应设剪刀撑及支杆,剪刀撑和支杆与地面的角度不应大于60°,支杆的底端埋入地下深度不应小于30 cm。架子高度在7 m以上或无法设支杆时,竖向每隔4 m、水平每隔7 m应使脚手架牢固地连接在建筑物上。

(9)脚手架的外侧、斜道和平台,应搭设防护栏杆、挡脚板或防护立网。在洞口、牛腿、挑檐等悬臂结构搭设挑架(外伸脚手架)时,斜面与墙面夹角不宜大于30°,并应支撑在建筑物的牢固部分,不应支撑在窗台板、窗檐、线脚等地方。

(10)脚手架的立杆、大横杆及小横杆的间距不应大于表5-1的规定。

表5-1 脚手架各杆的间距 (单位:m)

脚手架类别	立杆	大横杆	小横杆
钢脚手架	2.0	1.2	1.5

(11)脚手板的铺设应符合下列规定:

①脚手板应满铺,与墙面距离不应大于20 cm,不应有空隙和探头板。

②脚手板搭接长度不应小于20 cm。

③对头搭接时,应架设双排小横杆,其间距不大于20 cm,不应在跨度间搭接。

④在架子的拐弯处,脚手板应交叉搭接。

⑤脚手板的铺设应平稳,绑牢或钉牢,脚手板垫木应用木块,并且钉牢。

(12)井架、门架和烟囱、水塔等处的脚手架,凡高度10～15 m的要设一组缆风绳(4～6根),每增高10 m加设一组。在搭设时应先设临时缆风绳,待固定缆风绳设置稳妥后,再拆除临时缆风绳。缆风绳与地面的角度应为45°～60°,要单独牢固地拴在地锚上,并用花篮螺栓调节松紧,调节时应对角交错进行。缆风绳严禁拴在树木或电杆等物上。

(13)钢管脚手架的立杆,应垂直稳放在金属底座或垫木上。

(14)挑式脚手架的斜撑上端应连接牢固,下端应固定在立柱或建筑物上。

(15)用钢管搭设井架、相邻两立杆接头错开不应少于50 cm,横杆和剪刀撑应同时安装,滑轨应垂直,两轨间距误差不应超过10 mm。

(四)悬吊式脚手架

悬吊式脚手架除遵守本节有关规定外,还应符合下列要求:

(1)脚手架的全部悬吊系统应进行设计,使用前,应进行设计荷载两倍的静负荷试验,并应对所有受力部分进行详细的检查和鉴定,符合要求后,方可使用。

(2)任何情况下禁止超负荷使用。在工作过程中,对其结构、挂钩和钢丝绳应指定专人每天进行检查和维护。

(3)全部悬吊系统(包括吊车)所用钢材应符合相关质量标准,各种挂钩应用套环箍紧,以免使用过程中脱开。钢管脚手架为防止节点滑脱，除立杆与横杆的扣件应牢固外，凡搭架人能站立部分，其立杆的上下两端还需要加设扣件保险，立杆伸出搭杆的部分不应短于20 cm。

(4)升降用的卷扬机、滑轮及钢丝绳，应根据施工荷载计算选用，卷扬机应用地锚固定，并应备用双重制动闸。钢丝绳的安全系数不应小于14，使用过程中应防止钢丝绳与构筑物棱角相摩擦。

(5)为避免晃动，应使悬吊式脚手架固定在建筑物的牢固部位上。

(五)拆除安全管理

(1)拆除架子前，应将电气设备，其他管、线路，机械设备等拆除或加以保护。

(2)拆除架子时，应统一指挥，按顺序自上而下地进行，严禁上下层同时拆除或自下而上地进行。严禁用将整个脚手架推倒的方法进行拆除。

(3)同层杆件和构配件必须按先外后内的顺序拆除；剪刀撑、斜撑杆等加固杆件必须在拆卸至该部位杆件时再拆除。

(4)作业脚手架连墙件必须随架体逐层拆除，严禁先将连墙件整层或数层拆除后再拆架体。拆除作业过程中，当架体的自由端高度超过2步时，必须加设临时拉结设施。

(5)拆下的材料，严禁往下抛掷，应用绳索捆牢，用滑车卷扬等方法慢慢放下，集中堆放在指定地点。

(6)三级、特级及悬空高处作业使用的脚手架拆除时，应事先制定出安全可靠的措施才能进行拆除。

(7)拆除脚手架的区域内，无关人员严禁逗留和通过，在交通要道应设专人警戒。

(六)作业安全管理

(1)脚手架安装与拆除人员必须是经考核合格的专业架子工。架子工应持证上岗。

(2)搭拆脚手架人员必须戴安全帽、系安全带、穿防滑鞋。

(3)脚手架的构配件质量与搭设质量，应按《建筑施工扣件式钢管脚手架安全技术规范》(JGJ 130—2011)的规定进行检查验收，并应确认合格后使用。

(4)钢管上严禁打孔。

(5)脚手架作业层上的荷载不得超过设计允许荷载。

(6)严禁将支撑脚手架、缆风绳、混凝土输送泵管、卸料平台及大型设备的支承件等固定在作业脚手架上。严禁在作业脚手架上悬挂起重设备。

(7)雷雨天气、6级及以上强风天气应停止架上作业；雨、雪、雾天气应停止脚手架的搭设和拆除作业；雨、雪、霜后上架作业应采取有效的防滑措施，并应清除积雪。

(8)作业脚手架外侧和支撑脚手架作业层栏杆应采用密目式安全网或其他措施全封闭防护。密目式安全网应为阻燃产品。

(9)作业脚手架临街的外侧立面、转角处应采取硬防护措施，硬防护的高度不应小于1.2 m，转角处硬防护的宽度应为作业脚手架宽度。

(10)作业脚手架同时满载作业的层数不应超过2层。

(11)在脚手架作业层上进行电焊、气焊和其他动火作业时，应采取防火措施，并应设专人监护。

(12)在脚手架使用期间，立杆基础下及附近不宜进行挖掘作业。当因施工需要进行挖掘作业时,应对架体采取加固措施。

(13)在搭设和拆除脚手架作业时,应设置安全警戒线、警戒标志,并应派专人监护,严禁非作业人员入内。

(14)脚手架与架空输电线路的安全距离、工地临时用电线路架设及脚手架接地、防雷措施,应按现行行业标准《施工现场临时用电安全技术规范(附条文说明)》(JGJ 46—2005)的规定执行。

(15)支撑脚手架在施加荷载的过程中,架体下严禁有人。当脚手架在使用过程中出现安全隐患时,应及时排除;当出现可能危及人身安全的重大隐患时,应停止架上作业,撤离作业人员,并应由工程技术人员组织检查、处置。

二、施工模板安全管理

(一)木模板施工作业

木模板施工作业时应符合下列要求:

(1)支、拆模板时,不应在同一垂直面内立体作业。无法避免立体作业时,应设置专项安全防护设施。

(2)高处、复杂结构模板的安装与拆除,应按施工组织设计要求进行,应有安全措施。

(3)上下传送模板,应采用运输工具或用绳子系牢后升降,不应随意抛掷。

(4)模板的支撑,不应支撑在脚手架上。

(5)支模过程中,若需中途停歇,应将支撑、搭头、柱头板等连接牢固。拆模间歇时,应将已活动的模板、支撑等拆除运走并妥善放置,以防扶空、踏空导致事故。

(6)模板上若有预留孔(洞),安装完毕后应将孔(洞)口盖好。混凝土构筑物上的预留孔(洞),应在拆模后盖好孔(洞)口。

(7)模板拉条不应弯曲,拉条直径不应小于 14 mm,拉条与锚环应焊接牢固;割除外露螺杆、钢筋头时,不应任其自由下落,应采取安全措施。

(8)混凝土浇筑过程中,应设专人负责检查、维护模板,发现变形走样,应立即调整、加固。

(9)拆模时的混凝土强度,应达到《水工混凝土施工规范》(SL 677—2014)所规定的强度。

(10)高处拆模时,应有专人指挥,并标出危险区;应实行安全警戒,暂停交通。

(11)拆除模板时,严禁操作人员站在正在拆除的模板上。

(二)钢模板施工

钢模板施工时应符合下列要求:

(1)安装和拆除钢模板,不应在同一垂直面内立体作业。无法避免立体作业时,应设置专项安全防护设施。

(2)对拉螺栓拧入螺帽的丝扣应有足够长度,两侧墙面模板上的对拉螺栓孔应平直相对,穿插螺栓时,不应斜拉硬顶。

(3)钢模板应边安装边找正,找正时不应用铁锤猛敲或撬棍硬撬。

(4)高处作业时,连接件应放在箱盒或工具袋中,严禁散放;扳手等工具应用绳索系挂在身上,以免掉落伤人。

(5)组合钢模板装拆时,上下应有人接应,钢模板及配件应随装拆随转运,严禁从高处扔下。中途停歇时,应把活动件放置稳妥,防止坠落。

(6)散放的钢模板,应用箱架集装吊运,不应任意堆捆起吊。

(7)用铰链组装的定型钢模板,定位后应安装全部插销、顶撑等连接件。

(8)架设在钢模板、钢排架上的电线和使用的电动工具,应使用安全电压电源。

(三)大模板施工

大模板施工时应符合下列要求:

(1)各种类型的大模板,应按设计制作,每块大模板上应设有操作平台、上下梯道、防护栏杆以及存放小型工具和螺栓的工具箱。

(2)放置大模板前,应进行场内清理。长期存放应用绳索或拉杆连接牢固。

(3)未加支撑或自稳角不足的大模板,不应倚靠在其他模板或构件上,应卧倒平放。

(4)安装和拆除大模板时,指挥、挂钩和装拆人员应在每次作业前检查索具、吊环。吊运过程中,严禁操作人员随大模板起落。

(5)大模板安装就位后,应焊牢拉杆、固定支撑。未就位固定前,不应摘钩,摘钩后不应再行撬动;若需调正,撬动后应重新固定。

(6)在大模板吊运过程中,起重设备操作人员不应离岗。模板吊运过程应平稳流畅,不应将模板长时间悬置空中。

(7)拆除大模板,应先挂好吊钩,然后拆除拉条和连接件。拆模时,不应在大模板或平台上存放其他物件。

(四)滑模板施工

滑模板施工时应符合下列要求:

(1)滑模卷扬机必须通过安全计算设安全配重。

(2)操作平台的宽度不宜小于0.80 m,临空边缘设置防护栏杆,下部悬挂水平防护宽度不小于2.00 m的安全网,操作平台上所设的孔洞,应有标志明显的活动盖板。

(3)操作平台应设有联络通信信号装置和供人员上下的设施。

(4)提升人员或物料的简易罐笼与操作平台衔接处,应设有宽度不小于0.80 m的安全跳板,跳板应设扶手或钢防护栏杆。

(5)独立建筑物滑模在雷雨季节施工时,应设有避雷装置,接地电阻不宜大于10 Ω。

(五)钢模台车施工

钢模台车施工时应符合下列要求:

(1)钢模台车的各层工作平台,应设防护栏杆,平台四周应设挡脚板,上下爬梯应有扶手,垂直爬梯应加护圈。

(2)在有坡度的轨道上使用时,台车应配置灵敏、可靠的制动(刹车)装置。

(3)台车行走前,应清除轨道上及其周围的障碍物,台车行走时应有人监护。

(六)混凝土预制模板施工

混凝土预制模板施工时应符合下列要求:

(1)预制场地的选择,场区的平面布置,场内的道路、运输和水电设施,应符合规范的有关规定。

(2)预制混凝土的生产与浇筑,应遵守混凝土生产与浇筑的有关规定。

(3)预制模板存放时应用撑木、垫木将构件安放平稳。

(4)吊运和安装应遵守规范的有关规定。

(5)混凝土预制模板之间的砂浆勾缝,作业人员宜在模板内侧进行。当确需在模板外侧进行时,应遵守高处作业的规定。

三、临边、洞口及高处作业安全防护措施

(一)洞口、孔洞的防护措施

(1)孔与洞口边的作业,包括施工现场及通道旁深度在 2 m 或 2 m 以上的桩孔、人孔、沟槽与管道、孔洞等边沿上的作业。

(2)各类洞(孔)口、沟槽应设有固定盖板,在洞(孔)口边设置防护栏杆,同时设有安全警告标志和夜间警示红灯,并应符合下列规定:

①普通盖板承载力不应低于 2.50 kPa。

②机动车辆、施工机械道路上的洞(孔)口盖板承载力不应小于经过车辆、机械中最大轴压力的 2 倍。

(3)电梯井、闸门井、门槽、电缆竖井等的井口应设有临时防护盖板或设置围栏,在门槽、闸门井、电梯井等井道口(内)安装作业,应根据作业面情况,在其下方井道内设置可靠的水平安全网做隔离防护层。

(二)高处作业防护措施

(1)高处作业面(如坝顶、屋顶、原料平台、工作平台等)的临空边沿,必须设置安全防护栏杆及挡脚板。

(2)施工现场安全防护栏杆应符合以下规定:

①材料要求应符合下列要求:

A. 钢管横杆及立柱宜采用≥ϕ48.3×壁厚 3.6 mm 的钢管,以扣件或焊接固定。

B. 钢筋横杆直径不应小于 16 mm,栏杆柱直径不应小于 20 mm,宜采用焊接连接。

C. 原木横杆梢径不应小于 7.00 cm,栏杆柱梢径不应小于 7.50 cm,用不小于 12 号镀锌铁丝绑扎固定。

D. 毛竹横杆小头有效直径不应小于 7.00 cm,栏杆柱小头直径不应小于 8.00 cm,用不小于 12 号镀锌铁丝绑扎,至少 3 圈,不得有脱滑现象。

②防护栏杆应由上、中、下三道横杆及栏杆柱组成,上杆离地高度不低于 1.20 m,栏杆底部应设置不低于 0.2 m 的挡脚板,下杆离地高度为 0.30 m。坡度大于 25°时,防护栏应加高至 1.50 m,特殊部位必须用网栅封闭。

③长度小于 10 m 的防护栏杆,两端应设有斜杆。长度大于 10 m 的防护栏杆,每 10 m 段至少应设置一对斜杆。斜杆材料尺寸与横杆相同,并与立柱、横杆焊接或绑扎牢固。

④栏杆立柱间距不宜大于 2.00 m。若栏杆长度大于 2.00 m,必须加设立柱。

⑤栏杆立柱的固定应符合下列要求:

A. 在泥石地面固定时,宜打入地面 0.50~0.70 m,离坡坎边口的距离应不小于 0.50 m。

B. 在坚固的混凝土面等固定时,可用预埋件与钢管或钢筋栏杆柱焊接;采用竹、木栏杆固定时,应在预埋件上焊接 0.30 m 长∟50×50 角钢或直径不小于 20 mm 的钢筋,用螺栓连接或用不小于 12 号的镀锌铁丝绑扎两道以上固定。

C. 在操作平台、通道、栈桥等处固定时，应与平台、通道杆件焊接或绑扎牢固。

D. 防护栏杆整体构造应使栏杆任何处能经受任何方向的 1 kN 的外力时不得发生明显变形或断裂。在有可能发生人群拥挤、车辆冲击或物件碰撞的处所，栏杆应专门设计。

(3)高处临边防护栏杆处宜有夜间示警红灯。

(4)在悬崖、陡坡、杆塔、坝块、脚手架以及其他高处危险边沿进行悬空高处作业时，临边必须设置防护栏杆，并应根据施工具体情况，提供安全带、安全绳等个体防护用品，挂设水平安全网或设置相应的吊篮、吊笼、平台等设施。

(5)脚手架作业面高度超过 3.0 m 时，临边必须挂设水平安全网，还应在脚手架外侧挂密目式安全立网封闭。脚手架的水平安全网必须随建筑物升高而升高，安全网距离工作面的最大高度不得超过 3.00 m。

(6)高处作业面垂直通行必须设有钢扶梯、爬梯或简易木梯。

(7)不宜在同一垂直方向上同时进行多层交叉作业。上下两层交叉作业时，底层作业面上方必须设置防止上层落物伤人的隔离防护棚，防护棚宽度应超过作业面边缘 1.0 m 以上。防护棚材料宜使用 5.00 cm 厚的木板等抗冲击材料，且满铺无缝隙，经验收符合设计要求后使用，并定期检查维护。

(8)高处施工通道的临边(如栈桥、栈道、悬空通道的两侧，架空皮带机廊道的边沿，垂直运输设备与建筑物相连通的通道两侧等)必须设置安全防护栏杆。当临空边沿下方有人作业或通行时，还应在安全防护栏杆下部设置高度不低于 0.20 m 的挡脚板。

四、施工走道、栈桥与梯子

(1)施工场所内人行及人力货运走道(通道)基础应牢固，走道表面应保持平整、整洁、畅通，无障碍堆积物，无积水。

(2)施工走道的临空(2 m 高度以上)、临水边缘应设有高度不低于 1.2 m 的安全防护栏杆，临空下方有人施工作业或人员通行时，沿栏杆下侧应设有高度不低于 0.2 m 的挡板。

(3)施工走道宽度不宜小于 1 m。

(4)施工栈桥和栈道的搭设应根据施工荷载设计施工。

(5)跨度小于 2.5 m 的悬空走道(通跳)宜用厚 7.5 cm、宽 15 cm 的方木搭设，超过 2.5 m的悬空走道搭设应经设计计算后施工。

(6)施工走道上方和下方有施工设施或作业人员通行时，应设置大于通道宽度的隔离防护棚。

(7)出现霜雪冰冻后，施工走道应采取相应防滑措施。

(8)高处作业垂直通行应设有钢扶梯、爬梯或简易木梯。

(9)钢扶梯梯梁宜采用 I 型钢或槽钢；踏脚板宜采用不小于 Φ 20 的钢筋、扁钢与小角钢；扶手宜采用外径不小于 30 mm 的钢管。焊接制作安装应牢固可靠。钢扶梯宽度不宜小于 0.8 m，踏脚板宽度不宜小于 0.1 m，间距以 0.3 m 为宜。钢扶梯的高度大于 8 m 时，宜设梯间平台，分段设梯。

(10)钢爬梯梯梁宜采用不小于 L 50×50 角钢或不小于 ϕ 30 mm 的钢管；踏棍宜采用不小于 Φ 20 的圆钢。焊接制作安装应牢固可靠；钢爬梯宽度不宜小于 0.3 m，踏棍间距以 0.3 m 为宜；钢爬梯与建筑物、设备、墙壁、竖井之间的净间距不应小于 0.15 m，钢爬梯的高度超过5 m时，其后侧临空面宜设置相应的护笼，每隔8 m宜设置梯间平台。

(11)简易木梯材料应轻便坚固，长度不宜超过3 m，底部宽度不宜小于0.5 m；梯梁梢径不小于8 cm，踏步间距以0.3 m为宜。

(12)人字梯应有限制开度的链条绳具。

(13)梯子使用应符合以下规定：

①工作前应把梯子安放稳定。梯子与地面的夹角宜为60°，顶端应与建筑物靠牢。

②在光滑坚硬的地面上使用梯子时，梯脚应套上橡皮套或在地面上垫防滑物(如橡胶布、麻袋)。

③梯子应安放在固定的基础上，严禁架设在不稳固的建筑物上或悬吊在脚手架上。

④在梯子上工作时要注意身体的平稳，不应两人或数人同时站在一个梯子上工作。

⑤上下梯子不宜手持重物。工具、材料等应放在工具袋内，不应上下抛掷。

⑥使用梯子宜避开机械转动部分以及起重、交通要道等危险场所。

⑦梯子应有足够的长度，最上两挡不应站人工作，梯子不应接长或垫高使用。

(14)绳梯的使用应符合以下规定：

①绳梯的安全系数不应小于10。

②绳梯的吊点应固定在牢固的承载物上，并应注意防火、防磨、防腐。

③绳梯应指定专人负责架设。使用前应进行认真检查。

④绳梯每半年应进行一次荷载试验。试验时应以500 kg的重量挂在绳索上，经5 min，若无变形或损坏，即认为合格。

试验结果应做记录，应由试验者签章，未按期做试验的严禁使用。

五、栏杆、盖板与防护棚

(1)栏杆材料及连接要求：

①脚手架钢管宜采用ϕ48.3×壁厚3.6 mm钢管。每根钢管的最大质量不应大于25.8 kg，用扣件连接。

②钢筋横杆直径不小于16 mm，柱杆直径不小于20 mm，宜采用焊接连接。

③原木横杆梢径$D\geqslant7$ cm，柱杆梢径$D\geqslant7.5$ cm，不宜用小于12号镀锌铁丝绑扎。

④毛竹横杆梢径$D\geqslant7$ cm，柱杆梢径$D\geqslant8$ cm，不宜用小于12号镀锌铁丝绑扎。

(2)栏杆的横杆由上、中、下三道组成，上杆离地高度宜为1.0~1.2 m，下杆离地高度宜为0.3 m。坡度大于25°时，栏杆高度应为1.5 m。

(3)栏杆的柱杆间距不宜大于2 m，柱杆固定应符合以下要求：

①泥石地面，宜打入地面0.5~0.7 m，离坡坎边口的距离不应小于0.5 m。

②混凝土地面，宜用预埋件与钢管或钢筋柱杆焊接固定；采用圆木、竹栏杆柱杆固定时，应在预埋件上焊接0.3 m∟50×50的角钢或大于或等于Φ 20的钢筋，应用螺栓连接或用不小于12号的镀锌铁丝绑扎两道以上固定。

③在操作平台、通道、栈桥等处固定柱杆，应与已埋设的插件焊接或绑扎牢固。

(4)栏杆长度小于10 m，两端应设斜杆；长度大于10 m，每10 m段至少设置两根斜杆。斜杆的材料要求与横杆相同，并与横杆、柱杆焊接或绑扎连接牢固。

(5)施工现场各类洞井孔口和沟槽应设置固定盖板，盖板材料宜采用木材、钢材或混凝土，其中普通盖板承载力不应小于2.5 kPa；机动车辆、施工机械设备通行道路上的盖板承载力不应小于经过车辆设备中最大轴压力的2倍。

（6）各类盖板表面应防滑，基础应牢固可靠，并定期检查维修。

（7）在同一垂直方向同时进行两层以上交叉作业时，底层作业面上方应设置防止上层落物伤人的隔离防护棚，防护棚宽度应超过作业面边缘1 m以上。

（8）施工道路、通道上方可能落物伤人地段以及隧洞出口，施工用电梯、吊篮出入口处应设有防护棚，防护棚高度应不影响通行，宽度不应小于通行宽度。

（9）防护棚应安装牢固可靠，棚面材料宜使用5 cm厚的木板等抗冲击材料，且满铺无缝隙，经验收符合设计要求后使用，并定期检查维修。

六、安全防护用具

（1）安全帽、安全带、安全网等施工生产使用的安全防护用具，应符合国家规定的质量标准，具有厂家安全生产许可证、产品合格证和安全鉴定合格证书，否则不应采购、发放和使用。

（2）安全防护用具应按规定要求正确使用，不应使用超过使用期限的安全防护用具。

（3）常用安全防护用具应经常检查和定期试验，其检查试验的质量标准要求和周期见表5-2。

表5-2　常用安全防护用具的检查试验的质量标准要求和周期

名称	检查试验的质量标准要求	检查试验的周期
安全帽	（1）外表完整、光洁； （2）帽内缓冲带、帽带齐全无损； （3）耐40～120 ℃高温不变形； （4）耐水、油、化学腐蚀性良好； （5）可抗3 kg的钢球从5 m高处垂直坠落的冲击力	一年一次
安全带	检查： （1）绳索无脆裂、断脱现象； （2）皮带各部接口完整、牢固，无霉朽和虫蛀现象； （3）销口性能良好。 试验： （1）静荷：悬吊255 kg重物5 min无损伤； （2）动荷：将质量为120 kg的重物从2～2.8 m高架上冲击安全带，各部件无损伤	（1）每次使用前均应检查； （2）新带使用一年后抽样试验； （3）旧带每隔6个月抽查试验一次
安全网	（1）绳芯结构和网筋边绳结构符合要求； （2）两件各120 kg的重物同时由4.5 m高处坠落冲击完好无损	每年一次，每次使用前进行外表检查

（4）高处临空作业应按规定架设安全网，作业人员使用的安全带应挂在牢固的物体上或可靠的安全绳上，安全带严禁低挂高用。拴安全带用的安全绳，长度不宜超过3 m。

（5）安全防护用具，严禁做其他工具使用，并应注意保管，安全带、安全帽应放在空气流通、干燥处。

(6)在有毒有害气体可能泄漏的作业场所，应配置必要的防毒护具，以备急用，并应及时检查维修更换，保证其处在良好待用状态。

(7)电气操作人员应根据工作条件选用适当的安全电工用具和防护用品，电工用具应符合安全技术标准并定期检查，凡不符合技术标准要求的绝缘安全用具、登高作业安全工具、携带式电压和电流指示器以及检修中的临时接地线等，均不应使用。电工安全用具、防护用品的试验内容、标准和周期按表 5-3 执行。电工登高作业安全用具的试验标准应符合表 5-4 的规定。

表 5-3　电工安全用具、防护用品的试验内容、标准和周期

名称		工作电压(kV)	试验标准						试验周期(年)
			耐压(kV)		耐压时间(min)		泄漏电流(mA)		
			出厂	使用	出厂	使用	出厂	使用	
绝缘杆、绝缘夹钳		35 及以下	线电压的 3 倍，但不得低于 40		5		—		1 ~ 2
绝缘手套		各种电压	12	8	1		12	9	05
绝缘靴		各种电压	20	15	2	1	10	7.5	0.5
绝缘鞋		1 及以下	5	3.5	1		2		0.5
绝缘毡和绝缘垫		1 及以下	5		以 2 ~ 3 cm/s 的速度拉过		2		2
		1 及以下	15				15		2
绝缘站台		各种电压	40		2		—		3
高压验电器	本体	35 及以下	25		1		—		0.5
	手把	10 及以下	40		5		—		0.5
		10 及以上	105		5		—		0.5

表 5-4　电工登高作业安全用具的试验标准

名称	安全带		安全帽	升降板	脚扣	竹(木)梯
	大皮带	小皮带				
试验静拉力(kg)	225	150	225	225	100	荷重 180
试验周期	半年一次					
外表检查周期	每月一次					
试验时间(min)	5					

第六章　施工作业安全管理

第一节　水利水电工程施工安全作业

一、土石方工程

(一)基本安全要求

(1)土石方开挖施工前,应掌握必要的工程地质、水文地质、气象条件、环境因素等勘测资料,根据现场的实际情况,制订施工方案。施工中应遵循各项安全技术规程和标准,按施工方案组织施工,在施工过程中注重加强对人、机、物、料、环等因素的安全控制,保证作业人员、设备的安全。

(2)开挖施工前,应根据设计文件复查地下构造物(电缆、管道等)的埋设位置和走向,并采取防护或避让措施。施工中发现危险及其他可疑物品时,应立即停止开挖,报请有关部门处理。

(3)开挖过程中应充分重视地质条件的变化,遇到不良地质构造和存在事故隐患的部位应及时采取防范措施,并设置必要的安全围栏和警示标志。

(4)开挖过程中,应采取有效的截水、排水措施,防止地表水和地下水影响开挖作业和施工安全。

(5)开挖程序应遵循自上而下的原则,并采取有效的安全措施。

(6)应合理确定开挖边坡坡比,及时制订边坡支护方案。

(二)土方明挖

1.有边坡的挖土作业安全要求

(1)人工挖掘土方时,开挖土方的操作人员之间,应保持足够的安全距离,横向间距不小于2 m,纵向间距不小于3 m;开挖应遵循自上而下的原则,不应掏根挖土和反坡挖土。

(2)高陡边坡处作业时,作业人员应按规定系好安全带;边坡开挖中若遇地下水涌出,应先排水,后开挖;开挖工作应与装运作业面相互错开,应避免上、下交叉作业;边坡开挖影响交通安全时,应设置警示标志,严禁通行,并派专人进行交通疏导;边坡开挖时,应及时清除松动的土体和浮石,必要时应进行安全支护。

(3)施工过程中应密切关注作业部位和周边边坡、山体的稳定情况,一旦发现裂痕、滑动、流土等现象,应停止作业,撤出现场作业人员。

(4)滑坡地段的开挖,应从滑坡体两侧向中部自上而下进行,不应全面拉槽开挖,弃土不应堆在滑动区域内。开挖时应有专职人员监护,随时注意滑动体的变化情况。

(5)已开挖的地段,不应顺土方坡面流水,必要时坡顶应设置截水沟。

(6)在靠近建筑物、设备基础、路基、高压铁塔、电杆等构筑物附近挖土时,应制定防坍塌的安全措施。

(7)开挖基坑(槽)时,应根据土壤性质、含水量、土的抗剪强度、挖深等要素,设计安全边坡及马道。

(8)在不良气象条件下,不应进行边坡开挖作业。

(9)当边坡高度大于 5 m 时,应在适当高程设置防护栏栅。

2. 有支撑的挖土作业安全要求

(1)挖土不能按规定放坡时,应采用固壁支撑的施工方法。

(2)在土壤正常含水量下所挖掘的基坑(槽),如系垂直边坡,其最大挖深,在松软土质中不应超过 1.2 m,在密实土质中不应超过 1.5 m,否则应设固壁支撑。

(3)操作人员上下基坑(槽)时,不应攀登固壁支撑,人员通行应设通行斜道或搭设梯子。

(4)雨后,春、秋冻融以及处于爆破区放炮以后,应对支撑进行认真检查,发现问题,及时处理。

(5)拆除支撑前应检查基坑(槽)帮情况,并自上而下逐层拆除。

3. 土方爆破开挖作业安全要求

(1)土方爆破开挖作业,应制订爆破设计方案。

(2)松动或抛掷大体积的冻土时,应合理选择爆破参数,并确定安全控制措施和控制范围。

4. 土方水力开挖作业安全要求

(1)开挖前,应对水枪操作人员、高压水泵运行人员进行冲采作业安全教育,并对全体作业人员进行安全技术交底。

(2)利用冲采方法形成的掌子面不宜过高,最终形成的掌子面高度不宜超过 5 m,当掌子面过高时可利用爆破法或机械开挖法,先使土体坍落,再布置水枪冲采。

(3)水枪布置的安全距离(指水枪喷嘴到开始冲采点的距离)不宜小于 3 m,同层之间距离保持 20 ~ 30 m,上、下层之间距离保持 10 ~ 15 m。

(4)冲土应充分利用水柱的有效射程(不宜超过 6 m)。作业前,应根据地形、地貌合理布置输泥渠槽、供水设备、人行安全通道等,并确定每台水枪的冲采范围、冲采顺序以及有关技术安全措施。

(5)冲采过程中应符合下列安全要求:

①水枪设备定置要平稳牢固,不应倾斜。转动部分应灵活,喷嘴、稳流器不应堵塞。

②枪体不应靠近输泥槽,分层冲土的多台水枪应上下放在一条线上;与开采面应留有足够的安全距离,防止坍塌压伤人员和设备。

③水枪不应在无人操作的情况下启动。

④水枪射程范围内,不应有人通行、停留或工作。

⑤冲采时,水柱不应与各种导线接触。

⑥结冰时,宜停止冲采施工。

⑦每台水枪应由两人轮换操作,其中一人观察土体崩坍、移动等情况,并随时转告上、下、左、右枪手,不应一人操作,一人不在场。

⑧冲采时,应有专职安全人员进行现场监护。

⑨停止冲采时,应先停水泵后将水枪口向上停置。

（三）土方暗挖

（1）土方暗挖作业安全要求：

①应按施工组织设计和安全技术措施规定的开挖顺序进行施工。

②作业人员到达工作地点时，应首先检查工作面是否处于安全状态，并检查支护是否牢固，若有松动的石、土块或裂缝，应先予以清除或支护。

③工具应安装牢固。

（2）土方暗挖的洞口施工安全要求：

①应有良好的排水措施。

②应及时清理洞脸，及时锁口。在洞脸边坡外应设置挡渣墙或积石槽，或在洞口设置钢结构或木结构防护棚，其顺洞轴方向伸出洞口外长度不应小于 5 m。

③洞口以上边坡和两侧应采用锚喷支护或混凝土永久支护措施。

（3）土方暗挖应遵循“管超前、严注浆、短开挖、强支护、快封闭、勤量测、速反馈”的施工原则。

（4）开挖过程中，当出现整体裂缝或滑动迹象时，应立即停止施工，将人员、设备尽快撤离工作面，视开裂或滑动程度采取不同的应急措施。

（5）土方暗挖的循环应控制在 0.5～0.75 m 内，开挖后应及时喷素混凝土加以封闭，尽快形成拱圈，在安全受控的情况下，方可进行下一循环的施工。

（6）站在土堆上作业时，应注意土堆的稳定，防止滑坍伤人。

（7）土方暗挖作业面应保持地面平整、无积水，洞壁两侧下边缘应设排水沟。

（8）洞内使用内燃机施工设备，应配有废气净化装置，不应使用汽油发动机施工设备。进洞深度大于 5 倍洞径时，应采取机械通风措施，送风能力应满足施工人员正常呼吸需要[3 m^3/(人·min)]，并能满足冲淡、排除燃油发动机和爆破烟尘的需要。

（四）石方明挖

（1）机械凿岩时，应采用湿式凿岩或装有能够达到国家工业卫生标准的干式捕尘装置，否则不应开钻。

（2）开钻前，应检查工作面附近岩石是否稳定，是否有瞎炮，发现问题应立即处理，否则不应作业。不应在残眼中继续钻孔。

（3）供钻孔用的脚手架，应搭设牢固的栏杆。开钻部位的脚手板应铺满绑牢，板厚应不小于 5 cm，架子本身结构要求应符合规范的有关规定。

（4）开挖作业开工前应将设计边线外至少 10 m 范围内的浮石、杂物清除干净，必要时坡顶应设截水沟，并设置安全防护栏。

（5）对开挖部位设计开口线以外的坡面、岸坡和坑槽开挖，应进行安全处理后再作业。

（6）对开挖深度较大的坡（壁）面，每下降 5 m，应进行一次清坡、测量、检查。对断层、裂隙、破碎带等不良地质构造，应按设计要求及时进行加固或防护，应避免在形成高边坡后进行处理。

（7）进行撬挖作业安全要求：

①严禁站在石块滑落的方向撬挖或上下层同时撬挖。

②在撬挖作业的下方严禁通行，并应有专人监护。

③撬挖人员应保持适当间距。在悬崖、35°以上陡坡上作业应系好安全绳、安全带，严禁

多人共用一根安全绳。撬挖作业宜在白天进行。

(8)露天爆破,必须符合国家有关规定。

(9)高边坡作业安全要求:

①高边坡施工搭设的脚手架、排架平台等应符合设计要求,满足施工负荷,操作平台应满铺牢固,临空边缘应设置挡脚板,并应经验收合格后,方可投入使用。

②上下层垂直交叉作业的中间应设有隔离防护棚或者将作业时间错开,并应有专人监护。

③高边坡开挖,每梯段开挖完成后,应进行一次安全处理。

④对断层、裂隙、破碎带等不良地质构造的高边坡,应按设计要求及时采取锚喷或加固等支护措施。

⑤在高边坡底部、基坑施工作业上方边坡上应设置安全防护措施。

⑥高边坡施工时应有专人定期检查,并应对边坡稳定性进行监测。

⑦高边坡开挖应边开挖、边支护,确保边坡稳定和施工安全。

(10)石方挖运作业安全要求:

①挖装设备的运行回转半径范围以内严禁人员停留。

②电动挖掘机的电缆应有防护措施,人工移动电缆时,应戴绝缘手套和穿绝缘靴。

③爆破前,挖掘机应退出危险区避炮,并做好必要的防护。

④弃渣地点靠边沿处应有挡轮木和明显标志,并设专人指挥。

(五)石方暗挖

1.洞室开挖作业安全要求

(1)洞室开挖的洞口边坡上不应存在浮石、危石及倒悬石。

(2)作业施工环境和条件相对较差时,施工前应制定全方位的安全技术措施,并对作业人员进行交底。

(3)洞口削坡,应按照明挖要求进行。不应上下同时作业,并应做好坡面、马道加固及排水等工作。

(4)进洞前,应对洞脸岩体进行察看,确认稳定或采取可靠措施后方可开挖洞口。

(5)洞口应设置防护棚。其顺洞轴方向的长度,可依据实际地形、地质和洞型断面选定,不宜小于5 m。

(6)自洞口计,当洞挖长度不超过15 ~ 20 m时,应依据地质条件、断面尺寸,及时做好洞口永久性支护或临时性支护。支护长度不宜小于10 m。当地质条件不良、全部洞身应进行支护时,洞口段应进行永久性支护。

(7)暗挖作业中,在遇到不良地质构造或易发生塌方地段、有害气体逸出及地下涌水等突发事件时,应立即停工,令作业人员撤至安全地点。

(8)暗挖作业设置的风、水、电等管线路应符合相关安全规定。

(9)每次放炮后,应立即进行全方位的安全检查,并清除危石、浮石,当发现非撬挖所能排除的险情时,应果断地采取其他措施进行处理。洞内进行安全处理时,应有专人监护,及时观察险石动态。

(10)处理冒顶或边墙滑脱等现象时应符合下列要求:

①应查清原因,制订具体施工方案及安全防范措施,迅速处理。

②地下水十分活跃的地段,应先治水后治塌。

③应准备好畅通的撤离通道,备足施工器材。

④处理工作开始前,应先加固好塌方段两端未被破坏的支护或岩体。

⑤处理坍塌,宜先处理两侧边墙,然后逐步处理顶拱。

⑥施工人员应在有可靠的掩护体下进行工作,作业的整个过程应有专人现场监护。

⑦应随时观察险情变化,及时修改或补充原定措施计划。

⑧开挖与衬砌平行作业时的距离,应按设计要求控制,但不宜小于 30 m。

2. 斜、竖井开挖作业安全要求

(1)斜、竖井的井口附近,应在施工前做好修整,并在周围修好排水沟、截水沟,防止地面水侵入井中。竖井井口平台应比地面至少高出 0.5 m。在井口边应设置规定高度(不低于 1.4 m)的防护栏,挡脚板高应不小于 35 cm。

(2)在井口及井底部位应设置醒目的安全标志。

(3)当工作面附近或井筒未衬砌部分发现有落石、支撑发生响动或大量涌水等其他失稳异常表现时,工作面施工人员应立即从安全梯或使用提升设备撤出井外,并报告相关人员处理。

(4)斜、竖井采用自上而下全断面开挖方法时应符合下列要求:

①井深超过 15 m 时,上下人员宜采用提升设备。

②提升设施应有专门设计方案。

③应锁好井口,确保井口稳定。应设置防护设施,防止井台上弃物坠入井内。

④漏水和淋水地段,应有防水、排水措施。

(5)竖井采用自上而下先打导洞再进行扩挖时应符合下列要求:

①井口周边至导井口应有适当坡度,便于扒渣。

②爆破后必须认真处理浮石和井壁。

③采取有效措施,防止石渣砸坏井底棚架。

④扒渣人员应系好安全带,自井壁边缘石渣顶部逐步下降扒渣。

⑤导井被堵塞时,严禁到导井口位置或井内进行处理,以防止石渣坠落砸伤。

3. 不良地质地段开挖作业安全要求

(1)根据设计工程地质资料制定施工技术措施和安全技术措施,并应向作业人员进行交底。作业现场应有专职安全人员进行监护作业。

(2)不良地质地段的支护应严格按施工方案进行,应待支护稳定并验收合格后方可进行下一道工序的施工。

(3)当出现围岩不稳定、涌水及发生塌方情况时,所有作业人员应立即撤至安全地带。

(4)施工作业时,岩石既是开挖的对象,又是成洞的介质,为此施工人员应充分了解围岩性质和合理运用洞室体形特征,以确保施工安全。

(5)施工时应采取浅钻孔、弱爆破、多循环,尽量减少对围岩的扰动。应采取分部开挖,及时进行支护。每一循环掘进应控制在 0.5 ~1.0 m。

(6)在完成一开挖作业循环时,应全面清除危石,及时支护,防止落石。

(7)在不良地质地段施工,应做好工程地质、地下水类型和涌水量的预报工作,并设置排水沟、积水坑和充分的抽排水设备。

(8)在软弱、松散破碎带施工,应待支护稳定后方可进行下一段施工作业。

(9)在不良地质地段施工应按所制订的临时安全用电方案实施,设置漏电保护器,并有断、停电应急措施。

(六)石方机械挖运安全要求

(1)洞内严禁使用汽油机为动力的石方挖运设备。机械挖运设备,应有废气净化措施。

(2)机械设备操作人员须经培训考试取证上岗,操作人员在工作中不应擅离岗位,不应操作与操作证不符合的机械,不应将机械设备交给无本工种操作证的人员操作。

(3)操作人员应按照本机说明书规定,严格执行工作前的检查制度、工作中注意观察及工作后的检查保养制度。

(4)机械运转中其他人员不应登车,必须上下时应通知司机停车。

(5)挖运前应清理危石,在确保安全的情况下方可进行挖运。

(6)挖运现场应有足够的照明。

(7)掌子面挖掘时,应采用先上后下、先左后右或从左向右挖掘,以保持掌子面的稳定。

(8)出渣道路应保持平整通畅,并应设置排水沟。

(9)出渣地点应有明显标志,并应设专人指挥。

(10)采用装载机挖装时,装载机应低速铲切,不应采用加大油门高速猛冲的方式。

(11)要根据掌子面的情况,采用不同的铲掘方法,严禁铲斗载荷不均或单边受力,铲掘时铲斗切入不宜过深。

(12)装载机装车时严禁装偏,卸渣应缓慢。

(13)装载机工作地点四周严禁人员停留,装载机在后退时应连续鸣号,以免伤人。

(14)人工装运时,作业人员应按规定穿戴好劳动保护用品,严禁把手伸入车内或放在斗车帮上,以免将手砸伤。质量超过 50 kg 的石块不应用人力装斗。

二、基坑支护工程

(1)施工支护前,应根据地质条件、结构断面尺寸、开挖工艺、围岩暴露时间等因素进行支护设计,制定详细的施工作业指导书,并向施工作业人员进行交底。

(2)施工人员作业前,应认真检查施工区的围岩稳定情况,需要时应进行安全处理。

(3)作业人员应根据施工作业指导书的要求,及时进行支护。

(4)开挖期间和每茬炮后,都应对支护进行检查维护。

(5)对不良地质地段的临时支护,应结合永久支护进行,即在不拆除或部分拆除临时支护的条件下,进行永久性支护。

(6)施工人员作业时,应佩戴防尘口罩、防护眼镜、防尘帽、安全帽、雨衣、雨裤、长筒胶靴和乳胶手套等劳保用品。

(7)锚喷支护应符合下列要求:

①施工前,应通过现场试验或依工程类比法,确定合理的锚喷支护参数。

②锚喷作业的机械设备,应布置在围岩稳定或已经支护的安全地段。

③喷射机、注浆器等设备,应在使用前进行安全检查,必要时应在洞外进行密封性能和耐压试验,满足安全要求后方可使用。

④喷射作业面,应采取综合防尘措施降低粉尘浓度,采用湿喷混凝土。有条件时,可设

置防尘水幕。

⑤岩石渗水较强的地段，喷射混凝土之前应设法把渗水集中排出。喷后应钻排水孔，防止喷层脱落伤人。

⑥凡锚杆孔的直径大于设计规定的数值时，不应安装锚杆。

⑦锚喷工作结束后，应指定专人检查锚喷质量，若喷层厚度有脱落、变形等情况，应及时处理。

⑧砂浆锚杆灌注浆液时应符合下列要求：

A. 作业前应检查注浆罐、输料管、注浆管是否完好。

B. 注浆罐有效容积应不小于 0.02 m^3，其耐力不应小于 0.8 MPa（8 kg/cm^2），使用前应进行耐压试验。

C. 作业开始或中途停止时间超过 30 min 时，应用水或 0.5～0.6 水灰比的纯水泥浆润滑注浆罐及其管路。

D. 注浆工作风压应逐渐升高。

E. 输料管应连接紧密、直放或大弧度拐弯不应有回折。

F. 注浆罐与注浆管的操作人员应相互配合，连续进行注浆作业，罐内储料应保持在罐体容积的 1/3 左右。

⑨喷射机、注浆器、水箱、油泵等设备，应安装压力表和安全阀，使用过程中发现破损或失灵时，应立即更换。

⑩施工期间应经常检查输料管、出料弯头、注浆管以及各种管路的连接部位，若发现磨薄、击穿或连接不牢等现象，应立即处理。

⑪带式上料机及其他设备外露的转动和传动部分，应设置保护罩。

⑫施工过程中进行机械故障处理时，应停机、断电、停风；在开机送风、送电之前应预先通知有关的作业人员。

⑬作业区内喷头和注浆管前方严禁站人；喷射作业的堵管处理，应尽量采用敲击法疏通，当采用高压风疏通时，风压不应大于 0.4 MPa（4 kg/cm^2），并将输料管放直，握紧喷头，喷头不应正对有人的方向。

⑭当喷头（注浆管）操作手与喷射机（注浆器）操作人员不能直接联系时，应有可靠的联系手段。

⑮预应力锚索和锚杆的张拉设备应安装牢固，操作方法应符合有关规程的规定。正对锚杆或锚索孔的方向严禁站人。

⑯高度较大的作业台架安装，应牢固可靠，设置栏杆；作业人员应系安全带。

⑰竖井中的锚喷支护施工应符合下列要求：

A. 采用溜筒运送喷混凝土的干混合料时，井口溜筒喇叭口周围应封闭严密。

B. 喷射机置于地面时，竖井内输料钢管宜用法兰联结，悬吊应垂直固定。

C. 采取措施防止机具、配件和锚杆等物件掉落伤人。

⑱喷射机应密封良好，从喷射机排出的废气应进行妥善处理。

⑲宜适当减少锚喷操作人员连续作业时间，定期进行健康体检。

（8）构架支护应符合下列要求：

①采用木支撑的应严格检查木材质量。

②支撑立柱应放在平整岩石面上,应挖柱窝。

③支撑和围岩之间,应用木板、楔块或小型混凝土预制块塞紧。

④危险地段,支撑应跟进开挖作业面;必要时,可采用超前固结的施工方法。

⑤预计难以拆除的支撑应采用钢支撑。

⑥支撑拆除时应有可靠的安全措施。

三、地基与基础工程

(一)基本安全要求

(1)凡从事地基与基础工程的施工人员,应经过安全生产教育,熟悉本专业和相关专业安全技术操作规程,并应自觉遵守。

(2)钻场、机房不应单人开机操作。

(3)应经常检查机械及防护设施,确保安全运行。

(4)在得到6级以上大风或台风的报告后,应迅速做好以下工作:

①应卸下钻架布并妥善放置,检查钻架,做好加固。

②在不能进行工作时,应切断电源,盖好设备,工具应装箱保管,封盖孔口。

(5)受洪水威胁的施工场地,应加强警戒,并随时掌握水文及气象资料,做好应急措施。

(6)对特殊处理的工程施工,应根据实际情况制定相应的单项安全措施和补充安全规定。

(二)混凝土防渗墙工程

(1)钻机施工平台应平整、坚实,枕木放在坚实的地基上,道轨间距应与平台车轮距相符。

(2)吊装钻机应符合下列要求:

①吊装钻机的吊车,宜选用起吊能力16 t以上的吊车,严禁超负荷吊装。

②吊装用的钢丝绳应完好,直径应不小于16 mm。

③套挂应稳固,并应经检查可靠后方能试吊。

④吊装钻机应先行试吊,试吊高度应为离地10~20 cm,同时应检查钻机套挂是否平稳,吊车的制动装置以及套挂的钢丝绳是否可靠,应在确认无误的情况下,方可正式起吊。下降应缓慢,装入平台车应轻放就位。

(3)钻机就位后,应用水平尺找平后才能安装。

(4)钻机桅杆升降应注意下列事项:

①检查离合器、闸带是否灵活可靠。

②检查钢丝绳、蜗轮、销轴是否完好。

③警告钻机周围人员散开,严禁在桅杆下面停留、走动。

④随着桅杆的升起或落放,用桅杆两边的绷绳或在桅杆中点绑一保险绳,两边配以同等人力拉住,以防桅杆倾倒。立好桅杆后,应及时挂好绷绳。

(5)开机前的准备工作应符合下列要求:

①检查地锚,埋深不应少于1.2 m,引出绳头应用钢丝绳,不宜用脆性材料。

②应稳好钻机,塞垫好三角木,收紧绷绳,紧固所有连接螺丝;应检查钻具重量是否与钻机性能参数相符,所有钻头、抽筒均应焊有易拉、易挂、易捞装置。

③应检查并调整各操纵系统，使之灵活可靠，离合器间隙应调至适当位置，不能过紧或太松，紧圈上的3个扒爪应均匀压紧在压力盘上，使压力盘与摩擦带受力均匀。应检查制动闸，调整摩擦带间隙，宜保持在1.5～2 mm，使闸带在松开情况下不与制动轮轮缘接触。

④应按钻机保养、使用规程检查各润滑部位的加油情况。

⑤钻机上应有的安全防护装置应齐全、可靠。

⑥应检查冲击臂缓冲弹簧，其两边压紧程度应保持一致，否则应进行调整。

⑦应检查电气部分，三相按钮开关应安装在操纵手把附近以方便操作。

(6)冲击钻进应符合下列要求：

①开机前应拉开所有离合器，严禁带负荷启动。

②开孔应采用间断冲击，直至钻具全部进入孔内且冲击平稳后，方可连续冲击。

③钻进中应经常注意和检查机器运行情况，若发现轴瓦、钢丝绳、皮带等有损坏或机件操作不灵等情况，应及时停机检查修理。

④钻头距离钻机中心线 2 m 以上时，钻头埋紧在相邻的槽孔内或深孔内提起有障碍时，钻机未挂好、收紧绑绳时，孔口有塌陷痕迹时，严禁开车。

⑤遇到暴风、暴雨和雷电时，严禁开车，并应切断电源。

⑥钻机移动前，应将车架轮的三角木取掉，松开绷绳，摘掉挂钩，钻头、抽筒应提出孔口，经检查确认无障碍后，方可移车。

⑦电动机运转时，不应加注黄油，严禁在桅杆上工作。

⑧除钻头部位槽板盖因工作打开外，其余槽板盖不应敞开，以防止人或物件掉入槽内。

⑨钻机后面的电线宜架空，以免妨碍工作及造成触电事故。

⑩钻机桅杆宜设避雷针。

⑪孔内发生卡钻、掉钻、埋钻等事故，应摸清情况，分析原因，然后采取有效措施进行处理，不应盲目行事。

(7)制浆及输送应符合下列要求：

①搅拌机进料口及皮带、暴露的齿轮传动部位应设有安全防护装置；否则，不应开机运行。

②在人进入搅拌槽内之前，应切断电源，开关箱应加锁，并挂上“有人操作，严禁合闸！”的警示标志。

(8)浇筑导管安装及拆卸工作应遵守下列要求：

①安装前应认真检查导管是否完好、牢固。吊装的绳索挂钩应牢固、可靠。

②导管安装应垂直于槽孔中心线，不应与槽壁相接触。

③起吊导管时，应注意天轮不应出槽，由专人拉绳；人的身体不应与导管靠得太近。

(三)灌注桩基施工

(1)吊装钻机应符合下列要求：

①吊装钻机的吊车，应选用大于钻机自重1.5倍以上的型号，严禁超负荷吊装。

②起重用的钢丝绳应满足起重要求规定的直径。

③吊装时先进行试吊，高度宜为10～20 cm，检查确定牢固平稳后方可正式吊装。

④钻机就位后，应用水平尺找平。

(2)开钻前的准备工作应符合下列要求：

①塔架式钻机,各部位的连接应牢固、可靠。

②有液压支腿的钻机,其支腿应用方木垫平、垫稳。

③钻机上应有安全防护装置,并应齐全、适用、可靠。

(3)供水、供浆管路安装时,接头应密封、牢固,各部分连接应符合压力和流量的要求。

(4)钻进操作时应符合下列要求:

①钻孔过程中,应严格按工艺要求进行操作。

②对于有离合器的钻机,开机前拉开所有离合器,不应带负荷启动。

③开始钻进时,钻进速度不宜过快。

④在正常钻进过程中,应使钻机不产生跳动,振动过大时应控制钻进速度。

⑤用人工起下钻杆的钻机,应先用吊环吊稳钻杆,垫好垫叉后,方可正常起下钻杆。

⑥钻进过程中,若发现孔内异常,应停止钻进,分析原因,或起出钻具,处理后再行钻进。

⑦孔内发生卡钻、掉钻、埋钻等事故,应分析原因,采取有效措施后,才可进行处理,不应随意行事。

⑧突然停电或其他原因停机且短时间内不能送电时,应采取措施将钻具提离孔底 5 m 以上。

⑨遇到暴风、雷电时,应暂停施工。

(5)应防止钢筋笼搬运和吊装钢筋笼发生变形;吊装钢筋笼的机械应满足起吊的高度和重量要求;下设钢筋笼时,应对准孔位,避免碰撞孔壁,就位后应立即固定;钢筋笼安放就位后,应用钢筋固定在孔口的牢固处。

(6)钢筋笼加工、焊接应遵守焊接中有关规定执行。钢筋笼首节的吊点强度应满足全部钢筋笼重量的吊装要求。

(7)下设钢筋笼时、浇筑导管采用吊车时应遵守起重设备和机具有关规定执行。

(四)沉井法施工

(1)沉井施工场地应进行充分碾压,对形成的边坡应做相应的保护。

(2)施工机械尤其是大型吊运设备应在坚实的基础上进行作业。

(3)沉井下沉应符合下列要求:

①底部垫木抽除过程中,每次抽去垫木后加强仪器观测,发现沉井倾斜时应及时采取措施调整。

②根据渗水情况,应配备足够的排水设备,挖渣和抽水应紧密配合。

③施工中为解决沉井内上下交通,每节沉井选一隔仓设斜梯一处,以满足安全疏散及填心需要,其余隔仓内应各设垂直爬梯一道。

(4)沉井下沉到一定深度后,井外邻近的地面可能出现下陷、开裂,应经常检查基础变形情况,及时调整加固起重机的道床。

(5)井顶四周应设防护栏杆和挡板,以防坠物伤人。

(6)起重机械进行吊运作业时,指挥人员与司机应密切联系,井内井外指挥和联系信号应明确。起重机吊运土方和材料靠近沉井边坡行驶时,应对地基稳定性检查,防止发生塌陷倾翻事故。

(7)井内石方爆破时,起爆前应切断照明及动力电源,并妥善保护水泵,机械设备要进行保护性护盖。爆破后加强通风,排除粉尘和有害气体,清点炮数无误之后才可下井清渣。

(8)施工电源(包括备用电源)应能保证沉井连续施工。

(9)井内吊出的石渣应及时运到渣场,以免对沉井产生偏压,造成沉井下沉过程中的倾斜。

(10)对装运石渣的容器及其吊具要经常检查其安全性,渣斗升降时井下人员严禁在其下方。

(11)沉井挖土应分层、分段对称、均匀进行,达到破土下沉时,操作人员应离开刃脚一定距离,防止突然性下沉造成事故。

(五)深层搅拌法施工

(1)施工场地应平整。当场地表层较硬,需注水预搅施工时,应在四周开挖排水沟,并设集水井,排水沟和集水井应经常清除沉淀杂物,保持水流畅通。

(2)当场地过软不利于深层搅拌桩机行走或移动时,应铺设粗砂或碎石垫层。灰浆制备工作棚位置宜使灰浆的水平输送距离在50 m以内。

(3)机械吊装搅拌桩机应遵守有关规定。

(4)搅拌桩机的桅杆升降安装应遵守有关规定。

(5)深层搅拌时搅拌机的入土切削和提升搅拌,负载太大及电机工作电流超过预定值时,应减慢升降速度或补给清水。

四、钢筋工程

(一)钢筋加工

钢筋加工应符合下列要求:

(1)钢筋加工场地应平整,操作平台应稳固,照明灯具应加盖网罩。

(2)使用机械调直、切断、弯曲钢筋时,应遵守机械设备的安全技术操作规程。

(3)切断钢筋,不应超过机械的额定能力。切断低合金钢等特种钢筋,应用高硬度刀具。

(4)机械弯筋时,应根据钢筋规格选择合适的扳柱和挡板。

(5)调换刀具、扳柱、挡板或检查机器时,应关闭电源。

(6)操作台上的铁屑应及时清除,应在停车后用专用刷子清除,不应用手抹或口吹。

(7)冷拉钢筋的卷扬机前,应设置防护挡板,没有挡板时,卷扬机与冷拉方向应布置成90°,并采用封闭式导向滑轮。操作者应站在防护挡板后面。

(8)冷拉时,沿线两侧各2 m范围为特别危险区,人员和车辆不应进入。

(9)人工绞磨拉直,不应用胸部或腹部去推动绞架杆。

(10)冷拉钢筋前,应检查卷扬机的机械状况、电气绝缘情况、各固定部位的可靠性和夹钳及钢丝绳的磨损情况,若不符合要求,应及时处理或更换。

(11)冷拉钢筋时,夹具应夹牢,并露出足够长度,以防钢筋脱出或崩断伤人。冷拉直径20 mm以上的钢筋应在专设的地槽内进行,不应在地面进行。机械转动的部分应设防护罩。非作业人员不应进入工作场地。

(12)在冷拉过程中,当出现钢筋脱出夹钳、产生裂纹或发生断裂情况时,应立即停车。

(13)钢筋除锈时,应采取新工艺、新技术,并应采取防尘措施或佩戴个人防护用品:防尘面具或口罩。

（二）钢筋连接

钢筋连接应符合下列要求：

（1）电焊焊接时，对焊机应指定专人负责，非操作人员严禁操作；电焊焊接人员在操作时，应站在所焊接头的两侧，以防焊花伤人；电焊焊接现场应注意防火，并应配备足够的消防器材。特别是高仓位及栈桥上进行焊接或气割时，应有防止火花下落的安全措施；配合电焊作业的人员应戴有色眼镜和防护手套。焊接时不应用手直接接触钢筋。

（2）气压焊焊接时，气压焊的火焰工具、设施、使用和操作应参照气焊的有关规定执行；气压焊作业现场宜设置操作平台，脚手架应牢固，并设有防护栏杆，上下层交叉作业时，应有防护措施；气压焊油泵、油压表、油管和顶压油缸等整个液压系统各连接处不应漏油，应采取措施防止因油管爆裂而喷出油雾，引起燃烧或爆炸；气压焊操作人员应佩戴防护眼镜；高空作业时，应系安全带；工作完毕，应把全部气压焊设备、设施妥善安置，防止留下安全隐患。

（3）机械连接作业安全要求：

①在操作镦头机时严禁戴长巾、留长发。

②开机前应对滚压头的滑块、滚轮卡座、导轨、减速机构及滑动部位进行检查并加注润滑油。

③镦头机设备应接地，线路的绝缘应良好，且接地电阻不应大于 4 Ω。

④使用热镦头机应遵守以下规定：压头、压模不应松动，油池中的润滑油面应保持规定高度，确保凸轮充分润滑。压丝扣不应调解过量，调解后应用短钢筋头试镦。操作时，与压模之间应保持 10 cm 以上的安全距离。工作中螺栓松动需停机紧固。

⑤使用冷镦头机应遵守以下规定：工作中应保持冷水畅通，水温不应超过 40 ℃。发现电极不平，卡具不紧，应及时调整更换；搬运钢筋时应防止受伤；作业后应关闭水源阀门；冬季宜将冷却水放出，并且吹净冷却水以防止阀门冻裂。

（三）钢筋运输

钢筋运输作业安全要求如下：

（1）搬运钢筋时，应注意周围环境，以免碰伤其他作业人员。多人抬运时，应用同一侧肩膀，步调一致，上、下肩应轻起轻放，不应投扔。

（2）由低处向高处（2 m 以上）人力传送钢筋时，宜每次传送 1 根。多根一起传送时，应捆扎结实，并用绳子扣牢提吊。传送人员不应站在所送钢筋的垂直下方。

（3）吊运钢筋应绑扎牢固，并设稳绳。钢筋不应与其他物件混吊。吊运中不应在施工人员上方回转和通过，应防止钢筋弯钩钩人、钩物或掉落。吊运钢筋网或钢筋构件前，应检查焊接或绑扎的各个节点，若有松动或漏焊，应经处理合格后方能吊运。起吊时，施工人员应与所吊钢筋保持足够的安全距离。

（4）吊运钢筋，应防止碰撞电线，二者之间应有一定的安全距离。施工过程中，应避免钢筋与电线或焊线相碰。

（5）用车辆运输钢筋时，钢筋应与车身绑扎牢固，防止运输时钢筋滑落。

（6）施工现场的交通要道，不应堆放钢筋。需在脚手架或平台上存放钢筋时，不应超载。

（四）钢筋绑扎

钢筋绑扎作业安全要求如下：

(1)钢筋绑扎前,应检查附近是否有照明、动力线路和电气设备。若有带电物体触及钢筋,应通知电工拆迁或设法隔离;对变形较大的钢筋在调直时,高仓位、边缘处应系安全带。

(2)在高处、深坑绑扎钢筋和安装骨架,应搭设脚手架和马道。

(3)在陡坡及临空面绑扎钢筋,应待模板立好,并与埋筋拉牢后进行,且应设置牢固的支架。

(4)绑扎钢筋和安装骨架,遇有模板支撑、拉杆及预埋件等障碍物时,不应擅自拆除、割断。需拆除时,应取得施工负责人的同意。

(5)起吊钢筋骨架,下方严禁站人,应待骨架降落到离就位点 1 m 以内,才可靠近。就位并加固后方可摘钩。

(6)绑扎钢筋的铅丝头,应弯向模板面。

(7)严禁在未焊牢的钢筋上行走。在已绑好的钢筋架上行走时,宜铺设脚手板。

五、混凝土工程

(一)混凝土拌和

1. *混凝土拌和机的技术安全要求*

(1)拌和机应安置在坚实的地方,用支架或支脚筒架稳,不应以轮胎代替支撑。

(2)外露的齿轮、链轮等转动部位应设防护装置,电动机应接地良好。

(3)开动拌和机前,应检查离合器、制动器、钢丝绳、倾倒机构是否良好。搅拌筒应用清水冲洗干净,不应有异物。

(4)在作业期间,操作人员不应私自离开工作岗位,不应随意让其他人员代替自己的操作。

(5)拌和机的机房、平台、梯道、栏杆应牢固可靠,机房内应配备吸尘装置。

(6)拌和机的加料斗升起时,严禁任何人在料斗下通过或停留。工作完毕后应将料斗锁好,并检查保护装置。

(7)运转时,严禁将工具伸入搅拌筒内;不应向旋转部位加油;不应进行清扫、检修等工作。

(8)未经上级主管部门允许,严禁拉闸、合闸及进行电气维修。

(9)现场检修时,应固定好料斗,切断电源。进入搅拌筒工作时,外面应有人监护。

2. *混凝土拌和楼(站)的技术安全要求*

(1)混凝土拌和楼(站)机械转动部位的防护设施,应在每班前进行检查。

(2)电气设备和线路应绝缘良好,电动机应接地。临时停电或停工时,应拉闸、上锁。

(3)压力容器应定期进行压力试验,不应有漏风、漏水、漏气等现象。

(4)楼梯和挑出的平台,应设安全护栏;马道板应加强维护,不应出现腐烂、缺损;冬季施工期间,应设置防滑措施以防止结冰溜滑。

(5)消防器材应齐全、良好,楼内不应存放易燃易爆物品,不应明火取暖。

(6)楼内各层照明设备应充足,各层之间的操作联系信号应准确、可靠。

(7)粉尘浓度和噪声不应超过国家规定的标准。

(8)机械、电气设备不应带“病”和超负荷运行,维修应在停止运转后进行。

(9)检修时,应切断相应的电源、气路,并挂上“有人工作,不准合闸”的警示标志。

(10)进入料仓(斗)、拌和筒内工作时,外面应设专人监护。检修时应挂“正在修理,严禁开动”的警示标志。非检修人员不应乱动气、电控制元件。

(11)在料仓或外部高处检修时,应搭脚手架,并应遵守高处作业的有关规定。

(12)设备运转时,不应擦洗和清理。严禁头、手伸入机械行程范围以内。

(二)混凝土运输

1.混凝土水平运输

1)用汽车运送混凝土作业安全要求

(1)运输道路应满足施工组织设计要求。

(2)不应超载、超速、酒后及疲劳驾车,应谨慎驾驶,应熟悉运行区域内的工作环境。

(3)不应在陡坡上停放车辆,需要临时停车时,应打好车塞,驾驶员不应远离车辆。

(4)驾驶室内不应乘坐无关人员。

(5)搅拌车装完料后严禁料斗反转,斜坡路面满足不了车辆平衡时,不应卸料。

(6)装卸混凝土的地点,应有统一的联系和指挥信号。

(7)车辆直接入仓卸料时,卸料点应有挡坎,防止在卸料过程中溜车,应有安全距离。

(8)自卸车应保证车辆平稳、观察无障碍后,方可卸料;等卸料后大箱落回原位后,方可起架行驶。

(9)自卸车卸料卸不净时,作业人员不应爬上未落回原位的车厢上进行处理。

(10)夜间行车,应适当减速,并应打开灯光信号。

2)采用轨道运输方式、使用机车牵引装运混凝土的车辆作业安全要求

(1)机车司机应经过专门技术培训,并经过考试合格后方可驾驶。

(2)装卸混凝土时应听从信号员的指挥,运行中应按沿途标志操作运行。信号不清、路况不明时,应停止行驶。

(3)通过桥梁、道岔、弯道、交叉路口、复线段会车和进站时应加强瞭望,不应超速行驶。

(4)在栈桥上限速行驶,栈桥的轨道端部应设信号标志和车挡等拦车装置。

(5)两辆机车在同一轨道上同向行驶时,均应加强瞭望,特别是位于后面的机车应随时准备采取制动措施,行驶时两车相距不应小于60 m;两车同用一个道岔时,应等对方车辆驶出并解除警示后或驶离道岔15 m以外双方不致碰撞时,方可驶进道岔。

(6)交通频繁的道口,应设专人看守道口两侧,应设移动式落地栏杆等装置防护,危险地段应悬挂“危险”或“禁止通行”警示标志,夜间应设红灯示警。

(7)机车和调度之间应有可靠的通信联络,轨道应定期进行检查。

(8)机车通过隧洞前,应鸣笛警示。

3)混凝土泵输送入仓作业安全要求

(1)混凝土泵应设置在场地平整、坚实、具有重型车辆行走条件的地方,应有足够的场地保证混凝土供料车的卸料与回车。

(2)混凝土泵的作业范围内,不应有障碍物、高压电线,应有高处作业的防范措施。

(3)安置混凝土泵车时,应将其支腿完全伸出,并插好安全栓。软弱场地应在支腿下垫枕木,以防止混凝土泵移动或倾翻。

(4)混凝土输送泵管架设应稳固,泵管出料口不应直接正对模板,泵头宜接软管或弯头。

应按照混凝土泵使用安全规定进行全面检查,符合要求后方能运转。

(5)溜槽、溜管给泵卸料时应有信号联系,垂直运输设备给泵卸料时宜设卸料平台,不应采用混凝土蓄能罐直接给料。卸料应均匀,卸料速度应与泵输出速度相匹配。

(6)设备运行人员应遵守混凝土泵安全操作规程,供料过程中泵不应回转,进料网不应拆卸,不应将棉纱、塑料等杂物混入进料口,不应用手清理混凝土或堵塞物。混凝土输送管道(特别是弯管和锥形管等部位的磨损情况)应定期检查,以防爆管。

(7)当混凝土泵出现压力升高且不稳定,油温升高、输送管有明显振动等现象,致使泵送困难时,应立即停止运行,并采取措施排除。检修混凝土泵时,应切断电源并有人监护。

(8)混凝土泵运行结束后,应将混凝土泵和输送管清洗干净。在排除堵塞物、重新泵送或清洗混凝土泵前,混凝土泵的出口应朝安全方向,以防堵塞物或废浆高速飞出。

4)塔(顶)带机入仓作业安全要求

(1)塔带机和皮带机输送系统基础应做专门的设计。

(2)塔带机的运行、操作与维修人员,须经专门技术培训,了解塔(顶)带机构造性能,熟悉操作方法、保养规程和起重作业信号规则,具有相当熟练的操作技能,经考试合格后,方可独立操作,严禁无证上岗。

(3)报话指挥人员,应熟悉起重安全知识和混凝土浇筑、布料的基本知识。做到指挥果断,吐词清晰,语言规范。

(4)机上应配备相应的灭火器材,工作人员应会正确地检查和使用。当发现火情时,应立即切断电源,用适当的灭火器材灭火。

(5)塔带机运行时,与相邻机械设备、建筑物及其他设施之间应有足够的安全距离,无法保证时应采取安全措施。司机应谨慎操作,接近障碍物前减速运行,指挥人员应严密监视。

(6)当作业区的风速有可能连续 10 min 达 14 m/s 左右,或大雾、大雪、雷雨时,应暂停布料作业,将皮带机上混凝土卸空,并转至顺风方向。当风速大于 20 m/s 时,暂停进行布料和起重作业,并应将大臂和皮带机转至顺风方向,把外布料机置于支架上。

(7)应依照维护保养周期表,做好定期润滑、清理、检查及调试工作。

(8)严禁在运转过程中,对各转动部位进行检修或清理工作。

(9)在塔机工况下进行起重作业时,应遵守起重作业的安全操作规程。

(10)塔带机和皮带机输送系统各主要部位作业人员,不应缺岗。

(11)开机前,应检查设备的状况以及人员到岗等情况。如果正常,应按铃 5 s 以上警示后,才能开机。停机前,应把受料斗、皮带上混凝土卸完,并清洗干净。

5)胎带机入仓作业安全要求

(1)设备放置位置应稳定、安全,支撑应牢固、可靠。

(2)驾驶、运行、操作与维修人员,须经技术培训,了解本机构造性能,熟悉驾驶规定、操作方法、保养规程和作业信号规则,具有相当熟练的操作技能,经考核合格后,方可操作,严禁无证上岗。

(3)设备从一个地点转移到另一个地点,折叠部分和滑动部分应放回原位,并定位锁紧。不应超速行驶。

(4)在胎带机支腿撑开之前,胎带机应处于"行走状态"(伸缩臂和配重臂都缩回)。

(5)在伸展配重臂和伸缩臂之前,应撑开承力支腿。

(6)胎带机输送机的各部分应与电源保持一定的距离。

(7)伸缩式皮带机和给料皮带机不应同时启动，辅助动力电动机和盘发动机不应同时启动。以免发电机过载。

(8)胎带机各部位回转或运行时,各部位应有人监护、指挥。

(9)应避免皮带重载启动。皮带启动前应按铃 5 s 以上示警。

(10)一旦有危险征兆(包括雷、电、暴雨等)出现,应即刻中断胎带机的运行。正常停机前,应把受料斗内、皮带上混凝土卸完,并清洗干净。

6)布料机入仓作业安全要求

(1)布料机布置位置应平整,基础应牢固,安装、运行时应遵守该设备的安全操作技术规程。

(2)布料机覆盖范围内应无障碍物、高压线等危险源的影响。

(3)布料机的操作控制柜(台)应布置在布料机附近的安全位置，电缆摆放应规范、整齐。

(4)布料机下料时,振捣人员应离下料处一定距离。待布料机旋转离开后,方可振捣混凝土。

(5)布料机在伸缩或旋转过程中,应有专人负责指挥。皮带机正下方不应有人活动,以免皮带机上掉下的骨料伤人。

2. 混凝土垂直运输

1)无轨移动式起重机(轮胎式、履带式)作业安全要求

(1)操作人员应身体健康,无精神病、高血压、心脏病等疾病。

(2)操作人员应经过专业技术培训,经考试合格后持证上岗,熟悉所操作设备的机械性能及相关要求,遵守无轨移动式起重机的安全操作规程。

(3)轮胎式起重机应配备上盘、下盘司机各 1 名。

(4)应保证起重机内部各零件、总成的完整,若有丢失应补全或恢复。

(5)起重机上配备的变幅指示器、重量限制器和各种行程限位开关等安全保护装置不应随意拆封,不应以安全装置代替操作机构进行停车。

(6)起重机吊运混凝土时,司机不应从事与操作无关的事情或闲谈。

(7)夜间浇筑时,机上及工作地点应有充足的照明。

(8)遇上 6 级及以上大风或雷雨、大雾天气,应停止作业。

(9)轮胎式起重机在公路上行驶时,应执行汽车的行驶规定。

(10)轮胎式起重机进入作业现场,应检查作业区域和周围的环境。应放置在作业点附近平坦、坚实的地面上,支腿应用垫木垫实。作业过程中不应调整支腿。

(11)变幅应平稳,不应猛起臂杆。臂杆可变倾角不应超过制造厂家的安全规定值;当无规定时,最大倾角不应超过 78°。

(12)应定期检查起吊钢丝绳及吊钩的状况,如果损坏或磨损严重,应及时更换。

2)轨道式(固定式)起重机(门座式、门架式、塔式、桥式)作业安全要求

(1)轨道式(固定式)起重机的轨道基础应做专门的设计，并应满足相应型号设备的安全技术要求。轨道两端应设置限位装置,距轨道两端 3 m 外应设置碰撞装置。轨道坡度不

应超过 1/1 500，轨距偏差和同一断面的轨面高差均不应大于轨距的 1/1 500，每个季度应采用仪器检查一次。轨道应有良好的接地，接地电阻不应大于于 10 Ω。

(2)司机应身体健康，经检查合格，证明无心脏病、高血压、精神不正常等疾病，并具备高空作业的身体条件。须经专门技术训练，了解机械设备的构造性能，熟悉操作方法、保养规程和起重工作的信号规则，具有相当熟练的操作技能，并经考试合格后，持证方可操作。

(3)新机安装、搬迁以及修复后投入运转时，应按规定进行试运转，经检查合格后方可正式使用。

(4)起重机不应吊运人员及易燃易爆等危险物品。

(5)起吊物件的重量不应超过本机的额定起重量，严禁斜吊、拉吊和起吊埋在地下或与地面冻结以及被其他重物卡压的物件。

(6)变幅指示器应灵活、准确。

(7)当气温低于 -15 ℃或遇雷雨、大雾和 6 级以上大风时，不应作业。大风前，吊钩应升至最高位置，臂杆落至最大幅度并转至顺风方向，锁住回转制动踏板，台车行走轮应采用防爬器卡紧。

(8)机上严禁用明火取暖，用油料清洗零件时不应吸烟。废油及擦拭材料不应随意泼洒。

(9)机上应配置合格的灭火装置。电气失火时，应立即切断有关电源，应用绝缘灭火器进行灭火。

(10)各电气安全保护装置应处于完好状态。高压开关柜前应铺设橡胶绝缘板。电气部分发生故障，应由专职电工进行检修，维修使用的工作灯电压应在 36 V 以下。各保险丝(片)的额定容量不应超过规定值，不应任意加大，不应用其他金属丝(片)代替。

(11)夜间工作，机上及作业区域应有足够的照明，臂杆及竖塔顶部应有警戒信号灯。

(12)司机饮酒后和非本机司机均严禁登机操作。

(13)设备安装各个结构部分的螺栓扭紧力矩应达到设备规定的要求。焊缝外观及无损检测应满足规范要求。塔机的连接销轴应安装到位并装上开口销。

(14)司机应听从指挥人员(信号员)指挥，得到信号后方可操作。操作前应鸣号，发现停车信号(包括非指挥人员发出的停车信号)应立即停车。

(15)设备应配置备用电源或其他的应急供电方式，以防起重机在浇筑过程中突然断电而导致吊罐停留在空中。

(16)两台臂架式起重机同时运行时，应有专门人员负责协调，以免臂杆相碰。

(17)设备安装完毕后应每隔 2~3 年重新刷漆保护一次，以防金属结构锈蚀破坏。

(18)各设备的运行区域应遵守所在施工现场的安全管理规定及其他安全要求。

3)缆机(平移式、辐射式、摆塔式)作业安全要求

(1)缆机轨道基础应做专门的设计，并应满足相应型号设备的安全技术要求。轨道两端应设置限位器。

(2)司机应经过专门技术培训，熟练掌握操作技能，熟悉本机性能、构造和机械、电气、液压的基本原理及维修要求，经考试合格，取得起重机械操作证，持证上岗。

(3)工作时应精力集中，听从指挥。不应擅离岗位，不应从事与工作无关的事情，不应用机上通信设备进行与施工无关的通话。

(4)严禁酒后或精神、情绪不正常的人员上机工作。

(5)严禁从高处向下丢抛工具或其他物品,不应将油料泼洒在塔架、平台及机房地面上。高空作业时,应将工具系牢,以免坠落。

(6)机上的各种安全保护装置,应配置齐全并保持完好,若有缺损,应及时补齐、修复;否则,不应投入运行。

(7)应定期做好缆机的润滑、检查及调试、保养工作。

(8)司机应与地面指挥人员协同配合,听从指挥人员信号。但对于指挥人员违反安全操作规程和可能引起危险事故的信号及多人指挥,司机应拒绝执行。

(9)起吊重物时,应垂直提升,严禁倾斜拖拉。

(10)严禁超载起吊和起吊埋在地下的重物,不应采用安全保护装置来达到停车的目的。

(11)不应在被吊重物的下部或侧面另外吊挂物件。

(12)夜间照明不足或看不清吊物或指挥信号不清的情况下,不应起吊重物。

4)吊罐入仓作业安全要求

(1)使用吊罐前,应对钢丝绳、平衡梁(横担)、吊锤(立罐)、吊耳(卧罐)、吊环等起重部件进行检查,若有破损,严禁使用。

(2)吊罐的起吊、提升、转向、下降和就位,应听从指挥。指挥人员应由受过训练的熟练工人担任,指挥人员应持证上岗。指挥信号应明确、准确、清晰。

(3)起吊前,指挥人员应得到两侧挂罐人员的明确信号,才能指挥起吊;起吊时应慢速,并应在吊离地面30~50 cm时进行检查,在确认稳妥可靠后,方可继续提升或转向。

(4)吊罐吊至仓面,下落到一定高度时,应减慢下降、转向,并避免紧急刹车,以免晃荡撞击人体。应防止吊罐撞击模板、支撑、拉条和预埋件等。吊罐停稳后,人员方可上罐卸料,卸料人员卸料前应先挂好安全带。

(5)吊罐卸完混凝土,应立即关好斗门,并将吊罐外部附着的骨料、砂浆等清除后,方可吊离。摘钩吊罐放回平板车时,应缓慢下降,对准并旋转平衡后方可摘钩;对于不摘钩吊罐放回时,挡壁上应设置防撞弹性装置,并应及时清除搁罐平台上的积渣,以确保罐的平稳。

(6)吊罐正下方严禁站人。吊罐在空间摇晃时,不应扶拉。吊罐在仓内就位时,不应斜拉硬推。

(7)应定期检查、维修吊罐,立罐门的托辊轴承、卧罐的齿轮,应定期加油润滑。罐门把手、震动器固定螺栓应定期检查紧固,防止松脱坠落伤人。

(8)当混凝土在吊罐内初凝,不能用于浇筑时,可采用翻罐方式处理废料,但应采取可靠的安全措施,并有带班人在场监护,以防发生意外。

(9)吊罐装运混凝土,严禁混凝土超出罐顶,以防坍落伤人。

(10)气动罐、蓄能罐卸料弧门拉绳不宜过长,并应在每次装完料、起吊前整理整齐,以免吊运途中挂上其他物件而导致弧门打开,引起事故。

(11)严禁罐下串吊其他物件。

5)溜槽(桶)入仓作业安全要求

(1)溜槽搭设应稳固可靠,架子应满足安全要求,使用前应经技术与安全部门验收。溜槽旁应搭设巡查、清理人员行走的马道与护栏。

(2)溜槽坡度最大不宜超过60°。超过60°时,应在溜槽上加设防护罩(盖),以防止骨料飞溅。

(3)溜桶使用前,应逐一检查溜桶、挂钩的状况。磨损严重时,应及时更换。溜筒宜采用钢丝绳、铅丝或麻绳连接牢固。

(4)用溜槽浇筑混凝土,每罐料下料开始前,在得到同意下料信号后方可下料。溜槽下部人员应与下料点有一定的安全距离,以避免骨料滚落伤人。溜槽使用过程中,溜槽底部不应站人。

(5)下料溜筒被混凝土堵塞时,应停止下料,及时处理。处理时应在专设爬梯上进行,不应在溜筒上攀爬。

(6)搅拌车下料应均匀,自卸车下料应有受料斗,卸料口应有控制设施。垂直运输设备下料时不应使用蓄能罐,应采用人工控制罐供料,卸料处宜有卸料平台。

(7)北方地区冬季,不宜使用溜槽(桶)方式入仓。

(三)混凝土浇筑及养护

1.混凝土浇筑

(1)浇混凝土前,应全面检查仓内排架、支撑、拉条、模板及平台、漏斗、溜筒等是否安全可靠。

(2)仓内脚手架、支撑、钢筋、拉条、埋设件等不应随意拆除、撬动,当需要拆除、撬动时,应经施工负责人的同意。

(3)平台上所预留的下料孔,不用时应封盖。平台除出入口外,四周均应设置栏杆和挡脚板。

(4)仓内人员上下应设靠梯,不应从模板或钢筋网上攀登。

(5)吊罐卸料时,仓内人员应注意避开,不应在吊罐正下方停留或工作。接近下料位置时,应减慢吊罐下降速度。

(6)在平仓振捣过程中,应观察模板、支撑、拉筋是否变形。当发现变形有倒塌危险时,应立即停止工作,并及时报告有关指挥人员。

(7)使用大型振捣器和平仓机时,不应碰撞模板、拉条、钢筋和预埋件,以防变形、倒塌。

(8)不应将运转中的振捣器放在模板或脚手架上。

(9)使用电动振捣器,应有触电保护器或接地装置。搬移振捣器或中断工作时,应切断电源。

(10)湿手不应接触振捣器电源开关,振捣器的电缆不应破皮漏电。

(11)平仓振捣时,仓内作业人员应思想集中,应互相关照。浇筑高仓位时,应防止工具和混凝土骨料掉落仓外,更不应将大石块抛向仓外,以免伤人。

(12)吊运平仓机、振捣臂、仓面吊等大型机械设备,应检查吊索、吊具、吊耳是否完好,吊索角度是否正当。

(13)冬季仓内用火盆保温时,应明确专人管理,谨防失火。

(14)下料溜筒被混凝土堵塞时,应停止下料,立即处理。处理时不应直接在溜筒上攀登。

(15)电气设备的安装、拆除或在运转过程中的故障处理,均应由电工进行。

2. 混凝土保护与养护作业安全要求

1)表面保护作业安全要求

(1)在混凝土表面保护工作的部位,作业人员应精力集中,佩戴安全防护用品。

(2)混凝土立面保护材料应与混凝土表面贴紧,并用压条压接牢靠,以防风吹掉落伤人。采用脚手架安装、拆除时,应符合脚手架安全技术规程的规定;采用吊篮安装、拆除时,应符合吊篮安全技术规程的规定。

(3)混凝土水平面的保护材料应采用重物压牢,防止风吹散落。

(4)竖向井(洞)孔口应先安装盖板,然后覆盖柔性保护材料,并应设置醒目的警示标志。

(5)水平洞室等孔洞进出口悬挂柔性保护材料应牢靠,并应方便人员和车辆的出入。

(6)混凝土保护材料不宜采用易燃品,在气候干燥的地区和季节,应做好防火工作。

2)养护作业安全要求

(1)养护用水不应喷射到电线和各种带电设备上。养护人员不应用湿手移动电线。养护水管应随用随关,交通道转梯、仓面出入口、脚手架平台等处不应有长流水。

(2)在养护仓面上遇有沟、坑、洞时,应设明显的安全标志,必要时铺设安全网或设置安全栏杆,严禁在施工作业人员不易站稳的位置进行洒水养护作业。

(3)采用化学养护剂、塑料薄膜养护时,对易燃有毒材料,应佩戴相关防护用品并做好防护工作。

六、沥青混凝土

(一)沥青运输

1. 采用液态沥青车运送时作业安全要求

(1)用泵抽送热沥青进出油罐时工作人员应避让。

(2)向储油罐注入沥青时,当浮标指标达到允许最大容量时,应及时停止注入。

(3)满载运行时,遇有弯道、下坡时应提前减速,避免紧急制动;油罐装载不满时,应始终保持中速行驶。

2. 采用吊耳吊装桶装沥青时作业安全要求

(1)吊装作业应有专人指挥。沥青桶的吊索应绑扎牢固。

(2)吊起的沥青桶不应从运输车辆的驾驶室上空越过,并应稍高于车厢板,以防碰撞。

(3)吊臂旋转半径范围内不应站人。

(4)沥青桶未稳妥落地前,不应卸、取吊绳。

3. 人工装卸桶装沥青时作业安全要求

(1)运输车辆应停放在平坡地段,并拉上手闸。

(2)跳板应有足够的强度,坡度不应过陡。

(3)放倒的沥青桶经跳板向上(下)滚动装(卸)车时,应在露出跳板两侧的铁桶上各套一根绳索,收放绳索时要缓慢,并应两端同步上下。

(4)人工运送液态沥青,装油量不应超过容器的 2/3,不应采用锡焊桶装运沥青,并不应两人抬运热沥青。

（二）沥青储存

（1）沥青应储存于库房或者料棚内，露天堆放时，应放在阴凉、干净、干燥处，并应搭设席棚或者用帆布遮盖，以免雨水、阳光直接淋晒而影响环保，并应防止砂、石、土等杂物混入。

（2）储存处应远离火源，应与其他易燃物、可燃物、强氧化剂隔离保管，储存处严禁吸烟。

（3）储存沥青的仓库或者料棚以及露天存放处，应有防火设施。防火设备应采用泡沫灭火器、四氯化碳灭火机或砂土等，不应用水喷洒，以免热液流散而扩大火灾范围。

（4）桶装沥青应立放稳妥，以免流失影响环保。

（三）沥青、骨料加热及拌制

（1）应布置在人员较少、场地空旷的地方，产量较大的拌和设备应设置防尘设施。

（2）宜布置在工程爆破危险区之外，远离易燃品仓库，不受洪水威胁，排水条件良好。

（3）尽可能设在坝区的下风处，以保护坝区的环境卫生。

（4）远离生活区，以利于防火及环境卫生。

（四）面板、心墙施工

（1）乳化（稀释）沥青加工采用易挥发性溶剂时，宜将熔化的沥青以细流状缓缓加入溶剂中，沥青温度控制在 100 ℃左右，防止溅出伤人，并应特别注意防火。

（2）沥青洒布机作业安全要求。

①工作前应将洒布机车轮固定，检查高压胶管与喷油管连接是否牢固，油嘴和节门是否畅通，机件有无损坏。检查确认完好后，再将喷油管预热，安装喷头，经过在油箱内试喷后，方可正式喷洒。

②装载热沥青的油桶应坚固，不应漏油，其装油量应低于桶口 10 cm；向洒布机油箱注油时，油桶应靠稳，在油箱口缓慢向下倒油，不应猛倒。

③喷洒沥青时，手握的喷油管部分应加缠旧麻袋或石棉绳等隔热材料。操作时，喷头严禁向上。喷头附近不应站人，不应逆风操作。

④压油时，速度应均匀，不应突然加快。喷油中断时，应将喷头放在洒布机油箱内，固定好喷管，不应滑动。

⑤移动洒布机，油箱中的沥青不应过满。

⑥喷洒沥青时，若发现喷头堵塞或其他故障，应立即关闭阀门，等修理完好后再行作业。

（3）人工拌和作业应使用铁壶或长柄勺倒油，壶嘴或勺口不应提得过高，防止热油溅起伤人。

（4）沥青混凝土运输作业安全要求。

①采用自卸汽车运输时，大箱卸料口应加挡板（运输时挡板应拴牢），顶部应盖防雨布；运输道路应满足施工组织设计的要求；在社会公共道路上行驶时，驾驶员应熟悉运行区域内的工作环境，严禁酒后、超速、超载及疲劳驾驶车辆。

②在斜坡上的运输，宜采用专用斜坡喂料车；当斜坡长度较短或者工程规模较小时，可由摊铺机直接运料，或者用缆索等机械运输。但均应遵守相应机械设备的安全技术规定。

③少量部位采用人工运料时，应穿防滑鞋，坡面应设防滑梯。

④斜坡上沥青混凝土面板施工应设置安全绳或其他防滑措施。施工机械由坝顶下放至斜坡时，应有安全措施，并建立安全制度。对牵引机械（可移式卷扬台车、卷扬机等）和钢丝

绳、刹车等,应经常检查、维修。卷扬机应锚碇牢固,防止倾覆。

(5)沥青混合料摊铺作业安全要求。

①应自下至上进行摊铺。

②驾驶台及作业现场应视野开阔,清除一切有碍工作的障碍物。作业时,无关人员不应在驾驶台上逗留。驾驶员不应擅离岗位。

③运料车向摊铺机卸料时,应协调动作,同步行进,防止互撞。

④换挡应在摊铺机完全停止时进行,不应强行挂挡和在坡道上换挡或空挡滑行。

⑤熨平板预热时,应控制热量,防止因局部过热而变形。加热过程中,应有专人看管。

⑥驾驶力求平稳,熨平装置的端头与障碍物边缘的间距不应小于 10 cm,以免发生碰撞。

⑦用柴油清洗摊铺机时,不应接近明火。

⑧沥青混合料宜采用汽车配保温料罐运输,由起重机吊运卸入模板内或者由摊铺机自身的起重机吊运卸入摊铺机内。应严格遵守起重机的安全技术规定。

⑨由起重机吊运卸入模板内的沥青混凝土,应由人工摊铺整平,应有防高温、防烫伤措施。

⑩在已压实的心墙上继续铺筑前,应采用压缩空气喷吹清除(风压为 0.3～0.4 MPa)清理干净结合面,应严格遵守空压机的安全技术规定。若喷吹不能完全清除,可用红外线加热器烘烤玷污面,使其软化后铲除。应遵守红外线加热器的安全技术规定。

⑪采用红外线加热器加热,沥青混凝土表面温度低于 70 ℃时,应遵守红外线加热器的安全技术规定。采用火滚或烙铁加热时,应使用绝热或隔热手把操作,并应戴手套以防烫伤,不应在火滚滚筒上面踩踏。滚筒内的炉灰不应外泄,工作完毕,炉灰应用水浇灭后运往弃渣场。

(6)沥青混凝土碾压作业安全要求。

①不应在振动碾没有熄火、下无支垫三角木的情况下进行机下检修。

②振动碾应停放在平坦、坚实并对交通及施工作业无妨碍的地方。停放在坡道上时,前后轮应置垫三角木。

③振动碾前后轮的刮板应保持平整良好。碾轮刷油或洒水的人员应与司机密切配 合,应跟在碾轮行走的后方。

④多台振动碾同时在一个工作面作业时, 前后左右应保持一定的安全距离,以免发生碰撞。

⑤振动碾碾压时,应上行时振动,下行时不振动。

⑥机械由坝顶下放至斜坡时,应有安全措施,并建立安全制度。对牵引机械和钢丝绳刹车等,应经常检查、维修。

⑦各种施工机械和电器设备,均应按有关安全操作规程操作和养护维修。

(7)心墙钢模应采用机械拆模,采用人工拆除时,作业人员应有防高温、防烫伤、防毒气的安全防护装置。钢模拆除后应将表面黏附物清除干净,用柴油清洗时,不应接近明火。

(8)沥青混凝土夏季施工应采取防暑降温措施,合理安排作业时间。

(五)现浇沥青混凝土施工

(1)现浇沥青混凝土的浇筑宜采用钢模板施工,模板的制作与架设应牢固、可靠。

(2)应采用汽车配保温料罐运输沥青混凝土,由起重机吊运卸入模板内。应严格按照保温料罐入仓和起重机吊运的安全技术规定进行操作。

(3)现浇沥青混凝土的浇筑温度应控制在 140～160 ℃。应由低到高依次浇筑,边浇筑边采用插针式捣固器捣实。仓内作业人员应有“三防”措施。

(六)沥青混凝土路面施工

沥青洒布车作业应符合下列要求:

(1)检查机械、洒布装置及防护、防火设备是否齐全有效。

(2)采用固定式喷灯向沥青箱的火管加热时,应先打开沥青箱上的烟囱口,并在液态沥青淹没火管后,方可点燃喷灯。加热喷灯的火焰过大或扩散蔓延时应立即关闭喷灯,待多余的燃油烧尽后再行使用。喷灯使用前,应先封闭吸油管及进料口,手提喷灯点燃后不应接近易燃品。

(3)满载沥青的洒布车应中速行驶。遇有弯道、下坡时应提前减速,避免紧急制动。行驶时不应使用加热系统。

(4)驾驶员与机上操作人员应密切配合,操作人员应注意自身的安全。作业时在喷洒沥青方向 10 m 以内不应有人停留。

(5)沥青洒布机、摊铺机、振动碾压作业应参照上述面板、心墙施工有关规定执行。

(七)房屋建筑沥青施工

(1)房屋建筑屋面板的沥青混凝土施工属于高空作业,应遵守高处作业的规定。

(2)高处作业,屋面的边沿和预留孔洞,应设置安全防护装置。

(3)屋面板沥青混凝土采用人工摊铺、刮平,用火滚滚压时,作业人员应使用绝热或隔热手把进行操作,并戴好手套、口罩,穿好防护衣、防护鞋。

(4)在坡度较大的屋面运油,应穿防滑鞋,设置防滑梯清扫屋面上的砂粒。油桶下设桶垫,应放置平稳。

(5)运输设备及工具应牢固,竖直提升时,平台的周边应有防护栏杆。提升时应拉牵引绳,防止油桶晃动,吊运时油桶下方 10 m 半径范围内严禁站人。

(6)配置、储存和涂刷冷底子油的地点严禁烟火,严禁 30 m 以内进行电焊、气焊等明火作业。

七、堤防工程

(一)基本安全要求

(1)堤防工程度汛、导流施工,施工单位应根据设计要求和工程需要编制方案报合同指定单位审批,并由建设单位报防汛主管部门批准。

(2)堤防施工操作人员应佩戴保护手套和其他必要的劳保用品。

(3)度汛时若遇超标准洪水,应启动应急预案并及时采取紧急处理措施。

(4)施工船舶上的作业人员应严格遵守国家有关水上作业的法律、法规和标准。

(5)土料开采应保证坑壁稳定,立面开挖时,严禁掏底施工。

(二)堤防施工

1.堤防基础施工作业安全要求

(1)堤防地基开挖较深时,应制定防止边坡坍塌和滑坡的安全技术措施。对深基坑支护应进行专项设计，作业前应检查安全支撑和挡护设施是否良好，确认符合要求后，方可施工。

(2)当地下水位较高或在黏性土、湿陷性黄土上进行强夯作业时，应在表面铺设一层厚50～200 cm 的砂、砂砾或碎石垫层，以保证强夯作业安全。

(3)强夯夯击时应做好安全防范措施，现场施工人员应戴好安全防护用品。夯击时所有人员应退到安全线以外。应对强夯周围建筑物进行监测，以指导调整强夯参数。

(4)地基处理采用砂井排水固结法施工时，为加快堤基的排水固结，应在堤基上分级进行加载，加载时应加强现场监测，防止滑动破坏等失稳事故的发生。

(5)软弱地基处理采用抛石挤淤法施工时，应经常对机械作业部位进行检查。

2. 抛石筑堤施工作业安全要求

(1)在深水域施工抛石棱体，应通过岸边架设的定位仪指挥船舶抛石。

(2)陆域软基段或浅水域抛石，可采用自卸汽车以端进法向前延伸立抛，重载与空载汽车应按照各自预定路线慢速行驶，不应超载与抢道。

(3)深水域抛石宜用驳船水上定位分层平抛，抛石区域高程应按规定检查，以防驳船移位时出险。

3. 防护工程施工作业安全要求

(1)人工抛石作业时应按照计划制定的程序进行，严禁随意抛掷，以防意外事故发生。

(2)抛石所使用的设备应安全可靠、性能良好，严禁使用没有安全保险装置的机具进行作业。

(3)抛石护脚时应注意石块体重心位置，严禁起吊有破裂、脱落、危险的石块体。起重设备回转时，严禁起重设备工作范围和抛石工作范围内进行其他作业和人员停留。

(4)抛石护脚施工时除操作人员外，严禁有人停留。

4. 堤防加固施工作业安全要求

(1)砌石护坡加固，应在汛期前完成；当加固规模、范围较大时，可拆一段砌一段，但分段宜大于 50 m；垫层的接头处应确保施工质量，新、老砌体应结合牢固，连接平顺。确需汛期施工时，分段长度可根据水情预报情况及施工能力而定，防止意外事故发生。

(2)护坡石沿坡面运输时，使用的绳索、刹车等设施应满足负荷要求，牢固可靠，在吊运时不应超载，发现问题及时检修。垂直运送料具时应有联系信号，专人指挥。

(3)堤防灌浆机械设备作业前应检查是否良好，安全设施及防护用品是否齐全，警示标志设置是否标准，经检查确认符合要求后，方可施工。

(4)当堤防加固采用混凝土防渗墙、高压喷射、土工膜截渗或砂石导渗等施工技术时，均应符合相应安全技术标准的规定。

(三)防汛抢险施工

(1)防汛抢险施工前，应对作业人员进行安全教育并按防汛预案进行施工。

(2)堤防防汛抢险施工的抢护原则为：前堵后导、强身固脚、减载平压、缓流消浪。施工中应遵守各项安全技术要求，不应违反程序作业。

(3)堤身漏洞险情的抢护作业安全要求。

①堤身漏洞险情的抢护以“前截后导，临重于背”为原则。在抢护时，应在临水侧截断漏水来源，在背水侧漏洞出水口处采用反滤围井的方法，防止险情扩大。

②堤身漏洞险情在临水侧抢护以人力施工为主时，应配备足够的安全设施，确认安全可靠，且由专人指挥和专人监护后，方可施工。

③堤身漏洞险情在临水侧抢护以机械设备为主时，机械设备应停站或行驶在安全或经加固可以确认较为安全的堤身上，防止因漏洞险情导致设备下陷、倾斜或失稳等其他安全事故。

(4)管涌险情的抢护宜在背水面，采取反滤导渗，控制涌水，留有渗水出路。以人力施工为主进行抢护时，应注意检查附近堤段水浸后变形情况，若有坍塌危险，应及时加固或采用其他安全有效的方法。

(5)当遭遇超标准洪水或有可能超过堤坝顶时，应迅速进行加高抢护，同时做好人员撤离安排，及时将人员、设备转移到安全地带。

(6)为削减波浪的冲击力，应在靠近堤坡的水面设置芦柴、柳枝、湖草和木料等材料的捆扎体，并设法锚碇，防止被风浪水流冲走。

(7)当发生崩岸险情时，应抛投物料，如石块、石笼、混凝土多面体、土袋和柳石枕等，以稳定基础，防止崩岸进一步发展；应密切关注险情发展的动向，时刻检查附近堤身的变形情况，及时采取正确的处理措施，并向附近居民示警。

(8)堤防决口抢险作业安全要求。

①当堤防决口时，除有关部门快速通知附近居民安全转移外，抢险施工人员应配备足够的安全救生设备。

②堤防决口施工应在水面以上进行，并逐步创造静水闭气条件，确保人身安全。

③当在决口抢筑裹头时，应从水浅流缓、土质较好的地带采取打桩、抛填大体积物料等安全裹护措施，防止裹头处突然坍塌将人员与设备冲走。

④决口较大采用沉船截流时，应采取有效的安全防护措施，防止沉船底部不平整，发生移动而给作业人员造成安全隐患。

八、渠道、水闸与泵站工程

(一)渠道

(1)渠道边坡开挖施工作业安全要求。

①应按先坡面后坡脚、自上而下的原则进行施工，不应倒坡开挖。

②应做好截、排水措施，防止地表水和地下水对边坡的影响。

③对永久工程应经设计计算确定削坡坡比，制订边坡防护方案。

④对削坡范围内和周围有影响区域内的建筑物及障碍物等应有妥善的处置或采取必要的防护措施。

(2)多级边坡之间应设置马道，以利于边坡稳定、施工安全。

(3)渠道施工中若遇到不稳定边坡，视地形和地质条件采取适当支护措施，以保证施工安全。

(4)边坡喷混凝土施工作业安全要求。

①当坡面需要挂钢筋网喷混凝土支护时，在挂网之前，应清除边坡松动岩块、浮渣、岩粉以及其他疏松状堆积物，用水或风将受喷面冲洗(吹)干净。

②脚手架及操作平台的搭设应符合规范有关规定。

③喷射操作手,应佩戴好防护用具,作业前检查供风、供水、输料管及阀门的完好性，对存在的缺陷应及时修理或更换;作业中,喷射操作手应精力集中,喷嘴严禁朝向作业人员。

④喷射作业应按下列顺序操作:对喷射机先送风、送水,待风压、水压稳定后再送混合料。结束时与上述相反,即先停供料,再停风和水,最后关闭电源。

⑤喷射口应垂直于受喷面,喷射头距喷射面距离以 50 ~ 60 cm 为宜。

⑥喷混凝土应采用水泥裹砂"潮喷法",以减少粉尘污染与喷射回弹量,不宜使用干喷法。

(5)深度较浅的渠道最好一次开挖成型,若采用反铲开挖,应在底部预留不小于 30 cm 的保护层,采用人工清理。

(6)深度较大的渠道一次开挖不能到位时,应自上而下分层开挖。若施工期较长,遇膨胀土或易风化的岩层,或土质较差的渠道边坡,应采取护面或支挡措施。

(7)在地下水较为丰富的地质条件下进行渠道开挖，应在渠道外围设置临时排水沟和集水井,并采取有效的降水措施,如深井降水或轻型井点降水,将基坑水位降低至底板以下再进行开挖。在软土基坑进行开挖宜采用钢走道箱铺路,利于开挖及运输设备行走。

(8)冻土开挖时，若采用重锤击碎冻土的施工方案，应防止重锤在坑边滑脱,击锤点距坑边应保持 1 m 以上的距离。

(9)用爆破法开挖冻土时,应采用硝铵炸药,冬季施工严禁使用任何甘油类炸药。

(10)不同的边坡监测仪器,除满足埋设规定外,应将裸露地表的电缆加以防护,终端设观测房集中于保护箱,加以标示并上锁锁闭保护。

(11)对软土堤基的渠堤,填筑前应按设计对基础进行加固处理,并对加固后堤基的土体力学指标进行检测,在满足设计要求后方可填筑。

(12)为保证渠堤填筑断面的压实度,采用超宽 30 ~ 50 cm 的方法。大型碾压设备在碾压作业时,通过试验在满足渠堤压实度的前提下,确定碾压设备距离填筑断面边缘的宽度,保证碾压设备的安全。

(13)渠道衬砌应按设计进行,混凝土预制块、干砌石和浆砌石自下而上分层进行施工,渠顶堆载预制块或石块高度宜控制在 1.5 m 以内,且距坡面边缘 1.0 m,防止石料滚落伤人,对软土堤顶应减少堆载。混凝土衬砌宜采用滑模或多功能渠道衬砌机进行施工。

(二)水闸

1. 水闸土方开挖作业安全要求

(1)建筑物的基坑土方开挖应本着先降水,后开挖的施工原则,并结合基坑的中部开挖明沟加以明排。

(2)降水措施应视工程地质条件而定,在条件许可时,先进行降水试验,以验证降水方案的合理性。

(3)降水期间必须对基坑边坡及周围建筑物进行安全监测,发现异常情况及时研究处理措施,保证基坑边坡和周围建筑物的安全,做到信息化施工。

(4)若原有建筑物距基坑较近,视工程的重要性和影响程度,可以采用拆迁或适当的支护处理。基坑边坡视地质条件,可以采用适当的防护措施。

(5)在雨季,尤其是汛期必须做好基坑的排水工作,安装足够的排水设备。

(6)基坑土方开挖完成或基础处理完成,应及时组织基础隐蔽工程验收,及时浇筑垫层混凝土对基础进行封闭。

(7)基坑降水时,基坑底、排水沟底、集水坑底应保持一定深差;集水坑和排水沟应设置在建筑物底部轮廓线以外一定距离;基坑开挖深度较大时,应分级设置马道和排水设施;流砂、管涌部位应采取反滤导渗措施。

(8)基坑开挖时,在负温下,挖除保护层后应采取可靠的防冻措施。

2. 土方填筑作业安全要求

(1)填筑前,必须排除基坑底部的积水、清除杂物等,宜采取降水措施将基底水位降至0.5 m 以下。

(2)填筑土料,应符合设计要求。

(3)岸、翼墙后的填土应分层回填、均衡上升。靠近岸墙、翼墙、岸坡的填土宜用人工或小型机具夯压密实,铺土厚度宜适当减薄。

(4)高岸、翼墙后的回填土应按通水前后分期进行回填,以减小通水前墙体后的填土压力。

(5)高岸、翼墙后设计应布置排水系统,以减小填土中的水压力。

3. 地基处理作业安全要求

(1)原状土地基开挖到基底前预留 30~50 cm 保护层,在建筑施工前,宜采用人工挖出,并使得基底平整,对局部超挖或低洼区域宜采用碎石回填。基底开挖之前宜做好降排水,保证开挖在干燥状态下进行。

(2)对加固地基,基坑降水应降至基底面以下 50 cm,保证基底干燥平整,以利于地基处理设备施工安全,施工作业和移机过程中,应将设备支架的倾斜度控制在其规定值之内,严禁设备倾覆事故的发生。

(3)对桩基施工设备操作人员,应进行操作培训,取得合格证书后方可上岗。

(4)在正式施工前,应先进行基础加固的工艺试验,工艺及参数批准后展开施工。成桩后应按照相关规范的规定抽样,进行单桩承载力和复合地基承载力试验,以验证加固地基的可靠性。

(5)钻孔灌注桩基础施工、振冲地基加固、高压灌浆工程、深层水泥搅拌桩施工应遵守第六章的有关规定。

4. 预制构件采用蒸汽养护作业安全要求

(1)每天应对锅炉系统进行检查,蒸养每批构件之前,应对通汽管路、阀门进行检查,一旦损坏及时更换。

(2)应定期对蒸养池的顶盖的提升桥机或吊车进行检查和维护。

(3)在蒸养过程中,发现锅炉或管路异常情况,应及时停止蒸汽的供应。同时,无关人员不应站在蒸养池附近。

(4)浇筑后,构件应停放 2~6 h,停放温度一般为 10~20 ℃。

(5)升温速率:当构件表面系数大于或等于 6 时,不宜超过 15 ℃/h;当构件表面系数小于 6 时,不宜超过 10 ℃/h。

(6)恒温时的混凝土温度,不宜超过 80 ℃,相对湿度应为 90% ~100%。

(7)降温速率:当表面系数大于或等于 6 时,不应超过 10 ℃/h;当表面系数小于 6 时,不应超过 5 ℃/h;出池后构件表面与外界温差不应大于 20 ℃。

5. 构件起吊前准备工作

(1)大件起吊运输应有单项安全技术措施。起吊设备操作人员必须具有特种操作许可证。

(2)起吊前应认真检查一切所用工具设备,确保其状况良好。

(3)起吊设备起吊能力应有一定的安全储备。必须对起吊构件的吊点和内力进行详细的内力复核验算。非定型的吊具和索具均应验算,符合有关规定后才能使用。

(4)各种物件正式起吊前,应先试吊,确认可靠后方可正式起吊。

(5)起吊前,应先清理起吊地点及运行通道上的障碍物,通知无关人员避让,并应选择恰当的位置及随物护送的路线。

(6)应指定专人负责指挥操作人员进行协同的吊装作业。各种设备的操作信号必须事先统一规定。

6. 构件起吊与安放作业安全要求

(1)构件应按标明的吊点位置或吊环起吊;预埋吊环必须为Ⅰ级钢筋,吊环的直径应通过计算确定。

(2)不规则大件吊运时,应计算出其重心位置,在部件端部系绳索拉紧,以确保上升或平移时的平稳。

(3)吊运时必须保持物件重心平稳。若发现捆绑松动,或吊装工具发生异样、怪声,应立即停车进行检查。

(4)翻转大件应先放好旧轮胎或木板等垫物,工作人员应站在重物倾斜方向的对面,翻转时应采取措施防止冲击。

(5)安装梁板,必须保证其在墙上的搁置长度,两端必须垫实。

(6)用兜索吊装梁板时,兜索应对称设置。吊索与梁板的夹角应大于60°,起吊后应保持水平,稳起稳落。

(7)用杠杆车或其他土法安装梁板时,应按规定设置吊点和支垫点,以防梁板断裂,发生事故。

(8)预制梁板就位固定后,应及时将吊环割除或打弯,以防绊脚伤人。

(9)吊装工作区应严禁非工作人员入内。大件吊运过程中,重物上严禁站人,重物下面严禁有人停留或穿行。当起重指挥人员必须在重物上指挥时,应在重物停稳后站上去,并应选择在安全部位和采取必要的安全措施。

(10)天气恶劣时,应停止吊装工作。

7. 在闸室上、下游混凝土防渗铺盖上作业安全要求

在闸室上、下游混凝土防渗铺盖上行驶重型机械或堆放重物时,必须经过验算。

8. 永久缝施工作业安全要求

(1)一切预埋件应安装牢固,严禁脱落伤人。

(2)采用紫铜止水片时,接缝必须焊接牢固,焊接后应采用柴油渗透法检验是否渗漏,并须遵守焊接的有关安全技术操作规程。采用塑料和橡胶止水片时,应避免油污和长期暴晒并有保护措施。

(3)结构缝使用柔性材料嵌缝处理时,应搭设稳定牢固的安全脚手架,系好安全带逐层作业。

(三)泵站

1.水泵基础施工作业安全要求

(1)水泵基础施工有度汛要求时,应按设计及施工需要,汛前完成度汛工程。

(2)水泵基础应优先选用天然地基。承载力不足时,宜采取工程加固措施进行基础处理。

(3)水泵基础允许沉降量和沉降差,应根据工程具体情况分析确定,满足基础结构安全和不影响机组的正常运行。

(4)水泵基础地基若为膨胀土地基,在满足水泵布置和稳定安全要求的前提下,应减小水泵基础底面面积,增大基础埋置深度,也可将膨胀土挖除,换填无膨胀性土料垫层,或采用桩基础;膨胀土地基的处理应符合下列要求:

①膨胀土地基上泵站基础的施工,应安排在冬旱季节进行,力求避开雨季,否则应采取可靠的防雨水措施。

②基坑开挖前应布置好施工场地的排水设施,天然地表水不应流入基坑。

③应防止雨水浸入坡面和坡面土中水分蒸发,避免干湿交替,保护边坡稳定。可在坡面喷水泥砂浆保护层或用土工膜覆盖地面。

④基坑开挖至接近基底设计标高时,应留 0.3 m 左右的保护层,待下道工序开始前再挖除保护层。基坑挖至设计标高后,应及时浇筑素混凝土垫层保护地基,待混凝土达到50%以上强度后,及时进行基础施工。

⑤泵站四周回填应及时分层进行。填料应选用非膨胀土、弱膨胀土或掺有石灰的膨胀土;选用弱膨胀土时,其含水量宜为 1.1 ~1.2 倍塑限含水量。

2.固定式泵站施工作业安全要求

(1)泵站基坑开挖、降水及基础处理的施工应遵守第五章的有关规定。

(2)泵房水下混凝土宜整体浇筑。对于安装大、中型立式机组或斜轴泵的泵房工程,可按泵房结构并兼顾进、出水流道的整体性设计分层,由下至上分层施工。

(3)泵房浇筑,在平面上一般不再分块。若泵房底板尺寸较大,可以采用分期分段浇筑。

(4)泵房钢筋混凝土施工应遵守有关规定。

3.金属输水管道制作与安装作业安全要求

(1)钢管焊缝应达到标准,且应通过超声波或射线检验,不应有任何渗漏水现象。

(2)钢管各支墩应有足够的稳定性,保证钢管在安装阶段不发生倾斜和沉陷变形。

(3)钢管壁在对接接头的任何位置表面的最大错位:纵缝不应大于 2 mm,环缝不应大于 3 mm。

(4)直管外表直线平直度可用任意平行轴线的钢管外表一条线与钢管直轴线间的偏差确定:长度为 4 m 的管段,其偏差不应大于 3.5 mm。

(5)钢管的安装偏差值:对于鞍式支座的顶面弧度,间隙不应大于 2 mm;滚轮式和摇摆式支座垫板高程与纵横向中心的偏差不应超过 ±5 mm。

4.缆车式泵站施工作业安全要求

(1)缆车式泵房的岸坡地基必须稳定、坚实。岸坡开挖后应验收合格,才能进行上部结构物的施工。

(2)缆车式泵房的压力输水管道的施工,可根据输水管道的类别,按金属输水管道制作与安装的安全要求执行。

(3)缆车式泵房的施工作业安全要求:

①应根据设计施工图标定各台车的轨道、输水管道的轴线位置。

②应按设计进行各项坡道工程的施工。对坡道附近上、下游天然河岸应进行平整,满足坡道面高出上、下游岸坡 300~400 mm 的要求。

③斜坡道的开挖应自上而下分层开挖,在开挖过程中,密切注意坡道岩体结构的稳定性,加强爆破开挖岩体的监测。坡道斜面应优先采用光面爆破或预裂爆破,同时对分段爆破药量进行适当控制,以保证坡道的稳定。

④开挖坡面的松动石块,在下层开始施工前,应撬挖清理干净。

⑤斜坡道的施工中应搭设完善的供人员上下的梯子, 工具及材料运输可采用小型矿斗车运料。

⑥在斜坡道上打设插筋、浇筑混凝土、安装轨道和泵车等,均应有完善的安全保障措施,落实后才能施工。

⑦坡轨工程如果要求延伸到最低水位以下,则应修筑围堰、抽水、清淤,保证能在干燥情况下施工。

5. 浮船式泵站施工作业安全要求

(1)浮船船体的建造应按内河航运船舶建造的有关规定执行。

(2)输水管道沿岸坡敷设,接头应密封、牢固;若设置支墩固定,支墩应坐落在坚硬的地基上。

(3)浮船的锚固设施应牢固,承受荷载时不应产生变形和位移。

(4)浮船式泵站位置要求水位平稳,河面宽阔,且枯水期水深不小于 1.0 m;避开顶冲、急流、大回流和大风浪区以及与支流交汇处,且与主航道保持一定距离;河岸稳定,岸坡坡度在 1:1.5~1:4;漂浮物少,且不易受漂木、浮筏或船只的撞击。

(5)浮船布置应包括机组设备间、船首和船尾等部分。当机组容量较大、台数较多时,宜采用下承式机组设备间。浮船首尾甲板长度应根据安全操作管理的需要确定,且不应小于 2.0 m。首尾舱应封闭,封闭容积应根据船体安全要求确定。

(6)浮船的设备布置应紧凑合理,在不增加外荷载的情况下,应满足船体平衡与稳定的要求。不能满足要求时,应采取平衡措施。

(7)浮船的型线和主尺度(吃水深、型宽、船长、型深)应按最大排水量及设备布置的要求选定,其设计应符合内河航运船舶设计规定。在任何情况下,浮船的稳性衡准系数不应小于 1.0。

(8)浮船的锚固方式及锚固设备应根据停泊处的地形、水流状况、航运要求及气象条件等因素确定。当流速较大时,浮船上游方向固定索不应少于 3 根。

(9)船员必须经过专业培训,取得合格船员证件方可上岗操作。船员应有较好的水性,基本掌握水上自救技能。

九、房屋建筑工程

（一）基本安全要求

（1）房屋建筑工程施工应建立健全安全生产责任制度和施工现场安全技术档案。

（2）施工人员应进行安全生产教育培训，考试合格后方可上岗作业。特殊作业人员还应经过专业技术培训及考核合格后持证上岗，并定期进行体格检查。

（3）进入施工现场应正确佩戴安全帽。

（4）凡在坠落高度基准面 2 m 及 2 m 以上，无法采取可靠防护措施的高处作业人员必须正确使用安全带，安全带的选用应符合国家现行标准《安全带》（GB 6095—2009）的有关规定。

（5）施工前应编制施工组织设计，对危险性较大的分部、分项工程应制订专项安全技术方案。经主管技术部门审批后方可实施。

（6）对重大危险源应进行识别和评价，制定重大危险源控制措施。施工现场应编制生产安全事故应急预案，成立应急救援组织，配备应急救援器材和物资，定期进行演练。

（7）施工前，应进行安全技术交底，落实安全技术措施和安全防护用品。安全技术交底应有交底时间、交底内容。交底人和被交底人应签字齐全。

（8）施工现场应有排水措施，不积水。主要道路路面应做硬化处理。

（9）现场材料、构件等应按平面布置图及有关规定码放；大模板堆放场地应平整夯实，周围设置围栏进行围挡，模板应摆放整齐、稳定。无支撑的大模板应存放在专门设计的插放架内。清理模板和刷隔离剂时应将模板支撑牢固，两模板间距不小于 600 mm。

（10）施工材料的采购、存放、使用应符合防火标准，易燃易爆物品和各种气瓶应分类存放，库房应通风良好；各种设施符合防爆要求。

（11）施工现场应有安全标识布置图，按规定布置安全警示牌。

（12）施工现场作业区、办公区和生活区应有明显划分，办公区和生活区应整齐、美观并根据实际条件进行绿化。

（13）电工、电气焊工从事电气设备安装和电、气焊切割作业，应有用火证，并配备看火人员和灭火器具。

（14）施工现场严禁吸烟，宿舍内不应卧床吸烟。严禁工程中明火保温施工及宿舍内明火取暖。一切取暖设施应符合防火和防煤气中毒要求。

（二）施工现场安全防护

（1）施工现场应实行封闭管理。在作业区域四周应设置高度不低于 1.8 m 的坚固、严密、整洁的围挡。围挡墙边严禁堆物。在建筑物外侧应采用密目式安全立网进行全封闭围护。

（2）工地应设置固定的出入口，大门及门柱应美观、牢固，大门上应有企业标识。大门明显处应设置工程概况及管理人员名单和监督电话标牌。

（3）施工大门内应有施工现场总平面图以及安全生产、消防保卫、环境保护、文明施工制度牌。

（4）施工现场应建立保卫、治安、消防制度，动火审批制度和危险化学、易燃易爆物品的管理办法。

(5)施工现场应按规定建立保卫、消防组织,配备保卫、消防人员,并应经过专业培训和定期组织进行演练。

(6)施工现场应按照总平面图划分防火责任区,根据作业条件合理配备灭火器材,并在明显处设置防火警示标志。

(7)施工现场应设置临时消防车道,宽度不应小于3.5 m,禁止在临时消防车道上堆物堆料或挤占临时消防车道。

(8)攀登与交叉作业的安全防护要求。

①用于登高和攀登的设施应在施工组织设计中确定,攀登用具必须安全可靠。

②梯子不应垫高使用。梯脚底部应有防滑措施,上端应有固定措施。折梯使用时,应有可靠的拉撑措施。凳上操作时,单凳只准站一人,双凳搭脚手板,宽度不应少于500 mm,两凳间距不超过2 m,高凳上不应站人。

③作业人员应从规定的通道上下,不应任意利用升降机架体等施工设施进行攀登。

④交叉施工作业时,应当制定相应的安全措施并指定专职人员进行检查与协调。

⑤交叉施工不宜上下在同一垂直方向上作业。下层作业的位置,宜处于上层高度可能坠落半径范围以外,当不能满足要求时,应设置安全防护层。

⑥进行拆除作业(如钢模板、脚手架等)时,上面拆除时下面不应同时进行清整。物料临时堆放处应离楼层边沿不应小于1 m。

⑦建筑物的出入口、升降机的上料口等人员集中处的上方,应设置防护棚。防护棚顶应满铺不小于50 mm厚的脚手板;通道两侧用密目网封闭;防护棚高度不应小于3 m;当建筑外侧面临街道时,除建筑立面采取密目式安全立网封闭外,还应在临街段搭设防护棚和设置安全通道。

⑧设置悬挑物料平台应按现行的相关规范进行设计,不应以任何形式将物料平台与脚手架、模板支撑进行连接。

(9)防水、油漆及有毒材料的安全防护要求。

①防水施工应编制专项方案,由具有资质的专业队伍施工。

②施工过程中,应由专人负责,并配备灭火器具。

③调制、操作有毒性的或挥发性强材料的施工现场,应通风良好,操作人员不应赤脚或穿短袖衣服进行作业,应将裤脚、袖口扎紧,接触有毒材料时应戴口罩。

④使用喷灯时,加油不应过满,打气不应过足,使用的时间不宜过长,点火时火嘴不应朝向人。

⑤油漆和其他易燃、有毒材料,应存放在专用库房内,不应与其他材料混放。

⑥施工过程中,当感到头痛、恶心、心闷或心悸时,应立即停止作业,到室外呼吸新鲜空气。

(三)基础施工

(1)基础及槽、坑、沟土方开挖前,应查明施工范围内周边环境及荷载情况,包括地下各种管线、道路距离及影响范围内建筑物类型等情况,并制定保护措施。

(2)施工前应具备完整的岩土工程勘查报告及设计文件。

(3)雨季施工期间基坑周边应有良好的排水系统和设施。

(4)危险处和通道及行人过路处开挖的槽、坑、沟,应采取有效的防护措施,防止人员坠落。夜间应设红色标志灯。

(5)基坑工程应贯彻先设计后施工,先支撑后开挖,边施工边监测,边施工边治理的原则。

(6)基坑工程的设计和施工必须遵守相关规范,深基工程或地质条件和周边环境及地下管线等极其复杂的工程,应编制专项施工安全技术方案,并经主管部门审批。

(7)应加强基坑工程的监测和预报工作,包括对支护结构、周围环境及对岩土变化的监测,应通过监测分析及时预报并提出建议,做到信息化施工。

(8)土方开挖作业安全要求。

①土方开挖应根据施工组织设计或开挖方案进行,开挖应自上而下进行。严禁先挖坡脚。

②开挖放坡坡度应满足其稳定性要求。开挖深度超过 1.5 m 时,应根据图纸和深度情况按规定放坡或加可靠支撑,并设置人员上下坡道或爬梯,爬梯两侧应用密目网封闭。当深基坑施工中形成立体交叉时,应合理布局基位、人员、运输通道,并设置防止落物伤害的保护层。

③槽、坑、沟边 1 m 以内不应堆土、堆料,不应停放机械。

④基坑开挖深度大于相邻建筑的基础深度时,应保持一定距离或采取边坡支撑加固措施,并进行沉降和移位观测。

⑤施工中若发现古墓、地下管道或不能辨认的物品,应停止施工,保护现场,并立即报告施工负责人。

⑥挖土机作业的边坡应验算其稳定性,当不能满足时,应采取加固措施;在停机作业面以下挖土应选用反铲或拉铲作业,当使用正铲作业时,挖掘深度应严格按其说明书规定进行。有支撑的基坑使用机械挖掘时,应防止作业中碰撞支撑。

⑦配合挖土机作业的人员,应在其作业半径以外工作,当挖土机停止回转并制动后,方可进入作业半径内工作。

⑧开挖至坑底标高后,应及时进行下道工序基础工程施工,减少暴露时间,若不能立即进行下道工序施工,应预留 300 mm 厚的覆盖层。

⑨从事爆破工程设计、施工的企业应取得相关资质证书,按照批准的可经营范围并严格遵照爆破作业的相关规定进行。

(9)基坑支护应符合下列要求:

①支护结构的选型应考虑结构的空间效应和基坑特点,选择有利于支护的结构形式或采用集中形式相结合。

②采用悬臂式结构支护时,基坑深度不宜大于 6 m。基坑深度超过 6 m 时,可选用单支点和多支点的支护结构。地下水位低的地区和能保证降水施工时,也可采用土钉支护。

③寒冷地区基坑设计应考虑土体冻胀力的影响。

④支撑安装应按设计位置进行,施工过程中严禁随意变更,并应切实使围檩与挡土桩墙结合紧密。挡土板或板桩与坑壁间的回填土应分层回填夯实。

⑤支撑的安装和拆除顺序必须与设计工况相符合,并与土方开挖和主体工程的施工顺序相配合。分层开挖时,应先支撑后开挖;同层开挖时,应边开挖边支撑;支撑拆除前,应采取换撑措施,防止边坡卸载过快。

⑥钢筋混凝土支撑的强度必须达设计要求(或达75%)后,方可开挖支撑面以下土方;钢结构支撑必须严格控制材料检验和保证节点的施工质量,严禁在负荷状态下进行焊接。

⑦应合理布置锚杆的间距与倾角,锚杆上下间距不宜小于2.0 m,水平间距不宜小于1.5 m;锚杆倾角宜为15°~25°,且不应大于45°,最上一道锚杆覆土厚度不应小于4 m。

⑧锚杆的实际抗拔力除经计算外,还应按规定方法进行现场试验后确定。可采取提高锚杆抗力的二次压力灌浆工艺。

⑨采用逆做法施工时,要求其外围结构必须有自防水功能。基坑上部机械挖土的深度,应按地下墙悬臂结构的应力值确定;基坑下部封闭施工,应采取通风措施;当采用电梯间作为垂直运输的井道时,对洞口楼板的加固方法应由工程设计确定。

⑩采用逆做法施工时,应合理地解决支撑上部结构的单柱单桩与工程结构的梁柱交叉及节点构造并在方案中预先设计,当采用坑内排水时必须保证封井质量。

(10)桩基施工作业安全要求。

①桩基施工应按施工方案要求进行。打桩作业区应有明显标志或围栏,作业区上方应无架空线路。

②预制桩施工桩机作业时,严禁吊装、吊锤、回转、行走动作同时进行;桩机移动时,必须将桩锤落至最低位置;施打过程中,操作人员必须距桩锤5 m以外监视。

③沉管灌注桩施工,在未灌注混凝土和未沉管以前,应将预钻的孔口盖严。

④人工挖孔桩施工作业安全要求。

A. 各种大直径桩的成孔,应首先采用机械成孔。当采用人工挖孔或人工扩孔时,必须制定防坠人、落物、坍塌、人员窒息等安全措施。经上级主管部门批准后方可施工。

B. 应由具有相应资质的单位,熟悉人工挖孔桩施工工艺、遵守操作规定和具有应急监测自防护能力的专业施工队伍施工。

C. 开挖桩孔应自上而下逐层进行,挖一层土及时浇筑一节混凝土护壁。第一节护壁应高出地面300 mm。

D. 距孔口顶周边1 m搭设围栏。孔口应设安全盖板,当盛土吊桶自孔内提出地面时,必须将盖板关闭孔口后,再进行卸土。孔口周边1 m范围内不应有堆土和其他堆积物。

E. 提升吊桶的机构的传动部分及地面扒杆应牢靠,制作、安装应符合施工设计要求。人员不应乘盛土吊桶上下,必须另配钢丝绳及滑轮并有断绳保护装置,或使用安全爬梯上下。

F. 孔内应设半圆形防护板,随挖掘深度逐层下移。吊运物料时,作业人员应在防护板下面工作。

G. 下井作业前应检查井壁和抽样检测井内空气,确认安全后方可下孔作业,作业区域通风应良好。严禁用纯氧进行通风换气。

H. 井内照明应采用安全矿灯或12 V防爆灯具。桩孔较深时,上下联系可通过对讲机等方式,地面不应少于2名监护人员。井下作业人员,连续工作时间不应超过2 h。

I. 挖孔完成后,应当天验收,并及时将桩身钢筋笼就位和浇筑混凝土。正在浇筑混凝土的桩孔周围10 m半径内,其他桩不应有人作业。

(11)基坑工程施工应采取排水、降水措施,防止地下水渗入基坑及积水泡槽。

(12)雨季施工期间,基坑四周边缘应挖排水沟或砌挡水墙。基坑内设置明沟和集水井,以排除暴雨和其他突然而来的明水倒灌,基坑边坡视需要可覆盖塑料布抹水泥面等防水措施,封闭坡顶及坡面,防止各种水流(渗)入坑壁。不应向基坑边缘倾倒各种废水并应防止水管泄水冲走桩间土。

(13)软土基坑、高水位地区应做截水帷幕,防止单纯降水造成基土流失。

(14)截水结构的设计,必须根据地质、水文资料及开挖深度等条件进行,截水结构必须满足隔渗质量,且支护结构必须满足变形要求。

(15)在降水井点与重要建筑物之间宜设置回灌井(回灌沟),在基坑降水的同时,应沿建筑物地下回灌,保持原地下水位,或减缓降水速度,控制地面沉降。

(16)降水井点的井口,必须设牢固的防护盖板和警示标志。完工后,必须将井回填。

(四)墙体施工

1. 砖墙砌筑作业安全要求

(1)砌筑砖墙的脚手架,以离开墙面 12 ~ 15 cm 为宜。外脚手的横杆不应搭在墙体上和门窗过梁上,脚手板应铺满、铺稳、钉牢,不应有探头。

(2)在脚手架上堆砖,每平方米不应超过 300 kg;堆料高度应根据脚手架宽度和堆料稳定性加以控制。

(3)砌筑时应检查砖、砂浆和其他材料的布置是否符合安全规定。在采光不足的房间内砌墙应有足够的照明。

(4)砌墙高度超过 4 m 时, 必须在墙外搭设能承受 160 kg 荷重的安全网或防护挡板。多层建筑应在二层和每隔四层设一道固定的安全网。同时,再设一道随施工高度提升的安全网。

(5)砖应在进工作面前预先浇水,湿透,不应在基槽边、架子上大量浇水。

(6)用于垂直提升的吊笼、滑车、绳索、卷扬机等,必须满足负荷要求,完好无损;吊运时不应超载,并须经常检查,发现问题及时修理。

(7)当墙基、墙体需要拆除返工时,应先提出施工措施,在确保安全的情况下,方可施工。

2. 其他砌体砌筑作业安全要求

1)块石砌体施工作业安全要求

(1)砌筑前,应对基础进行检查,发现裂缝或不均匀沉陷,须经过处理后再砌筑。

(2)砌筑底层石块应大面向下,其余各层应利用自然形状互相啮合,上下层要互相错缝,内外要搭接,以策安全。

(3)用料石砌筑门、窗过梁等石拱时,必须先行支模,并认真检查拱模各部支撑是否牢固,然后由拱脚两端向中间对称砌筑,以防拱模压塌伤人。

(4)用锤打石前,应检查铁锤有无破裂,锤柄是否安装牢固;应看清附近情况有无危险,以免伤人。

(5)在墙顶或支架上不应修凿石料,以免震动墙体或片石掉下伤人。

(6)上墙的料石不应徒手移动,以防压破或擦伤手指。

(7)墙体高度超过胸部后,不应勉强进行砌筑。

(8)石块不应往下抛掷,上下运石时,脚手板要钉绑牢固,并钉防滑条及扶手栏杆。

2)砌块砌体施工作业安全要求

(1)运输砌块前,应对各种起重机具设备、绳索、夹具、临时脚手架等认真进行检查。

(2)起吊时,若发现有破裂且有脱落危险的砌块,严禁起吊。

(3)安装砌块时,不应站在墙身上进行操作。

(4)在楼板上卸砌块时,应尽量避免冲击。在楼板上放置砌块的重量,不应超过楼板的允许承载力。

(5)在房屋的外墙四周,应设置牢靠的安全网。屋檐下最高层安全网,在屋面工程未完工前,不应拆除。

(6)在砌块吊装的垂直下方不应进行其他操作。

(7)冬季施工时,应在班前清除附着在机械、脚手板和作业区内的积雪、冰霜。严禁起吊和其他材料冻结在一起的砌体和构件。

(8)台风季节对墙上已就位的砌块必须立即进行灌缝。及时盖上楼板,对未加盖楼板的,应用支撑加固。

3. 装配式墙板吊装作业安全要求

(1)凡有门、窗洞口的墙板,在脱模起吊前,必须将洞口内的积水和漏进的砂浆、混凝土等清除干净,否则不应起吊。

(2)墙板构件脱模起吊前,应将外露的插筋弯起,避免伤人。

(3)第二层在结构吊装完成以后,必须搭设安全网,并随楼层逐层提升,不应隔层提升。安全网挑出宽度不应小于 2.5 m。在有吊装机械的一侧,最小宽度不应小于 1.5 m。

(4)非定型的吊具和索具均应验算,符合有关规定后才能使用。

(5)吊装机械的起重臂和吊运的构件,与高低压架空输电线路之间的安全距离应遵守表 6-1 的规定。

表 6-1　机械最高点与高压线间的最小垂直距离

线路电压(kV)	<1	1 ~ 20	35 ~ 110	154	220	330
机械最高点与线路间的垂直距离(m)	1.5	2	4	5	6	7

(6)塔式起重机轨道尽端 1 m 处,应设止挡装置,防止出轨。距端部止挡 2 ~ 3 m 处,应设行程限位开关。轨道必须有完善的接地装置。搭机应安装夹轨器,停机或大风时应将行走轮夹牢,并加防动卡具。

(7)吊装机械在工作中,严禁重载调幅(性能允许的除外)。墙板构件就位时,不应挤压带电线路,以防触电。

(五)楼盖板施工

1. 预制空心楼板安装作业安全要求

(1)安装空心楼板,必须保证其在墙上的搁置长度,两端必须垫实。

(2)用兜索吊装空心楼板时,兜索应对称设置。吊索与楼板的夹角应大于 60°,起吊后应保持水平,稳起稳落。

(3)用杠杆车或其他土法安装空心楼板时,应按规定设置吊点和支垫点,以防楼板断裂,发生事故。

(4)楼板上的预留孔,安装后应立即覆盖或设置明显的标志。

(5)预制楼板就位固定后,应及时将吊环割除或打弯。

2. 框架结构安装作业安全要求

(1)构件在运输中应固定牢靠,以防中途倾倒。对于重心高、支撑面窄的构件应用支架固定。

(2)堆放构件的地面应平整坚实,排水良好,以防构件因地面下沉而产生裂缝、变形或倾倒伤人。

(3)构件的支垫位置和支垫数量,应按设计图放置。图中无规定者,应进行验算。

(4)起重机起钩时,应放松回转刹车,以使吊钩滑车组保持垂直状态。

(5)用两台起重机抬吊构件时,必须统一指挥,并应尽量选用同一类型的起重机;各起重机的载荷不宜超过其安全起重量的 80%。严禁起重机几个动作同时进行。

(6)使用轴销卡环吊构件时,卡环主体和销子必须系牢在绳扣上,并应将绳扣收紧,严禁在卡环下方拉销子。

(7)引柱子进杯口,撬棍应反撬。临时固定柱子的楔子每边需两只,松钩前应敲紧。

(8)无缆风校正柱子应随吊随校,但偏心较大、细长、杯口深度不足柱子长度的 1/20 或不足 60 cm 时,严禁无缆风校正。

(9)严禁将物体放在板形构件上起吊。

(10)吊装不易放稳的构件,应用卡环,不应用吊钩。

3. 现浇混凝土楼板作业安全要求

(1)支拆模板、绑扎钢筋和浇筑混凝土,必须遵守支模工、钢筋工和混凝土工的安全技术操作规程。

(2)支拆楼板满堂模板,应搭设工作台与脚手架。当局部架子高度不够时,不应在架子上搭梯凳,必须再搭架子。

(3)凡腐朽、扭弯或劈裂较大的木材,不应用作承重的模板支柱。模板支柱应用支撑连接稳固。

(4)楼层超过 4 m 及两层以上者,周围应设安全网或支搭脚手架。加设护身栏杆。

(5)支模的立柱接头每根不应超过两个,接头可用双面夹板钉接。采用双层支柱时,必须先将下层固定后再支上层。上下要垂直对正,并加钉斜撑,以防倒塌。

(6)楼板的预留孔洞,应加盖板或挂安全网。

(7)楼板模板须在混凝土达到设计规定强度后,方可拆除。

(8)在绑扎好钢筋的梁、板仓面上,不应走人,需要走时,应铺踏脚板。

(9)浇筑圈梁、挑檐、阳台、雨篷等混凝土时,外部应设置安全网或采取其他防护措施。

(10)用草帘或草袋覆盖混凝土养护时,对所有的孔井应设标志或加盖板,养护时围栏不应随便挪动。

(11)绑扎柱子钢筋时,应站在高凳上或架子上操作,不应站在箍筋上作业。

(12)浇筑框架结构梁柱混凝土时,应搭设临时脚手架并设防护栏。不应站在模板或支撑上操作。

（六）屋面施工

1. 屋架安装作业安全要求

（1）木屋架应在地面拼装，必须在上面拼装的应连续进行，中断时，应设临时支撑。

（2）屋架就位后，应及时安装脊檩、拉杆或临时支撑。

（3）吊运材料所用索具必须良好，绑扎要牢固。

（4）屋架起吊后，应连续安装，中途不应休息或停工。

（5）木屋架吊装就位，校正完毕后，应立即将两端锚固螺栓的螺母拧紧。第一榀屋架安装定位后，应用缆风绳绑扎牢固，以后的屋架应随吊装随用桁条、支撑连接稳固。

（6）钢屋架吊装就位、校正完毕后，应立即与支承屋架的结构焊接或锚固。在未焊接或锚固前，不应脱钩。

（7）没有安全防护设施，严禁在屋架的上弦、支撑、桁条、挑架的挑梁和未固定的构件上行走或作业。

2. 屋面铺设作业安全要求

（1）屋面材料的垂直运输，应尽量采用提升机具，在屋面上传瓦要密切配合，防止失手掉落伤人。

（2）在屋面坡度大于 25°时，挂瓦必须使用移动板梯，板梯必须有牢固的挂钩。没有外架子时，檐口应搭防护栏杆和防护立网。

（3）屋面上瓦应两坡同时进行，保持屋面受力均衡，瓦要放稳。不应在行条、瓦条上行走。

（4）在没有望板的屋面上安装石棉瓦，应在屋架下弦设安全网或其他安全设施，并使用有防滑条的脚手板。不应在石棉瓦上行走。

（5）屋面铺贴卷材，四周应设置 1.2 m 高围栏，靠近屋面四周沿边应侧身操作。

（6）在屋面上摊铺油毡时，应随铺随钉压条。钉挂瓦条时，应从下往上顺序钉牢。

（7）装运沥青，不应采用锡焊的桶、壶等容器。盛装量不得超过容器的 3/4。肩挑或用手推车时，道路要平坦，绳具要牢固，吊运时垂直下方不应有人。

（8）冬季施工应有防滑措施，屋面的积雪、霜冻，在工作前必须清除干净。

（七）装修及附属设备施工

1. 抹灰、粉刷作业安全要求

（1）在有高大窗户的室内抹灰前，应将窗扇关闭并插好插销。

（2）室内顶棚掳灰线抹白灰时，要慎防灰浆掉入眼内。

（3）不应在门窗、暖气片、洗脸池等器物上搭设脚手板。阳台部位粉刷，外侧必须挂设安全网，严禁踩踏脚手架的护身栏杆和在阳台栏板上进行操作。

（4）为外檐装修抹灰，所搭的架子必须设有防护栏杆和挡脚板。

（5）室内抹灰使用的木凳、金属支架应搭设平稳牢固，脚手板跨度不应大于 2 m。架上堆放材料不应过于集中，存放砂浆的灰槽要放稳。在同一跨度内不应超过两人。

（6）在屋面上抹灰时，檐口应设有高出屋面的防护栏杆（坡顶 1.5 m、平顶 1 m）。

（7）喷灰、喷涂时所用机械的压力表、安全阀应灵敏可靠，输浆管各部接头应拧紧卡牢，管路摆放顺直，避免折弯。

（8）输浆应严格按照规定压力进行。管路堵塞时，应卸压检修。

(9)贴面使用的预制件、大理石、瓷砖等,应堆放整齐平稳。边用边运,安装要稳拿稳放。待灌浆凝固稳定后,方可拆除临时支撑。

(10)使用磨石机,应戴绝缘手套,穿胶靴,电源线不应破皮漏电;金刚砂块安装必须牢固,经试运转正常,方可操作。

2. 油漆、玻璃作业安全要求

(1)各类油漆和其他易燃、有毒材料,应存放在专用库房内,不得与其他材料混放。库房应配备有消防器材。

(2)用过的沾染油漆的棉纱、破布、油纸等不应随意乱丢,应收集存放在有盖的金属容器内,并及时处理。

(3)调制、操作有毒性的或挥发性强的材料时,必须根据材料性质佩戴相应的防护用品。室内要保持通风或经常换气,严禁吸烟、饮食。

(4)使用喷灯,加油不应过满,打气不应过足,使用的时间不宜过长,点火时火嘴不应对人。

(5)使用喷浆机,应经常检查胶皮管有无裂缝,接头是否松动。手上沾有浆水时,不应开关电闸,以防触电。喷嘴堵塞,疏通时不应对人。

(6)在坡度大的屋面上刷油,应设置活动板梯、防护栏杆和安全网;刷外开窗扇,必须系安全带并挂在牢固的地方。

(7)刷封檐板、水落管或外檐喷漆,应搭设脚手架或经过设计的吊架。

(8)玻璃拆箱后,带钉板应集中堆放,防止扎脚,配裁玻璃的边角余料应集中放置。已配好的玻璃应堆放稳固。

(9)裁好的厚花玻璃,应将毛边磨光,铅丝玻璃裁完后应磨边并用钳子将铅丝扳倒。

(10)玻璃钻孔、磨砂、刻花使用喷灯或酸类化学药剂时,必须按规定佩戴防护用品。

(11)安装玻璃时,不应踩在窗框上操作;不应将梯子靠在装好的玻璃上。

3. 附属设备安装作业安全要求

(1)使用高凳或梯子安装水暖器料时,高凳、梯子应装有防护装置。

(2)金属管需过火调直或煨弯时,应先检查管膛,若有爆炸物或其他危险品,必须清除。装砂煨弯时,砂子应炒干,以防爆炸。

(3)剔槽打洞作业,在管洞即将打透时,须缓慢轻打。楼板打洞时,应注意在下方作业人员的安全。

(4)上水管采用托吊安装前,必须先将吊卡、托架安装牢固,并必须将管道装入托架或吊卡内紧固后,再行捻口连接,不应用绳索或其他材料临时捆扎进行捻口连接。

(5)敷设地下管道前,必须检查管沟,不应有塌方现象。向沟内下放管道时,沟内不应有人。在管沟两边沿 1 m 以内,不应堆放零件或其他材料。必要时,应有排水设施。

(6)安装黑白铁管道,高度超过 2.5 m 时,必须搭设架子、天棚干管,在吊顶后安装时,必须先铺好通道,不应在木楞、龙骨或板条上行走。

(7)立管应由下往上安装。装后应立即予以固定。支管安装后,不应施加任何外来压力,以防移动或折断。

(八)施工机械

(1)施工机具运到施工现场,必须经检查验收确认符合要求,并在明显部位悬挂安全操作规程及设备负责人标牌后,方可使用。

(2)用电设备的金属外壳、基座除必须与 PE 线连接外,且必须在设备负荷线的首端处装设漏电保护器。对产生振动的设备其金属基座、外壳与 PE 线的连接点不应少于两处。

(3)每台用电设备必须设置独立专用的开关箱,必须实行“一机一闸”并按设备的计算负荷设置相匹配的控制电器。

(4)施工现场的木工、钢筋、混凝土、卷扬机、空气压缩机必须搭设防砸、防雨的操作棚。开关箱与机械的水平距离不应超过 3 m,其电源线路应穿管固定。操作及分、合闸时应能看到机械各部位工作情况。

(5)现场机械设备严禁带“病”作业,运行中禁止保养。操作人员离机或作业中停电,必须切断电源。

(6)各种设备应按规定装设符合要求的安全防护装置。

(7)操作人员应专人专机,并按规定穿戴劳动保护用品。

(8)作业人员应按机械保养规定做好各级保养工作。机械运转中不应进行维护保养。

(9)移动式电动机具、机械的扶手应有绝缘防护,负荷线应采用橡皮护套铜芯软电缆,操作人员必须按规定穿戴绝缘用品。

(10)将潜水泵放入水中或提出水面时,必须先切断电源,严禁拉拽电缆或出水管。

(11)机动翻斗车司机应持有特种作业人员合格证。行车时必须将料斗锁牢,严禁料斗内载人。在坑边卸料时,应设置安全挡块,接近坑边时应减速行驶。司机离机时,应将内燃机熄火,并挂挡、拉紧手制动器。

(12)焊接设备的作业安全要求。

①点焊机应放在通风良好、干燥、无腐蚀介质、远离高温和多粉尘的地方,露天放置应有防雨设施。

②点焊机必须设置单独电源开关,自动断电装置。一次侧电源线长度不应超过 5 m,二次焊把线长度不大于 30 m,两侧接线柱连接牢固,必须装有可靠防护罩。

③焊接电缆应使用防水橡皮护套多股铜芯软电缆,且无接头。电缆经过通道和易受损伤场所时必须采取保护措施。严禁使用脚手架,金属栏杆、钢筋等金属物搭接代替导线使用。

④焊接场所应通风良好,不应有易燃易爆物,否则应予以清除或采取防护措施。

⑤氧气瓶距明火应大于 10 m,与乙炔瓶距离不应小于 5 m,瓶内气体不应全部用尽,应留有 0.1 MPa 以上的余压。

⑥气焊、气割应使用专用胶管,不应通入其他气体和液体,两根胶管不应混用(氧气胶管为红色,乙炔胶管为黑色)。

⑦氧气瓶和乙炔瓶应装有减压器,使用前应进行检查,不应有松动、漏气、油污等。

(13)垂直运输机械的作业安全要求。

①垂直运输机械的安装及拆卸,应由具备相应承包资质的专业人员进行,其工作程序应严格按照原机械图纸及说明书规定,并根据现场环境条件制订安全作业方案。

②转移工地重新安装的垂直运输机械,在交付使用前,应按有关标准进行试验、检验并对各安全装置的可靠度及灵敏度进行测试,确认符合要求后方可投入运行。试验资料应纳入该设备安全技术档案。

③起重机的基础必须能承受工作状态下的和非工作状态下的最大载荷，并应满足起重机稳定性的要求。

④除按规定允许载人的施工升降机外，其他起重机严禁在提升和降落过程中载人。

⑤起重机司机及信号指挥人员应经专业培训、考核合格并取得有关部门颁发的操作证后，方可上岗操作。

⑥每班作业前，起重机司机应对制动器、钢丝绳及安全装置进行检查，各机构进行空载运转，发现不正常时，应予排除。

⑦起重机司机开机前，必须鸣铃示警。

⑧必须按照垂直运输机械出厂说明书规定的技术性能、使用条件正确操作，严禁超载作业或扩大使用范围。

⑨起重机处于工作状态时，严禁进行保养、维修及人工润滑作业。当需进行维修作业时，必须在醒目位置挂警示牌。

⑩作业中起重机司机不应擅自离开岗位或将起重机交给非本机的司机操作。工作结束后应将所有控制手柄扳至零位，断开主电源，锁好电箱。

⑪维修更换零部件应与原垂直运输机械零部件的材料、性能相同；外购件应有材质、性能说明；材料代用不应降低原设计规定的要求；维修后，应按相关标准要求试验合格；机械维修资料应纳入该机设备档案。

十、拆除工程

（一）基本安全要求

（1）拆除工程在施工前，施工单位应对拆除对象的现状进行详细调查，编制施工组织设计，经合同指定单位批准后，方可施工。

（2）拆除工程在施工前，应对施工作业人员进行安全技术交底。

（3）拆除工程的施工应根据现场情况，设置围栏和安全警示标志，并设专人监护，防止非施工人员进入拆除现场。

（4）拆除工程在施工前，应将电线、瓦斯管道、水道、供热设备等干线通向该建筑物的支线切断或者迁移。

（5）工人从事拆除工作时，应站在脚手架或者其他稳固的结构部分上操作。

（6）拆除时应严格遵守自上至下的作业程序，高空作业应严格遵守登高作业的安全技术规程。

（7）在高处进行拆除作业，应设置流放槽（溜槽），以便散碎废料顺槽流下。拆下较大的或者过重的材料，要用吊绳或者起重机械稳妥吊下或及时运走，严禁向下抛掷。拆卸下来的各种材料要及时清理。

（8）拆除旧桥（涵）时，应先建好通车便桥（涵）或渡口。在旧桥的两端应设置路栏，在路栏上悬挂警示灯，并在路肩上竖立通向便桥或渡口的指示标志。

（9）拆除吊装作业的起重机司机，应严格执行操作规程。信号指挥人员应按照《起重吊运指挥信号》（GB 5082—1985）的有关规定作业。

（10）应按照现行国家标准的规定，设置相关的安全标志。

（二）建（构）筑物（含房屋混凝土结构、桥梁、施工支护等）拆除

（1）采用机械或人工方法拆除建筑物时，应严格遵守自上而下的作业程序进行，严禁数层同时拆除。当拆除某一部分时，应防止其他部分发生坍塌。

（2）采用机械或人工方法拆除建筑物时不宜采用推倒方法，遇有特殊情况必须采用推倒方法时，应符合下列要求：

①砍切墙根的深度不能超过墙厚的1/3，墙的厚度小于两块半砖时，不应进行掏掘。

②为防止墙壁向掏掘方向倾倒，在掏掘前应有可靠支撑。

③建筑物推倒前，应发出警示信号，待全体工作人员避至安全地带后，才能进行。

（3）采用人工方法拆除建筑物的栏杆、楼梯和楼板等，应和整体拆除进程相配合，不能先行拆除。建筑物的承重支柱和横梁，要等待它所承担的全部结构拆掉后才可以拆除。

（4）用爆破方法拆除建筑物部分结构时，应该保证其他结构部分的良好状态。爆破后，如果发现保留的结构部分有危险征兆，要采取安全措施后，才能进行工作。

（5）拆除建筑物时，楼板上不应有多人聚集和堆放材料。

（6）拆除钢（木）屋架时，应采用绳索将其拴牢。待起重机吊稳后，方可进行气焊切割作业。吊运过程中，应采用辅助绳索控制被吊物处于正常状态。

（7）建筑基础或局部块体宜采用静力破碎方法进行拆除。当采用爆破法、机械法和人工方法拆除时，应参照本章有关的规定执行。

①采用静力破碎作业时，操作人员应戴防护手套和防护眼镜。孔内注入破碎剂后，严禁人员在注孔区行走，并应保持一定的安全距离。

②严禁静力破碎剂与其他材料混放。

③在相邻的两孔之间，严禁钻孔与注入破碎剂施工同步进行。

④拆除地下构筑物时，应了解地下构筑物情况，切断进入构筑物的管线。

⑤建筑基础破碎拆除时，挖出的土方应及时运出现场或清理出工作面，基坑边沿1 m内严禁堆放物料。

⑥建筑基础暴露和破碎时，发生异常情况，应即时停止作业。查清原因并采取相应措施后，方可继续施工。

（8）拆除旧桥（涵）时，应先拆除桥面的附属设施及挂件、护栏，宜采用爆破法、机械法和人工的方法进行桥梁主体部分的拆除。拆除时，应遵照本章有关的规定执行。

（9）钢结构桥梁拆除应按照施工组织设计选定的机械设备及吊装方案进行施工。不应超负荷作业。

（10）施工支护拆除作业安全要求。

①喷护混凝土拆除时，应自上至下、分区分段进行。

②用镐凿除喷护混凝土时，应并排作业，左右间距应不少于2 m，不应面对面使镐。

③用大锤砸碎喷护混凝土时，周围不应有人站立或通行。锤击钢钎，抡锤人应站在扶钎人的侧面，使锤者不应戴手套，锤柄端头应有防滑措施。

④风动工具凿除喷护混凝土作业安全要求。

A. 各部管道接头应紧固，不漏气；胶皮管不应缠绕打结，并不应用折弯风管的办法用作断气，也不应将风管置于胯下。

B. 风管通过过道，应挖沟将风管下埋。

C. 风管连接风包后要试送气，检查风管内有无杂物堵塞；送气时，要缓慢旋开阀门，不应猛开。

D. 风镐操作人员应与空压机司机紧密配合，及时送气或闭气。

E. 钎子插入风动工具后不应空打。

⑤利用机械破碎喷护混凝土时，应由专人统一指挥，操作范围内不应有人。

(三)临建设施拆除

(1)对大型设施中建筑物的拆除，应遵守建筑物拆除的有关安全要求。

(2)对有倒塌危险的大型设施拆除，应先采用支柱、支撑、绳索等临时加固措施；用气焊切割钢结构时，作业人员应选好安全位置，被切割物必须用绳索和吊钩等予以紧固。

(3)大型施工机械设备拆除作业安全要求。

①大型施工机械设备拆除，应制订切实可行的技术方案和安全技术措施。

②大型施工机械设备拆除现场，应具有足够的拆除空间，拆除空间与输电线路的最小距离应满足表6-2的规定。

表6-2　输电线路电压等级与建筑物的安全距离

输电线路电压(kV)	<1	1~10	35~110	154~220	330~550
最小安全操作距离(m)	4	6	8	10	15

③拆除现场的周围应设有安全围栏或色带隔离，并设警告标志。

④在拆除现场的工作设备及通道上方应设置防护棚。

⑤对被拆除的机械设备的行走机构，应有防止滑移的锁定装置。

⑥待拆的大型构件，应设有缆风绳加固，缆风绳的安全系数不应小于3.5，与地面夹角应在30°~40°。

⑦在高处拆除构件时，应架设操作平台，并配有足够的安全绳、安全网等防护用品。

⑧采用起重机械拆除时，应根据机械设备被拆构件的几何尺寸与重量，选用符合安全条件的起重设备。

⑨施工机械设备的拆除应遵守该设备维修、保养的有关规定，边拆除、边保养，连接件及组合面应及时编号。

(4)特种设备和设施(如门塔机、缆机等)的拆除，应遵守特种设备管理和特殊作业的有关规定。

(5)特种设备和设施的拆除应由有相应资质的单位和持特种作业操作证的专业人员来执行。

(四)围堰拆除

(1)围堰拆除一般应选择在枯水季节或枯水时段进行。特殊情况下，需在洪水季节或洪水时段进行时，应进行充分的论证。只有论证可行，并经合同指定单位批准后方可进行拆除。

(2)在设计阶段，应对必须拆除或破除的围堰进行专项规划和设计。

(3)围堰拆除前，施工单位应向有关方面获取以下资料：

①待拆除围堰的有关图纸和资料。

②待拆除围堰涉及区域的地上、地下建筑及设施分布情况资料。

③当拆除围堰建筑附近有架空线路或电缆线路时，应与有关部门取得联系，采取防护措施，确认安全后方可施工。

(4)施工单位应依据拆除围堰的图纸和资料，进行实地勘察，并应编制施工组织设计或方案和安全技术措施。

(5)围堰拆除应制订应急预案，成立组织机构，并应配备抢险救援器材。

(6)当围堰拆除对周围建筑安全可能产生危险时，应采取相应保护措施，并应对建筑内的人员进行撤离安置。

(7)在拆除围堰的作业中，应密切注意雨情、水情，若发现情况异常，应停止施工，并应采取相应的应急措施。

(8)机械拆除作业安全要求。

①拆除土石围堰时，应从上至下，逐层、逐段进行。

②施工中应由专人负责监测被拆除围堰的状态，并应做好记录。当发现有不稳定状态的趋势时，应立即停止作业，并采取有效措施，消除隐患。

③机械拆除时，严禁超载作业或任意扩大使用范围作业。

④拆除混凝土围堰、岩坎围堰、混凝土心墙围堰时，应先按爆破法破碎混凝土(或岩坎、混凝土心墙)后，再采用机械拆除的顺序进行施工。

⑤拆除混凝土过水围堰时，宜先按爆破法破碎混凝土护面，再采用机械进行拆除。

⑥拆除钢板(管)桩围堰时，宜先采用振动拔桩机拔出钢板(管)桩，再采用机械进行拆除。振动拔桩机作业时，应垂直向上，边振边拔，拔出的钢板(管)桩应码放整齐、稳固，应严格遵守起重机和振动拔桩机的安全技术规程。

(9)爆破法拆除作业安全要求。

①1~3级水利水电枢纽工程的围堰、堤坝和挡水岩坎的拆除爆破，设计文件除按正常设计外还应经过以下论证：

A. 爆破区域与周围建(构)筑物的详细平面图，爆破对周围被保护建(构)筑物和岩基影响的详细论证。

B. 爆破后需要过流的工程，应有确保过流的技术措施，以及流速与爆渣关系的论证。

②1~3级水利枢纽工程的围堰、堤坝和挡水岩坎需要爆破拆除时，宜在修建时就提出爆破拆除的方案或设想，收集必要的基础资料和采取必要的措施。

③从事围堰爆破拆除工程的施工单位，应持有爆破资质证书。爆破拆除设计人员应具有承担爆破拆除作业范围和相应级别的爆破工程技术人员作业证。从事爆破拆除施工的作业人员应持证上岗。

④围堰爆破拆除工程应根据周围环境条件、拆除对象类别、爆破规模，并应按照现行国家标准《爆破安全规程》(GB 6722—2014)分级，分级如表6-3所示。围堰爆破拆除工程施工组织设计应由施工单位编制并上报合同指定单位和有关部门审核，做出安全评估，批准后方可实施。

⑤1级、2级水利水电枢纽工程的围堰、堤坝和挡水岩坎的爆破拆除工程，应进行爆破振动与水中冲击波效应观测和重点被保护建(构)筑物的监测。

⑥采用水下钻孔爆破方案时，侧面应采用预裂爆破，并严格控制单响药量以保护附近建(构)筑物的安全。

表6-3　爆破工程分级

作业范围	分级计量标准	级别			
		A	B	C	D
岩土爆破	一次爆破药量 Q(t)	$100\leqslant Q$	$10\leqslant Q<100$	$0.5\leqslant Q<10$	$Q<0.5$
拆除爆破	高度 H(m)	$50\leqslant H$	$30\leqslant H<50$	$20\leqslant H<30$	$H<20$
	一次爆破药量	$0.5\leqslant Q$	$0.2\leqslant Q<0.5$	$0.05\leqslant Q<0.2$	$Q<0.05$
特种爆破	单张复合板使用药量 Q(t)	$0.4\leqslant Q$	$0.2\leqslant Q<0.4$	$Q<0.2$	

⑦用水平钻孔爆破时,装药前应认真清孔并进行模拟装药试验,填塞物应用木楔楔紧。

⑧围堰爆破拆除工程起爆,宜采用导爆管起爆法或导爆管与导爆索混合起爆法,严禁采用火花起爆方法,应采用复式网路起爆。

⑨为保护邻近建筑和设施的安全,应限制单段起爆的用药量。

⑩装药前,应对爆破器材进行性能检测。爆破参数试验和起爆网路模拟试验应选择安全部位和场所进行。

⑪在水深流急的环境应有防止起爆网路被水流破坏的安全措施。

⑫围堰爆破拆除的预拆除施工应确保围堰的安全和稳定。

⑬在紧急状态下,需要尽快炸开围堰、堤坝分洪时,可以由防汛指挥部直接指挥爆破工程的设计和施工,不必履行正常情况下的报批手续。

⑭围堰爆破拆除工程的实施应成立爆破指挥机构,并应按设计确定的安全距离设置警戒。

⑮围堰爆破拆除工程的实施除应符合本节的要求外,应按照现行国家标准《爆破安全规程》(GB 6722—2014)的规定执行。

(10)围堰拆除施工采用的安全防护设施,应由专业人员搭设。应由施工单位安全主管部门按类别逐项查验,并应有验收记录。验收合格后,方可使用。

第二节　爆破安全作业

一、石方爆破

(一)露天爆破施工技术

(1)在爆破危险区内有两个以上的单位(作业组)进行露天爆破作业时,应由有关部门和发包方组织各施工单位成立统一的爆破指挥部,指挥爆破作业。各施工单位应建立起爆掩体,并采用远距离起爆。

(2)同一区段的二次爆破,应采用一次点火或远距离起爆。

(3)松软岩土或砂床爆破后,应在爆区设置明显标志,并对空穴、陷坑进行安全检查,确认无塌陷危险后,方可恢复作业。

(4)露天爆破需设避炮掩体时,掩体应设在冲击波危险范围之外并构筑坚固紧密,位置和方向应能防止飞石和炮烟的危害;通达避炮掩体的道路不应有任何障碍。

(5)裸露药包爆破时应符合下列要求:

①在人口密集区,重要设施附近及存在气体、粉尘爆炸危险的地点,不应采用裸露药包爆破。

②裸露药包爆破,应使炸药与被爆体有较大接触面积,炸药裸露面用水袋或黄泥土覆盖,覆盖材料中不应含有碎石、砖瓦等容易产生远距离飞散的物质。

③安排裸露药包起爆顺序时,应保证先爆药包产生的飞石空气冲击波不致破坏后爆药包,否则应采取齐发爆破。

④除非采取可靠的安全措施,并经爆破工作负责人批准,否则不应将药包直接塞入石缝中进行爆破。

⑤在旋回、漏斗等设备、设施中的裸露包爆破,应在停电、停机状态下进行,并应采取相应的安全措施。

⑥在沟谷中及特殊气象条件下进行裸露爆破时,应考虑空气冲击波反射、绕射的影响,加大相应方向的安全距离。

(6)浅孔爆破时应符合下列要求:

①露天浅孔爆破宜采用台阶法爆破。

②在台阶形成之前进行爆破应加大警戒范围。

③采用导火索起爆、非电导爆管雷管秒延时起爆,应保证先爆炮孔不会显著改变后爆炮孔的最小抵抗线,否则应采用齐爆或毫秒延时爆破。

④装填的炮孔数量,应以一次爆破为限。

⑤在高坡和陡坡上不宜采用导火索点火起爆。

⑥露天采区二次爆破,起爆前应将机械设备撤至安全地点。

(7)深孔爆破时应符合下列要求:

①验孔时,应将孔口周围0.5 m范围内的碎石、杂物清除干净,孔口岩壁不稳者,应进行维护。

②水孔应使用抗水爆破器材。

③深孔验收标准应为:孔深为±0.5 m,间距为±0.3 m,方位角和倾角为±1°30′;发现不合格时应酌情采取补孔、补钻、清孔、填塞孔等处理措施。

④应采用非电导爆管雷管或导爆索起爆;采用地表延时非电导爆管网路时,孔内宜装高段位雷管,地表宜装低段位雷管。

⑤爆破工程技术人员在装药前应对第一排各钻孔的最小抵抗线进行测定,对形成反坡或有大裂隙的部位应考虑调整药量或间隔填塞。底盘抵抗线过大的部位,应及时进行清理,使其符合设计要求。

⑥爆破员应按爆破设计说明书的规定进行操作,不应自行增减药量或改变填塞长度;若确需调整,应征得现场爆破工程技术人员同意并做好变更记录。

⑦在装药和填塞过程中,应保护好起爆网路;若发生装药阻塞,严禁用钻杆捣捅药包。

(8)预裂爆破、光面爆破时应符合下列要求:

①临近永久边坡和堑沟、基坑、基槽爆破,应采用预裂爆破技术或光面爆破技术,并在主炮孔和预裂孔(光面孔)之间布设缓冲孔;运用该技术时,验孔、装药等应在现场爆破工程技

术人员指导监督下由熟练爆破员操作。

②预裂孔、光面孔应按照设计图纸的要求钻凿在一个布孔面上，钻孔偏斜误差不应超过1°。

③布置在同一平面上的预裂孔、光面孔，宜用导爆索连接并同时起爆，当环境限制单段药量时，也可以分段起爆。

④预裂爆破、光面爆破均应采用不耦合装药，缓冲炮孔可采用不耦合装药和间隔装药。若采用药串结构药包，在加工和装药过程中应防止药卷滑落；若设计要求药包装于孔轴线，则应使用专门的定型产品。

⑤预裂爆破、光面爆破都应按设计进行填塞。

(9)药壶和蛇穴爆破时应符合下列要求：

①扩壶爆破和药壶、蛇穴爆破，应由有经验的爆破员操作。

②扩壶时，应清除孔口附近的碎石、杂物。

③用硝铵类炸药扩壶，每次爆破后应等待15 min或满足设计确定的等待时间，才可重新装药；用导火索引爆扩壶药包时，导火索的长度应保证作业人员撤到50 m以外所需的时间；深孔扩壶时，不应向孔内投掷起爆药包；孔深超过5 m时，不应使用导火索引爆扩壶药包。

④扩壶完成后，应实测最小抵抗线及药壶间距，计算每个药壶的爆破方量和装药量，不应超量装药。

⑤蛇穴爆破应实测最小抵抗线，按松动爆破设计药量，每个蛇穴的装药量应控制在200 kg之内，并应按设计的位置和药量装药。

⑥药壶及蛇穴爆破，应严格按设计要求进行填塞。

⑦两个以上药壶爆破或蛇穴爆破，应采用齐发爆破或毫秒延时爆破；若用导火索起爆或秒延时雷管起爆，先爆药包不应改变后爆药包最小抵抗线的方向与大小。

⑧起爆网路连接应由有经验的爆破员和爆破工程技术人员进行，并经现场爆破和设计负责人检查验收。

⑨爆破有害效应的监测应按有关规定执行，对于B级及其以下级别工程爆破可能引起民房及其他建(构)筑物损伤时，还应做好相关有害效应的监测工作。

(二)洞室爆破施工技术

1.洞室掘进

(1)在开始掘进前，应做好防止落石及塌方的施工准备工作：

①小井开挖前，应将井口周围1 m以内的碎石、杂物清除干净；在土质或比较破碎的地表掘进小井，应支护井口，支护圈应高出地表0.2 m。

②平洞开挖前，应将洞口周围的碎石清理干净，并清理洞口上部山坡的石块和浮石；在破碎岩层处开洞口，洞口支护的顶板至少应伸出洞口0.5 m。

(2)导洞及小井掘进每循环进深在5 m以内，爆破时人员撤离的安全允许距离应由设计确定。

(3)小井掘进超过3 m后，应采用电力起爆或导爆管起爆，爆破前井口应设专人看守。

(4)每次爆破后再进入工作面的等待时间不应少于15 min；小井深度大于7 m，平洞掘进超过20 m时，应采用机械通风；爆破后无论时隔多久，在工作人员下井之前，均应用仪表检测井底有毒气体的浓度,浓度不应超过地下爆破作业点有害气体允许浓度规定的允许值,工作人员才可下井。

(5)掘进时若采用电灯照明,其电压不应超过 36 V。

(6)掘进工程通过岩石破碎带时,应加强支护;每次爆破后均应检查支护是否完好,清除井口或井壁的浮石,对平洞则应检查清除平洞顶板、边壁及工作面的浮石。

(7)掘进工程中地下水量过大时,应设临时排水设备。

(8)小井深度大于 5 m 时,工作人员不应使用绳梯上下。

2. 炸药现场混制

(1)在爆破现场混制炸药,应事先征得主管部门同意,并办理必要的审批手续。

(2)爆破现场混制炸药的品种,应限于多孔粒状铵油炸药和重铵油炸药。

(3)现场混制炸药原料的质量应符合下列要求:

①多孔粒状硝酸铵:堆密度为 0.8 ~ 0.85 g/cm^3,吸油率不小于 7%,净含量(以干基计)不小于 99.5%。

②柴油:应采用国家标准《普通柴油》(GB 252—2015)所规定的适合当地环境温度要求的轻柴油。

③乳胶基质:应采用取得生产许可证的乳化炸药生产厂生产的有产品合格证的乳胶基质。

④多孔粒状硝酸铵与柴油应分开存放。

(4)混制场地应配有有经验的工程技术人员 1 名,负责正常的生产及管理;同时应设安全员 1 名,负责检查加工场地的安全设施并对操作人员定期进行安全教育培训。

(5)现场混制场地应选择在周围 200 m 内无居民区及铁路、公路、高压线路、重要公共设施及特殊建(构)筑物、文物等需要保护的场所。

(6)混制场地内应分为原料库区、混制区和成品库区,其间距不应小于 20 m。

(7)混制场地 50 m 范围内,应设置 24 h 警戒,非操作人员不应随意进入。

(8)混制的主体设备应布置在不易燃的工棚或厂房内。

(9)混制工棚(房)应有防雷和防风雨设施,场内应有消防水源和灭火器等消防设施。

(10)库区和生产区应设排水沟,以保证混制场地内不积水。

(11)混制设施应符合下列要求:

①工棚(房)内的照明灯具、电器开关和混制设备所用电机,均应采用防爆型。

②电气设备应设保护接地系统,并应定期检查其是否完好、接地电阻是否合格;不符合要求的应及时处理。

③检修设备前应切断电源并将残药彻底清洗干净。

④新混制设备和检修后的设备投入生产前,应清除焊渣、毛刺及其他杂物。

(12)采用人工搅拌混制炸药时,不应使用能产生火花的金属工具。

(13)混制场内严禁吸烟,严禁存在明火;同时,严禁将火柴、打火机等带入加工场。

(14)起爆体应在专门的场所,由熟练的爆破员加工;加工起爆体时,应 1 人操作,1 人监督,在周围 50 m 以外设置警戒,无关人员不应进入。

(15)加工起爆体使用的雷管应逐个挑选;装入起爆体内的电雷管脚线长度应为 20 ~ 30 cm,起爆体加工完后应重新测量电阻值;加工好的起爆体上应标明药包编号、雷管段别和电雷管起爆体装配电阻值。

（16）置于起爆体内的电雷管与连接线接头，应严密包扎，不应有药粉进入接头中，接头不应在搬运和连线时承受拉力。

（17）起爆体外壳宜用木箱或硬纸箱制成，其内装满经选择的优质炸药，每个起爆体炸药量不宜超过 20 kg。

（18）应在起爆体（箱子端面）开口引出导线（管）和导爆索，并将其在开口处锁定，拉动导线和导爆索时箱内雷管不应受力。

（19）起爆雷管应与导爆索结、电线连接头紧密捆绑，且固定在木箱中央。

（20）起爆体包装应有防潮防水措施。

（21）每个导洞口或小井口应设专门标志，标明以下内容：导洞或小井的编号、各药室的编号、设计炸药品种和数量、起爆体雷管段别。应由专人负责记录实际装入各药室的炸药品种、数量和起爆体雷管段别，与设计数量核对无误后，方可填卡、签字或盖章，交爆破工程技术人员或爆破工作负责人。爆破工程技术人员或爆破工作负责人应随时检查、核实各洞室的装药量和起爆体雷管段别及其安放和连接是否正确。

3. 爆破作业

（1）药室的装药作业，应由爆破员或由爆破员带领经过培训的人员进行。安装、连接起爆体的作业，应由爆破员进行，安装前应再次确认起爆体的雷管段别是否正确。

（2）洞室装药，应使用 36 V 以下的低压电源照明，照明线路应绝缘良好，照明灯应设保护网，灯泡与炸药堆之间的水平距离不应小于 2 m。装药人员离开洞室后，应将照明电源切断。装有电雷管的起爆药包或起爆体运入前，应切断一切电源，拆除一切金属导体，并应采用蓄电池灯、安全灯或绝缘的手电筒照明。装药和填塞过程中不应使用明火照明。

（3）夜间装药，洞外可采用普通电源照明。照明灯应设保护网，线路应采用绝缘胶线，灯具和线路与炸药堆和洞口之间的水平距离应大于 20 m。

（4）洞室内有水时，应进行排水或对非防水炸药采取防水措施。潮湿的洞室，不应散装非防水炸药。

（5）洞室装药应将炸药成袋（包）码放整齐，相互密贴，威力较低的炸药放置在药室周边，威力较高的炸药放置在正、副起爆体和导爆索的周围，起爆体应按设计要求安放。

（6）用人力往导洞或小井口搬运炸药时，每人每次搬运量不应超过两箱（袋），搬运工人行进中，应保持 1 m 以上的间距，上下坡时应保持 5 m 的间距。往洞室运送炸药时，不应与雷管混合运送；起爆体、起爆药包或已经接好的起爆雷管，应由爆破员携带运送。

（7）填塞工作开始前，应在导洞或小井口附近备足填塞材料。

（8）平洞填塞，应在导洞内壁上标明按设计规定的填塞位置和长度。

（9）填塞时，药室口和填塞段各端面应采用装有砂、碎石的编织袋堆砌，其顶部用袋料码砌填实，不应留空隙。

（10）在有水的导洞和药室中填塞时，应在填塞段底部留一排水沟，并应随时注意填塞过程中的流水情况，防止排水沟堵塞。

（11）填塞时，应保护好从药室引出的起爆网路，保证起爆网路不受损坏。填塞完毕，应由专人负责进行验收。

（12）洞室爆破应采用复式起爆网路，装药连线时操作人员应佩戴标志，未经爆破工作领导人批准,一切人员严禁进入爆破现场。

(13)电力起爆网路的所有导线接头,均应按电工接线法连接,并确保其对外绝缘;在潮湿有水的地区,应避免导线接头接触地面或浸泡在水中。

(14)电力起爆网路的导线不宜使用裸露导线和铝芯线。

(15)电力起爆网路洞内导线应用绝缘性能良好的铜芯线。

(16)洞室爆破时,所有穿过填塞段的导线、导爆索和导爆管,均应采取保护措施,以防填塞时损坏。非填塞段若有塌方或洞顶掉块的情况,还应对起爆网路采取保护措施。

(17)装入起爆体前、后,以及填塞过程中每填塞一段,均应进行电阻值检测;当发现电阻值有较大的变化时,应立即清查,排除故障后才可进行下一道施工工序。

(18)敷设导爆索起爆网路时,不应使导爆索互相交叉或接近;否则,应用缓冲材料将其隔离,且相互间的距离不应少于 10 cm。

(19)每个起爆体的雷管数不应少于 4 发,起爆网路连接时应复核雷管段别。

(20)连接网路人员应持起爆网路图,按从后爆到先爆、先里后外的顺序连接;所有导爆管雷管与接力雷管,在接点部位应有明显段别标志;接头用胶布包紧,并不少于 3 层,然后用绳扎紧。

(21)采用导爆管和导爆索混合起爆网路时,宜用双股导爆索连成环形起爆网路,导爆管与导爆索宜采用单股垂直连接。

(22)起爆网路应用电雷管或导爆管雷管引爆,不应用火雷管引爆;应在爆破工作负责人下达准备起爆命令后,方可向主起爆线上连接起爆雷管。

(23)电爆网路的连接应符合下列要求:

①起爆网路连接应由专人负责;网路连接人应持有网路示意图和历次检查各药室及支路电阻值的记录表,以便随时供爆破工程技术人员、爆破工作负责人查阅。

②网路连接,应按从里到外(工作面到电源)的顺序进行。

③电力起爆网路连接前,应检查各洞口引出线的电阻值,经检查确认合格后,方可与区域线连接;只有当各支路电阻均检查无误时,方可与主线相连接。

④电爆网路的主线应设中间开关。

⑤指挥长或爆破工作负责人下达准备起爆命令前,电爆网路的主线不应与起爆器、电源开关和电源线连接;电源的开关应设保护装置并直接由起爆站站长(或负责起爆的人员)监管。

⑥应在无关人员已全部撤离,爆破工作负责人下达准备起爆命令后,方可打开开关箱,并将主线接入电源线的开关上或起爆器的接线柱上。

(24)起爆网路检查与防护应符合下列要求:

①网路连好后,应由连网技术负责人进行检查,鉴别联网方式与段别等是否有误;确认无误后再进行防护。

②起爆网路可用线槽或对开竹竿合扎进行防护,接头及交叉点用编织袋包裹好,悬挂在导洞上角;也可将起爆网路束紧后用编织袋做整体外包扎,安置在导洞下角的砂包上,上部再用砂包压实。

4. 爆破后检查

(1)是否完全起爆。洞室爆破发生盲炮的表征是:爆破效果与设计有较大差异,爆堆形态和设计有较大的差别,现场发现残药和导爆索残段,爆堆中留有岩坎陡壁。

(2)有无危险边坡、不稳定爆堆、滚石和超范围塌陷。

(3)最敏感、最重要的保护对象是否安全。

(4)爆区附近有隧道、涵洞和地下采矿场时,应对这些部位进行毒气检查,在检查结果明确之前,应进行局域封锁。

(5)如果发现或怀疑有拒爆药包,应向指挥长汇报,由其组织有关人员做进一步检查;如果发现有其他不安全因素,应尽快采取措施进行处理;在上述情况下,不应发出解除警戒信号。

二、水下爆破

(1)水下爆破作业应由具备相应资质的专业队伍承担。

(2)在通航水域进行水下爆破作业时,应向当地港航监督部门和公安部门申报,并按时发布水下爆破施工通告。

(3)爆破工作船及其辅助船舶,应按规定悬挂特殊信号(灯号)。

(4)在黄昏和夜间等能见度差的条件下,不宜进行水下爆破的装药工作;当确需进行水下爆破作业时,应有足够的照明设施,确保作业安全。

(5)进行水下爆破作业前,除按石方爆破中的施工准备要求做相应准备工作外,还应做好下列各项工作:

①准备救生设备。

②检查爆破工作船的技术性能。

③爆破器材的水上运输和储存。

④危险区的船舶、设备、管线及临水建筑物的安全防护措施。

⑤水域危险边界上警示标志、禁航信号、警戒船舶和岗哨等的设置。

⑥检查水域中遗留的爆炸物和水体带电情况。

(6)爆破作业船上的工作人员,作业时应穿好救生衣,无关人员不应登上爆破作业船。

(7)爆破工作负责人应根据爆区的地质、地形、水位、流速、流态、风浪和环境安全等情况布置爆破作业。

(8)水下爆破应使用防水的或经防水处理的爆破器材;用于深水区的爆破器材,应具有足够的抗压性能,或采取有效的抗压措施;用于流速较大区的起爆器材还应有足够的抗拉性能,或采取有效的抗拉措施;水下爆破使用的爆破器材应进行抗水和抗压试验,起爆器材还应进行抗拉试验。

(9)水下爆破器材加工和运输应符合下列要求:

①水下爆破的药包和起爆药包,应在专用的加工房内或加工船上制作。

②起爆药包,只可由爆破员搬运;搬运起爆药包上下船或跨船舷时,应有必要的防滑措施;用船只运送起爆药包时,航行中应避免剧烈的颠簸和碰撞。

③现场运输爆破器材和起爆药包,应专船装运;用机动船装运时,应采取严格的防电、防振、防火、防水、隔潮及隔热等措施。

(10)水下爆破作业时应遵守以下基本规定:

①水下爆破严禁采用火花起爆。

②装药及爆破时,潜水员及爆破工不应携带对讲电话机和手电筒上船,施工现场亦应切断一切电源。

③用电力和导爆管起爆网路时,每个起爆药包内安放的雷管数不宜少于 2 发,并宜连成两套网路或复式网路同时起爆。

④水下电爆网路的导线(含主线连接线)应采用有足够强度且防水性和柔韧性良好的绝缘胶质线,爆破主线路呈松弛状态扎系在伸缩性小的主绳上,水中不应有接头。

⑤在水流较大、较深的爆破区放电炮连线时,应将连线接头架离水面,以免漏电造成电流不足而导致瞎炮。

⑥不宜用铝或铁芯线做水下起爆网路的导线。

⑦起爆药包使用非电导爆管雷管及导爆索起爆时,应做好端头防水工作,导爆索搭接长度应大于 0.3 m。

⑧导爆索起爆网路应在主爆线上加系浮标,使其悬吊;应避免导爆索网路沉入水底造成网路交叉,破坏起爆网路。

⑨起爆前,应将爆破施工船舶撤离至安全地点。

⑩应按设计要求进行爆破安全警戒。

⑪盲炮应及时处理,遇有难以处理而又危及航行船舶安全的盲炮,应延长警戒时间,继续处理,直至完毕。

(11)水下钻孔爆破时,还应符合下列要求:

①水下钻孔位置应准确测定,经常校核;孔口应有可靠的保护措施。

②用金属或塑料筒加工成防水药筒盛装非抗水的散装炸药时,应在药面采取隔热措施,才可用沥青和石蜡封口。

③水下钻孔爆破,应采取隔绝电源和防止错位等安全措施,才可边钻孔、边装药。

④钻孔装药时应拉稳药包提绳,配合送药杆进行,不应从管口或孔口直接向孔内投掷药包,不应强行冲压卡塞的钻孔药包;用护孔管装药时,每装入一节药包,应提升一次护孔管,待该孔装药完毕,护孔管提离药包顶面后,才准填入填塞物。

⑤水下深孔采取分段装药时,各段均应装有起爆药包。各起爆药包的导线应标记清楚,防止错接。

⑥提升套管(含护孔管)应注意保护药包引出线,移船时应注意保护起爆网路,在急流区,对孔口段的导线应加以保护。

(12)水下裸露药包爆破还应符合下列要求:

①水下裸露药包(含加重物)应有足够的重量能顺利自沉,药包表面应包裹良好,防止与礁石或被爆破物碰撞、摩擦。

②捆扎药包和连接加重物,应在平整的地面或木质的船舱板上进行,并应捆扎牢实。

③在施工现场,已加工好的裸露药包,可临时存放在爆破危险区外的专用船上或陆地上,并派专人看守,但不应过夜存放。

④投药船应用稳定性和质量好的船只,工作舱内和船壳外表不应有尖锐的突出物。

⑤在投药船的作业舱内,不应存放任何带电物品。

⑥药包投放应使用绳、缆、杆牵引,不应直接牵引起爆网路。

⑦在急流河段爆破时,投药船应由定位船或有固定端的缆绳牵引,定位船的位置应设标

控制,防止走锚移位。

⑧投药船离开投放药包的地点后,应反复检查船底和船舵、推进器、装药设备等是否挂有药包或缠有网路线。

⑨已投入水底的裸露药包,严禁拖曳和撞击,并采取防止漂移的措施,若有药包漂出水面,不应起爆。

(13)水下岩塞爆破,还应符合下列要求:

①装药工作开始之前,应将距岩塞工作面 50 m 范围内的所有电气设备和导电器材全部撤离。

②装药填塞时,药室洞内只准用绝缘手电照明,并应由专人管理;距岩塞工作面 50 m 范围内,应用探照灯远距离照明。

③装药堵塞时应进行通风。

三、拆除爆破

(1)拆除爆破作业前,应编制专门的施工方案和专项安全技术措施,经上级工程技术部门和地方相关部门批准后实施。拆除爆破工作应由具有资质的专业队伍承担作业,并有技术和安全人员在现场监护。

(2)拆除爆破应进行封闭式施工,对爆破作业地段进行围挡,设置明显的警戒标志,并安排人员警戒。在作业地段张贴施工公告及发布爆破公告,接近交通要道和人行通道的部位,应设置防护屏障。规定封锁道路的地段和时间。

(3)起爆前,应对网路覆盖及近体防护等进行验收。

(4)进入爆破作业现场的施工人员应佩戴标志。与爆破作业无关的人员,严禁进入现场。

(5)每个药包均应严格按爆破设计要求准确称量,并按药包重量、雷管段别、药包个数分类编组放置。药包应由专人保管,履行领取登记手续。应安排专人对装药作业进行监督检查。

(6)起爆网路应采用电爆网路或复式导爆管起爆网路,不应采用导火索、火雷管起爆。在城镇进行的拆除爆破,不宜采用导爆索起爆网路。

(7)当起爆网路附近有输电线和无线电发射台时,为防止感应电流和射频电引起误爆,宜采用非电起爆网路。

(8)在有瓦斯和可燃粉尘的环境进行拆除爆破,应参照煤矿井下爆破的有关规定,制定安全操作细则。

(9)起爆前,应在危险区边缘设置警戒,并安排专人检查,确认危险区无人后,报告爆破施工指挥部或爆破工作负责人,经许可后,方可下达起爆指令。

第三节 焊接与气割安全作业

一、基本安全要求

(1)凡从事焊接与气割的工作人员,应熟知有关安全知识,并经过专业培训考核取得操作证，持证上岗。

(2)从事焊接与气割的工作人员应严格遵守各项规章制度，作业时不应擅离职守，进入岗位应按规定穿戴劳动防护用品。

(3)焊接和气割的场所，应设有消防设施，并保证其处于完好状态。焊工应熟练掌握其使用方法，能够正确使用。

(4)凡有液体压力、气体压力及带电的设备和容器、管道，无可靠安全保障措施禁止焊割。

(5)对储存过易燃易爆及有毒容器、管道进行焊接与切割时，要将易燃物和有毒气体放尽，用水冲洗干净，打开全部管道窗、孔，保持良好通风，方可进行焊接和切割，容器外要有专人监护，定时轮换休息。密封的容器、管道不应焊割。

(6)禁止在油漆未干的结构和其他物体上进行焊接和切割。禁止在混凝土地面上直接进行切割。

(7)严禁在储存易燃易爆的液体、气体、车辆、容器等的库区内从事焊割作业。

(8)在距焊接作业点火源 10 m 以内，在高空作业下方和火星所涉及范围内，应彻底清除有机灰尘、木材木屑、棉纱棉布、汽油、油漆等易燃物品。若有不能撤离的易燃物品，应采取可靠的安全措施隔绝火星与易燃物接触。对填有可燃物的隔层，在未拆除前不应施焊。

(9)焊接大件须有人辅助时，动作应协调一致，工件应放平垫稳。

(10)在金属容器内进行工作时应由专人监护，要保证容器内通风良好，并应设置防尘设施。

(11)在潮湿地方、金属容器和箱型结构内作业，焊工应穿干燥的工作服和绝缘胶鞋，身体不应与被焊接件接触，脚下应垫绝缘垫。

(12)在金属容器中进行气焊和气割工作时，焊割炬应在容器外点火调试，并严禁使用漏燃气的焊割炬、管、带，以防止逸出的可燃混合气遇明火爆炸。

(13)严禁将行灯变压器及焊机调压器带入金属容器内。

(14)焊接和气割的工作场所光线应保持充足。工作行灯电压不应超过 36 V，在金属容器或潮湿地点，工作行灯电压不应超过 12 V。

(15)风力超过 5 级时禁止在露天进行焊接或气割。风力在 5 级以下、3 级以上时应搭设挡风屏，以防止火星飞溅引起火灾。

(16)离地面 1.5 m 以上进行工作应设置脚手架或专用作业平台，并应设有 1 m 高防护栏杆，脚下所用垫物要牢固可靠。

(17)工作结束后应拉下焊机闸刀，切断电源。对于气割(气焊)作业则应解除氧气、乙炔瓶(乙炔发生器)的工作状态。要仔细检查工作场地周围，确认无火源后方可离开现场。

(18)使用风动工具时，先检查风管接头是否牢固，选用的工具是否完好无损。

(19)禁止将管道、设备、容器、钢轨、脚手架、钢丝绳等作为临时接地线(接零线)的通路。

(20)高空焊割作业时，还应符合下列要求：

①高空焊割作业须设监护人，焊接电源开关应设在监护人近旁。

②焊割作业坠落点场面上，至少 10 m 以内不应存放可燃或易燃易爆物品。

③高空焊割作业人员应戴好符合规定的安全帽，应使用符合标准规定的防火安全带，安

全带应高挂低用，固定可靠。

④露天下雪、下雨或有5级大风时严禁高处焊接作业。

二、焊接场地与设备

（一）焊接场地

（1）焊接与气割场地应通风（包括自然通风或机械通风）良好，应采取措施避免作业人员直接呼吸到焊接操作所产生的烟气流。

（2）焊接或气割场地应无火灾隐患。当需在禁火区内焊接、气割时，应办理动火审批手续，并落实安全措施后方可进行作业。

（3）在室内或露天场地进行焊接及碳弧气刨工作，必要时应在周围设挡光屏，防止弧光伤眼。

（4）焊接场所应经常清扫，焊条和焊条头不应到处乱扔，应设置焊条保温筒和焊条头回收箱，焊把线应收放整齐。

（二）焊接设备

（1）电弧焊电源应有独立而容量足够的安全控制系统，如熔断器或自动断电装置、漏电保护装置等。控制装置应能可靠地切断设备最大额定电流。

（2）电弧焊电源熔断器应单独设置，严禁两台或以上的电焊机共用一组熔断器，熔断丝应根据焊机工作的最大电流来选定，严禁使用其他金属丝代替。

（3）焊接设备应设置在固定或移动式的工作台上，电弧焊机的金属机壳应有可靠的、独立的保护接地或保护接零装置。焊机的结构应牢固和便于维修，各个接线点和连接件应连接牢靠且接触良好，不应出现松动或松脱现象。

（4）电弧焊机所有带电的外露部分应有完好的隔离防护装置。焊机的接线桩、极板和接线端应有防护罩。

（5）电焊把线应采用绝缘良好的橡皮软导线，其长度不应超过50 m。

（6）焊接设备使用的空气开关、磁力启动器及熔断器等电气元件应装在木制开关板或绝缘性能良好的操作台上，严禁直接装在金属板上。

（7）露天工作的焊机应设置在干燥和通风的场所，其下方应防潮且高于周围地面，上方应设棚遮盖和有防砸措施。

三、常见的焊接方式

（一）焊条电弧焊

（1）从事焊接工作时，应使用镶有滤光镜片的手柄式或头戴式面罩。

（2）清除焊渣、飞溅物时，应戴平光镜，并避免对着有人的方向敲打。

（3）电焊时所使用的凳子应用木板或其他绝缘材料制作。

（4）露天作业遇下雨时，应采取防雨措施，不应冒雨作业。

（5）在推入或拉开电源闸刀时，应戴干燥手套，另一只手不应按在焊机外壳上，推拉闸刀的瞬间面部不应正对闸刀。

（6）在金属容器、管道内焊接时，应采取通风除烟尘措施，其内部温度不应超过40 ℃；否则应实行轮换作业，或采取其他对人体的保护措施。

(7)在坑井或深沟内焊接时,应首先检查有无集聚的可燃气体或一氧化碳气体,若有应排除并保持通风良好。必要时应采取通风除尘措施。

(8)电焊钳应完好无损,不应使用有缺陷的焊钳;更换焊条时,应戴干燥的帆布手套。

(9)工作时禁止将焊把线缠在、搭在身上或踏在脚下,当电焊机处于工作状态时,不应触摸导电部分。

(10)身体出汗或其他原因造成衣服潮湿时,不应靠在带电的焊件上施焊。

(二)埋弧焊

(1)凡从事埋弧焊的工作人员应熟知有关安全知识,并经过专业培训考核取得操作证,持证上岗。

(2)操作自动焊、半自动焊、埋弧焊的焊工,应穿绝缘鞋和戴皮手套或线手套。

(3)埋弧焊会产生一定数量的有害气体,在通风不良的场所或构件内工作,应有通风设备。

(4)开机前应检查焊机的各部分导线连接是否良好、绝缘性能是否可靠、焊接设备是否可靠接地、控制箱的外壳和接线板上的外罩是否完好、埋弧焊用电缆是否满足焊机额定焊接电流的要求,发现问题应修理好后方可使用。

(5)在调整送丝机构及焊机工作时,手不应触及送丝机构的滚轮。

(6)焊接过程中应保持焊剂连续覆盖,注意防止焊剂突然供不上而造成焊接突然中断,露出电弧光辐射损害眼睛。

(7)焊接转胎及其他辅助设备或装置的机械传动部分,应加装防护罩。在转胎上施焊的焊件应压紧卡牢,防止松脱掉下砸伤人。

(8)埋弧焊机发生电气故障时应由电工进行修理,不熟悉焊机性能的人不应随便拆卸。

(9)罐装、清扫、回收焊剂应采取防尘措施,防止吸入粉尘。

(三)气体保护焊

1. 二氧化碳气体保护焊

(1)凡从事二氧化碳气体保护焊的工作人员应熟知有关安全知识,并经过专业培训考核取得操作证,持证上岗。

(2)焊机不应在漏水、漏气的情况下运行。

(3)二氧化碳在高温电弧作用下,可能分解产生一氧化碳有害气体,工作场所应通风良好。

(4)二氧化碳气体保护焊焊接时飞溅大,弧光辐射强烈,工作人员应穿白色工作服,戴皮手套和防护面罩。

(5)装有二氧化碳的气瓶不应在阳光下暴晒或接近高温物体,以免引起瓶内压力增大而发生爆炸。

(6)气瓶的搬运或储存应按规范有关规定执行。

(7)二氧化碳气体预热器的电源应采用36 V电压,工作结束时应将电源切断。

2. 手工钨极氩弧焊

(1)从事手工钨极氩弧焊的工作人员应熟知有关安全知识,并经过专业培训考核取得操作证,持证上岗。

(2)焊机内的接触器、断电器的工作元件,焊枪夹头的夹紧力以及喷嘴的绝缘性能等,应定期检查。

(3)高频引弧焊机或焊机装有高频引弧装置时,焊炬、焊接电缆都应有铜网编制屏蔽套,并可靠接地。使用高压脉冲引弧稳弧装置,应防止高频电磁场的危害。

(4)焊机不应在漏水、漏气的情况下运行。

(5)磨削钨棒的砂轮机须设有良好的排风装置,操作人员应戴口罩,打磨时产生的粉末应由抽风机抽走。钍钨极有放射性危害,宜使用铈钨极或钇钨极,并放在铅盒内保存。

(6)手工钨极氩弧焊,焊工除戴电焊面罩、手套和穿白色帆布工作服外,还宜戴静电口罩或专用面罩,并有切实可行的预防和保护措施。

(四)碳弧气刨

(1)从事碳弧气刨的工作人员应熟知有关安全知识,并经过专业培训考核取得操作证,持证上岗。

(2)碳弧气刨应使用电流较大的专用电焊机,并应选用相应截面面积的焊把线。气刨时电流较大,要防止焊机过载发热。

(3)碳弧气刨应顺风操作,防止吹散的铁水溶渣及火星烧损衣服或伤人,并应注意周围人员和场地的防火安全。

(4)在金属容器或舱内工作,应采用排风机排除烟尘。

(5)碳弧气刨操作者应熟悉其性能,掌握好角度、深浅及速度,避免发生事故。

(6)碳棒应选专用碳棒,不应使用不合格的碳棒。

四、气焊与气割

(一)氧气、乙炔气瓶的使用要求

(1)气瓶应放置在通风良好的场所,不应靠近热源和电气设备,与其他易燃易爆物品或火源的距离一般不应小于10 m(高处作业时是与垂直地面处的平行距离)。使用过程中,乙炔气瓶应放置在通风良好的场所,与氧气瓶的距离不应少于5 m。

(2)露天使用氧气、乙炔气时,冬季应防止冻结,夏季应防止阳光直接暴晒。氧气、乙炔气瓶阀冬季冻结时,可用热水或水蒸气加热解冻,严禁用火焰烘烤和用钢材一类器具猛击,更不应猛拧减压表的调节螺丝,以防氧气、乙炔气大量冲出而造成事故。

(3)氧气瓶严禁沾染油脂,检查气瓶口是否有漏气时可用肥皂水涂在瓶口上试验,严禁用烟头或明火试验。

(4)氧气、乙炔气瓶如果漏气,应立即搬到室外,并远离火源。搬动时手不可接触气瓶嘴。

(5)开氧气、乙炔气阀时,工作人员应站在阀门连接的侧面,并缓慢开放,不应面对减压表,以防发生意外事故。使用完毕后应立即将瓶嘴的保护罩旋紧。

(6)氧气瓶中的氧气不允许全部用完,至少应留有0.1～0.2 MPa的剩余压力,乙炔瓶内气体也不应用尽,应保持0.05 MPa的余压。

(7)乙炔瓶在使用、运输和储存时,环境温度不宜超过40 ℃;否则应采取有效的降温措施。

(8)乙炔瓶应保持直立放置,使用时要注意固定,并应有防止倾倒的措施,严禁卧放使用。卧放的气瓶竖起来后需待20 min后方可输气。

(9)工作地点不固定且移动较频繁时,应装在专用小车上;同时使用乙炔气瓶和氧气瓶时,应保持一定安全距离。

(10)严禁铜、银、汞等及其制品与乙炔产生接触,使用铜合金器具时含铜量应低于70%。

(11)氧气、乙炔气瓶在使用过程中应定期检验。过期、未检验的气瓶严禁继续使用。

(二)回火防止器的使用要求

(1)应采用干式回火防止器。

(2)回火防止器应垂直放置,其工作压力应与使用压力相适应。

(3)干式回火防止器的阻火元件应经常清洗以保持气路畅通;多次回火后,应更换阻火元件。

(4)一个回火防止器应只供一把割炬或焊炬使用,不应合用。当一个乙炔发生器向多个割炬或焊炬供气时,除应装总的回火防止器外,每个工作岗位都须安装岗位式回火防止器。

(5)禁止使用无水封、漏气的、逆止阀失灵的回火防止器。

(6)回火防止器应经常清除污物防止堵塞,以免失去安全作用。

(7)回火防止器上的防爆膜(胶皮或铝合金片)被回火气体冲破后,应按原规格更换,严禁用其他非标准材料代替。

(三)减压器(氧气表、乙炔表)的使用要求

(1)严禁使用不完整或损坏的减压器。冬季减压器易冻结,应采用热水或蒸汽解冻,严禁用火烤,每只减压器只准用于一种气体。

(2)减压器内,氧气、乙炔气瓶瓶嘴中不应有灰尘、水分或油脂,打开瓶阀时,不应站在减压阀方向,以免被气体或减压器脱扣而冲击。

(3)工作完毕后应先将减压器的调整顶针拧松直至弹簧分开,再关氧气乙炔瓶阀,放尽管中余气后方可取下减压器。

(4)当氧气管、乙炔管、减压器自动燃烧或减压器出现故障时,应迅速将氧气瓶的气阀关闭。然后关乙炔气瓶的气阀。

(四)使用橡胶软管应符合的要求

(1)氧气胶管为红色,严禁将氧气管接在焊炬、割炬的乙炔气进口上使用。

(2)每根胶管长度不应小于10 m,以15 ~20 m为宜。

(3)胶管的连接处应用卡子或铁丝扎紧,铁丝的丝头应绑牢在工具嘴头方向,以防止被气体崩脱而伤人。

(4)工作时胶管不应沾染油脂或触及高温金属和导电线。

(5)禁止将重物压在胶管上。不应将胶管横跨铁路或公路,需跨越时应有安全保护措施。胶管内有积水时,在未吹尽之前不应使用。

(6)胶管如有鼓包、裂纹、漏气现象,不应采用贴补或包缠的办法处理,应切除或更新。

(7)当发现胶管接头脱落或着火时,应迅速关闭供气阀,不应用手弯折胶管等待处理。

(8)严禁将使用中的橡胶软管缠在身上,以防发生意外起火引起烧伤。

(五)焊炬、割炬的使用要求

(1)工作前应检查焊枪、割枪各连接处的严密性及其嘴子有无堵塞现象,禁止用纯铜丝

(紫铜)清理嘴孔。

(2)焊、割枪点火前应检查其喷射能力,是否漏气,同时检查焊嘴和割嘴是否畅通;无喷射能力不应使用,应及时修理。

(3)不应使用小焊枪焊接厚的金属,也不应使用小嘴子割枪切割较厚的金属。

(4)严禁在氧气和乙炔阀门同时开启时用手或其他物体堵住焊、割枪嘴子的出气口,以防止氧气倒流入乙炔管或气瓶而引起爆炸。

(5)焊、割枪的内外部及送气管内均不允许沾染油脂,以防止氧气遇到油类燃烧爆炸。

(6)焊、割枪严禁对人点火,严禁将燃烧着的焊炬随意摆放,用毕及时熄灭火焰。

(7)焊炬熄火时应先关闭乙炔阀,后关氧气阀;割炬则应先关高压氧气阀,后关乙炔阀和氧气阀以免回火。

(8)焊炬、割炬点火时须先开氧气阀,再开乙炔阀,点燃后再调节火焰;遇不能点燃而出现爆声时应立即关闭阀门并进行检查和通畅嘴子后再点,严禁强行硬点以防爆炸;焊、割时间过久,枪嘴发烫出现连续爆炸声并有停火现象时,应立即关闭乙炔阀再关氧气阀,将枪嘴浸冷水疏通后再点燃工作,作业完毕熄火后应将枪吊挂或侧放,禁止将枪嘴对着地面摆放,以免引起阻塞而再用时发生回火爆炸。

(9)阀门不灵活、关闭不严或手柄破损的一律不应使用。

(10)工作人员应佩戴有色眼镜,以防飞溅的火花灼伤眼睛。

第四节　施工用电、供排水、供风安全管理

一、施工用电

(一)接地(接零)与防雷

(1)施工现场专用的中性点直接接地的电力线路中应采用TN—S接零保护系统,并应遵守以下规定:

①电气设备的金属外壳应与专用保护零线(简称保护零线)连接。保护零线应由工作接地线、配电室的零线或第一级漏电保护器电源侧的零线引出。

②当施工现场与外电线路共用一个供电系统时,电气设备应根据当地的要求作保护接零,或作保护接地。不得一部分设备作保护接零,另一部分设备作保护接地。

③作防雷接地的电气设备,应同时作重复接地。同一台电气设备的重复接地与防雷接地使用同一接地体时,接地电阻应符合重复接地电阻值的要求。

④在只允许作保护接地的系统中,因条件限制接地有困难时,应设置操作和维修电气装置的绝缘台。

⑤施工现场的电力系统严禁利用大地作相线或零线。

⑥保护零线不应装设开关或熔断器。保护零线应单独敷设,不作他用。重复接地线应与保护零线相接。

⑦接地装置的设置应考虑土壤干燥或冻结等季节变化的影响(见表6-4),但防雷装置的冲击接地电阻值只考虑在雷雨季节中土壤干燥状态的影响。

表 6-4　接地装置的季节系数值

埋深(m)	水平接地体	长度 2 ~ 3 m 的垂直接地体	说明
0.5	1.4 ~ 1.8	1.2 ~ 1.4	
0.8 ~ 1.0	1.25 ~ 1.45	1.15 ~ 1.45	
2.5 ~ 3.0	1.0 ~ 1.1	1.0 ~ 1.1	深埋接地体

注:大地比较干燥时,取表中较小值;比较潮湿时,取表中较大值。

⑧保护零线的截面,应不小于工作零线的截面,同时应满足机械强度要求,保护零线的统一标志为绿/黄双色线。

(2)正常情况下,下列电气设备不带电的外露导电部分应作保护接零:

①电机、变压器、电器、照明器具、手持电动工具的金属外壳。

②电气设备传动装置的金属部件。

③配电屏与控制屏的金属框架。

④室内外配电装置的金属框架及靠近带电部分的金属围栏和金属门。

⑤电力线路的金属保护管、敷线的钢索、起重机轨道、滑升模板操作平台等。

⑥安装在电力线路杆(塔)上开关、电容器等电气装置的金属外壳及支架。

(3)正常情况时,下列电气设备不带电的外露导电部分,可不作保护接零:

①在木质、沥青等不良导电地坪的干燥房间内;交流电压 380 V 及其以下的电气设置金属外壳(当维修人员可能同时触及电气设备金属外壳和接地金属物件时除外)。

②安装在配电屏、控制屏金属框架上的电气测量仪表、电流互感器、继电器和其他电器的外壳。

(4)电力变压器或发电机的工作接地电阻值不应大于 4 Ω。

(5)施工现场用电的接地与接零应符合以下要求:

①保护零线除应在配电室或总配电箱处作重复接地外,还应在配电线路的中间处和末端处作重复接地。保护零线每一重复接地装置的接地电阻值应不大于 10 Ω。

②每一接地装置的接地线应采用两根以上导体,在不同点与接地装置作电气连接。不应用铝导体作接地体或地下接地线。垂直接地体宜采用角钢、钢管或圆钢,不宜采用螺纹钢材。

③电气设备应采用专用芯线作保护接零,此芯线严禁通过工作电流。

④手持式用电设备的保护零线,应在绝缘良好的多股铜线橡皮电缆内。其截面面积不应小于 1.5 mm^2,其芯线颜色为绿/黄双色。

⑤Ⅰ类手持式用电设备的插销上应具备专用的保护接零(接地)触头。所用插头应能避免将导电触头误作为接地触头使用。

⑥施工现场所有用电设备,除作保护接零外,应在设备负荷线的首端处设置有可靠的电气连接。

(6)移动式发电机供电的用电设备,其金属外壳或底座,应与发电机电源的接地装置有可靠的电气连接。接地应符合固定电气设备接地的要求。

(7)施工现场内的起重机、井字架及龙门架等机械设备,若在相邻建(构)筑物的防雷装置的保护范围以外，应按表6-5的规定安装防雷装置。

表6-5　施工现场内机械设备需安装防雷装置的规定

地区年平均雷暴日(d)	机械设备高度(m)
≤15	≥50
15～40	≥32
40～90	≥20
≥90及雷害特别严重的地区	≥12

(8)防雷装置应符合以下要求：

①施工现场内所有防雷装置的冲击接地电阻值不应大于30 Ω。

②各机械设备的防雷引下线可利用该设备的金属结构体，但应保证电气连接。

③机械设备上的避雷针(接闪器)长度应为1～2 m。

④安装避雷针的机械设备所用动力、控制、照明、信号及通信等线路，应采用钢管敷设，并将钢管与该机械设备的金属结构体作电气连接。

(二)变压器与配电室

(1)施工用的10 kV及以下变压器装于地面时，应有0.5 m的高台，高台的周围应装设栅栏，其高度不应低于1.7 m，栅栏与变压器外廓的距离不应小于1 m，杆上变压器安装的高度不应低于2.5 m，并挂“止步，高压危险”的警示标志。变压器的引线应采用绝缘导线。

(2)变压器运行中应定期检查以下内容：

①油的颜色变化、油面指示、有无漏油或渗油现象。

②响声是否正常，套管是否清洁，有无裂纹和放电痕迹。

③接头有无腐蚀及过热现象，检查油枕的集污器内有无积水和污物。

④有防爆管的变压器，要检查防爆隔膜是否完整。

⑤变压器外壳的接地线有无中断、断股或锈烂等情况。

(3)配电室应符合以下要求：

①配电室应靠近电源，并应设在无灰尘、无蒸汽、无腐蚀介质及振动的地方。

②成列的配电屏(盘)和控制屏(台)两端应与重复接地线及保护零线作电气连接。

③配电室应能自然通风，并应采取防止雨雪和动物进入措施。

④配电屏(盘)正面的操作通道宽度，单列布置应不小于1.5 m，双列布置应不小于2 m；侧面的维护通道宽度应不小于1 m，盘后的维护通道应不小于0.8 m。

⑤在配电室内设值班室或检修室时，该室距电屏(盘)的水平距离应大于1 m，并应采取屏障隔离。

⑥配电室的门应向外开，并配锁。

⑦配电室内的裸母线与地面垂直距离小于2.5 m时，应采用遮挡隔离，遮挡下面通行道的高度应不小于1.9 m。

⑧配电室的围栏上端与垂直上方带电部分的净距，不应小于0.075 m。

⑨配电装置的上端距天棚不应小于0.5 m。

⑩母线均应涂刷有色油漆，其涂色应符合表6-6的规定。

表 6-6　母线涂色表

相别	颜色	垂直排列	水平排列	引下排列
A	黄	上	后	左
B	绿	中	中	中
C	红	下	前	右
D	黑			

注:表内所列的方位均以屏、盘的正面方向为准。

(4)配电屏应符合以下要求:

①配电屏(盘)应装设有功电度表、无功电度表,并应分路装设电流表、电压表。电流表与计费电度表不应共用一组电流互感器。

②配电屏(盘)应装设短路保护装置、过负荷保护装置和漏电保护器。

③配电屏(盘)上的各配电线路应编号,并应标明用途标记。

④配电屏(盘)或配电线路维修时,应悬挂"电器检修,禁止合闸"等警示标志;停、送电应由专人负责。

(5)电压为 400 V/230 V 的自备发电机组,应符合下列要求:

①发电机组及其控制室、配电室、修理室等,在保证电气安全距离和满足防火要求的情况下可合并设置,也可分开设置。

②发电机组的排烟管道应伸出室外,机组及其控制配电室内严禁存放贮油桶。

③发电机组电源应与外电线路电源连锁,严禁并列运行。

④发电机组应采用三相四线制中性点直接接地系统,并须独立设置,其接地阻值不应大于 4 Ω。

⑤发电机组应设置短路保护和过负荷保护。

⑥发电机并列运行时,应在机组同期后再向负荷供电。

(三)线路敷设

(1)架空线路架设,应符合下列要求:

①架空线应设在专用电杆上,严禁架设在树木、脚手架上。宜采用混凝土杆或木杆,混凝土杆不应有露筋、环向裂纹和扭曲;木杆不应腐朽,其梢径应不小于 130 mm。

②电杆埋设深度宜为杆长的 1/10 加 0.6 m。在松软土质处应适当加大埋设深度或采用卡盘等加固。

③拉线宜用镀锌铁线,其截面尺寸不应小于 $3 \times \varphi 4.0$。拉线与电杆的夹角应在 30° ~ 45°。拉线埋设深度不应小于 1 m。钢筋混凝土杆上的拉线应在高于地面 2.5 m 处装设拉紧绝缘子。

④受地形环境限制不能装设拉线时,宜采用撑杆代替拉线,撑杆埋深不应小于 0.8 m,其底部应垫底盘或石块。撑杆与主杆的夹角宜为 30°。

(2)架空线导线应采用绝缘铜线或绝缘铝线,截面的选择应满足用电负荷和机械强度要求。接户线在档距内不应有接头,进线处离地高度不应小于 2.5 m。接户线最小截面面积应符合表 6-7 的规定。跨越铁路、公路、河流、电力线路档距内的架空绝缘线铝线截面面积应不小于 25 mm^2。接户线线间及与邻近线路间的距离应符合表 6-8 的要求。

表 6-7　接户线的最小截面面积

接户线架设方式	接户线长度(m)	接户线截面面积(mm^2)	
		铜线	铝线
架空敷设	10～25	4.0	6.0
	≤10	2.5	4.0
沿墙敷设	10～25	4.0	6.0
	≤10	2.5	4.0

表 6-8　接户线线间及与邻近线路间的距离

架设方式	档距(m)	线间距离(mm)
架空敷设	≤25	150
	>25	200
沿墙敷设	≤6	100
	>6	150
架空接户线与广播线、电话线交叉		接户线在上部 600 接户线在下部 300
架空或沿墙敷设的接户线零线和相线交叉		100

(3)架空线路与邻近线路或设施的距离应符合表 6-9 的规定。

表 6-9　架空线路与邻近线路或设施的距离　(单位:m)

项目	邻近线路或设施类别						
最小净空距离	过引线、接下线与邻线 0.13			架空线与拉线电杆外缘 0.05		树梢摆动最大时 0.5	
最小垂直距离	同杆架设下方的广播线路通信线路	最大弧垂与地面			最大弧垂与暂设工程顶端	与邻近线路交叉	
		施工现场	机动车道	铁路轨道		1 kV 以下	1～10 kV
	1.0	4.0	6.0	7.5	2.5	1.2	2.5
最小水平距离	电杆至路基边缘 1.0			电杆至铁路轨道边缘 杆高 +3.0		边线与建筑物凸出部分 1.0	

(4)配电线路,应符合下列要求:

①配电线路采用熔断器作短路保护时,熔体额定电流应不大于电缆或穿管绝缘导线允许载流量的 2.5 倍,或明敷绝缘导线允许载流量的 1.5 倍。

②配电线路采用自动开关作短路保护时,其过电流脱扣器脱扣电流整定值,应小于线路末端单相短路电流,并应能承受短路时过负荷电流。

③经常过负荷的线路、易燃易爆物邻近的线路、照明线路,应有过负荷保护。

④装设过负荷保护的配电线路,其绝缘导线的允许载流量,应不小于熔断器熔体额定电

流或自动开关延长时过流脱扣器脱扣电流整定值的 1.25 倍。

(5)电缆线路敷设,应符合下列要求:

①电缆干线应采用埋地或架空敷设,严禁沿地面明设,并应避免机械损伤和介质腐蚀。

②电缆在室外直接埋地敷设的深度应不小于 0.6 m,并应在电缆上下各均匀铺设不小于 50 mm 厚的细砂,然后覆盖砖等硬质保护层。

③电缆穿越建(构)筑物、道路、易受机械损伤的场所及引出地面从 2 m 高度至地下 0.2 m 处,应加设防护套管。

④埋地敷设电缆的接头应设在地面上的接线盒内,接线盒应能防水、防尘、防机械损伤并应远离易燃易腐蚀场所。

⑤橡皮电缆架空敷设时,应沿墙壁或电杆设置,并用绝缘子固定,严禁使用金属裸线作绑线。固定点间距应保证橡皮电缆能承受自重所带来的荷重。橡皮电缆的最大弧垂距地面不应小于 2.5 m。

⑥电缆接头应牢固可靠,并应做绝缘包扎,保持绝缘强度,不应承受张力。

(6)室内配线,应符合下列要求:

①室内配线应采用绝缘导线。采用瓷瓶、瓷(塑料)夹等敷设,距地面高度不应小于 2.5 m。

②进户线过墙应穿管保护,距地面不应小于 2.5 m,并应采取防雨措施。

③进户线的室外端应采用绝缘子固定。

④室内配线所用导线截面面积,应根据用电设备的计算负荷确定,但铝线截面面积应不小于 2.5 mm^2,铜线截面面积应不小于 1.5 mm^2。

⑤潮湿场所或埋地非电缆配线应穿管敷设,管口应密封。采用金属管敷设时应作保护接零。

⑥钢索配线的吊架间距不宜大于 12 m。采用瓷夹固定导线时,导线间距应不小于 35 mm,瓷夹间距应不大于 800 mm;采用瓷瓶固定导线时,导线间距应不小于 100 mm,瓷瓶间距应不大于 1.5 m;采用护套绝缘导线时,允许直接敷设于钢索上。

(四)配电箱、开关箱与照明

(1)动力配电箱与照明配电箱宜分别设置,若合置在同一配电箱内,动力和照明线路应分路设置。

(2)配电箱及开关箱安装使用应符合以下要求:

①配电箱、开关箱及漏电保护开关的配置应实行“三级配电、两级保护”,配电箱内电器设置应按“一机、一闸、一漏”原则设置。

②配电箱与开关箱的距离不应超过 30 m,开关箱与其控制的固定式用电设备的水平距离不宜超过 3 m。

③配电箱、开关箱应装设在干燥、通风及常温场所,不应装设在有严重损伤作用的瓦斯、烟气、蒸汽、液体及其他有害介质环境中。不应装设在易受外来固体物撞击、强烈振动、液体浸溅及热源烘烤的场所。

④配电箱、开关箱周围应有足够两人同时工作的空间和通道,不应堆放任何妨碍操作、维修的物品,不应有灌木、杂草。

⑤配电箱、开关箱应采用铁板或优质绝缘材料制作,安装于坚固的支架上。固定式配电

箱、开关箱的下底与地面的垂直距离应大于1.3 m且小于1.5 m;移动式分配电箱、开关箱的下底与地面的垂直距离宜大于0.6 m且小于1.5 m。

⑥配电箱、开关箱内的开关电器(含插座)应选用合格产品,并按其规定的位置安装在电器安装板上,不应歪斜和松动。

⑦配电箱、开关箱内的工作零线应通过接线端子板连接,并应与保护零线接线端子板分设。

⑧配电箱、开关箱内的连接线应采用绝缘导线,接头不应松动,不应有外露带电部分。

⑨配电箱和开关箱的金属箱体、金属电器安装板以及箱内电器的不应带电金属底座、外壳等应保护接零。保护零线应通过接线端子板连接。

⑩配电箱、开关箱应防雨、防尘和防砸。

(3)总配电箱应设置总隔离开关和分路隔离开关、总熔断器和分路熔断器(或总自动开关和分路自动开关),以及漏电保护器。总开关电器的额定值、动作整定值应与分路开关电器的额定值、动作整定值相适应。总配电箱应装设电压表、总电流表、总电度表及其他仪表。

(4)每台用电设备应有各自专用的开关箱,严禁用同一个开关电器直接控制两台及两台以上用电设备(含插座)。

(5)开关箱中应装设漏电保护器,漏电保护器的装设应符合以下要求:

①漏电保护器应装设在配电箱电源隔离开关的负荷侧和开关箱电源隔离开关的负荷侧。

②漏电保护器的选择应符合规范的要求,开关箱内漏电保护器的额定漏电动作电流应不大于30 mA,额定漏电动作时间应小于0.1 s;使用于潮湿和有腐蚀介质场所的漏电保护器应采用防溅型产品。其额定漏电动作电流应不大于15 mA,额定漏电动作时间应小于0.1 s。

③总配电箱和开关箱中两级漏电保护器的额定漏电动作电流和额定漏电动作时间应做合理配合,使之具有分级分段保护的功能。

④漏电保护器应按产品说明书安装、使用和维护。

(6)各种开关电器的额定值应与其控制用电设备的额定值相适应,手动开关电器只应用于直接控制照明电路的容量不大于5.5 kW的动力电路,容量大于5.5 kW的动力电路应采用自动开关电器或降压启动装置控制。

(7)配电箱、开关箱中导线的进线口和出线口应设在箱体的下底面,严禁设在箱体的上顶面、侧面、后面或箱门处。移动式配电箱和开关箱的进、出线应采用橡皮绝缘电缆。进、出线应加护套分路成束并做防水弯,导线束不应与箱体进、出口直接接触。

(8)配电箱、开关箱的使用与维护,应符合下列要求:

①所有配电箱均应标明其名称、用途,做出分路标记,并应由专人负责。

②所有配电箱、开关箱应每月进行检查和维修一次;检查、维修时应按规定穿绝缘鞋,戴绝缘手套,使用电工绝缘工具;应将其前一级相应的电源开关分闸断电,并悬挂停电标志牌,严禁带电作业。

③所有配电箱、开关箱的使用应遵守下述操作顺序:

送电操作顺序为:总配电箱—分配电箱—开关箱。

停电操作顺序为:开关箱—分配电箱—总配电箱(出现电气故障的紧急情况除外)。

④施工现场停止作业 1 h 以上时,应将动力开关箱断电上锁。

⑤配电箱、开关箱内不应放置任何杂物,并应经常保持整洁;更换熔断器的熔体时,严禁用不符合原规格的熔体代替。

⑥配电箱、开关箱的进线和出线不应承受外力。严禁与金属尖锐断口和强腐蚀介质接触。

(9)现场照明宜采用高光效、长寿命的照明光源。对需要大面积照明的场所,宜采用高压汞灯、高压钠灯或混光用的卤钨灯。照明器具选择应符合下列要求:

①正常湿度时,选用开启式照明器。

②潮湿或特别潮湿的场所,应选用密闭型防水防尘照明器或配有防水灯头的开启式照明器。

③含有大量尘埃但无爆炸和火灾危险的场所,应采用防尘型照明器。

④对有爆炸和火灾危险的场所,应按危险场所等级选择相应的防爆型照明器。

⑤在振动较大的场所,应选用防振型照明器。

⑥对有酸碱等强腐蚀的场所,应采用耐酸碱型照明器。

⑦照明器具和器材的质量均应符合有关标准、规范的规定,不应使用绝缘老化或破损的器具和器材。

(10)一般场所宜选用额定电压为 220 V 的照明器,对下列特殊场所应使用安全电压照明器:

①地下工程,有高温、导电灰尘,且灯具距地面高度低于 2.5 m 等场所的照明,电源电压应不大于 36 V。

②在潮湿和易触及带电体场所的照明电源电压应不大于 24 V。

③在特别潮湿的场所、导电良好的地面、锅炉或金属容器内工作的照明电源电压应不大于 12 V。

(11)使用行灯应符合下列要求:

①电源电压不超过 36 V。

②灯体与手柄连接坚固、绝缘良好并耐热耐潮湿。

③灯头与灯体结合牢固,灯头无开关。

④灯泡外部有金属保护网。

⑤金属网、反光罩、悬吊挂钩固定在灯具的绝缘部位上。

(12)照明变压器应使用双绕组型,严禁使用自耦变压器。

(13)携带式变压器的一次侧电源引线应采用橡皮护套电缆或塑料护套软线。其中,绿/黄双色线作保护零线用,中间不应有接头,长度不宜超过 3 m,电源插销应选用有接地触头的插销。

(14)地下工程作业、夜间施工或自然采光差等场所,应设一般照明、局部照明或混合照明,并应装设自备电源的应急照明。

(五)电动施工机械与手持电动工具

(1)电动施工机械和手持电动工具的选购、使用、检查和维修应符合下列要求:

①选购的电动施工机械、手持电动工具和用电安全装置,应符合相应的国家标准、专业标准和安全技术规程,并且有产品合格证和使用说明书。

②建立和执行专人专机负责制,并定期检查和维修保养。

③保护零线的电气连接符合规范的要求。对产生振动的设备，其保护零线的连接点不少于两处，并按要求装设漏电保护器。

（2）门（塔）式起重机、室外施工临时电梯、滑升模板的金属操作平台和需要设置避雷装置的井字架等，除应作保护接零外，还应按规范要求作重复接地。设备的金属结构架之间保证电气连接。

（3）电动建筑机械或手持电动工具的负荷线，应按其容量选取用无接头的多股铜芯橡皮护套软电缆。每一台电动建筑机械或手持电动工具的开关箱内，除应装设过负荷、短路、漏电保护装置外，还应装设隔离开关。

（4）潜水式电机设备的密封性能，应符合规范规定。

（5）移动式电动机械设备使用，应符合下列要求：

①应装设防溅型漏电保护器。其额定漏电动作电流应不大于15 mA，额定漏电动作时间应小于0.1 s。

②负荷线应采用耐气候型的橡皮护套铜芯软电缆。

③使用电动机械人员应按规定穿戴绝缘用品，应有专人调整电缆。电缆线长度应不大于50 m。严禁电缆缠绕、扭结和被移动式机械跨越。

④多台移动式机械并列工作时，其间距应不小于5 m；串列工作时，应不小于10 m。

⑤移动式机械的操作扶手应采取绝缘措施。

（6）手持式电动工具，应符合下列要求：

①一般场所应选用Ⅱ类手持式电动工具，并应装设额定动作电流不大于15 mA、额定漏电动作时间小于0.1 s的漏电保护器。若采用Ⅰ类手持式电动工具，还应作保护接零。

②露天、潮湿场所或在金属构架上操作时，应选用Ⅱ类手持式电动工具，并装设漏电保护器。严禁使用Ⅰ类手持式电动工具。

③狭窄场所（锅炉、金属容器、地沟、管道内等），宜选用带隔离变压器的Ⅰ类手持式电动工具；若选用Ⅱ类手持式电动工具，应装设防溅的漏电保护器。把隔离变压器或漏电保护器装设在狭窄场所外面，工作时应有人监护。

④手持电动工具的负荷线应采用耐气候型的橡皮护套铜芯软电缆，并不应有接头。

⑤手持式电动工具的外壳、手柄、负荷线、插头、开关等应完好无损，使用前应作空载检查，运转正常方可使用。

二、施工供水

（1）生活饮用水水质应符合表6-10的要求，并应经当地卫生部门检验合格方可使用。生活饮用水源附近不应有污染源。

（2）水质冻凝消毒处理所用的药剂或过滤材料应符合卫生标准，用于生活的饮用水不应含有对人体健康有害的成分；用于生产的用水不应含有对生产有害的成分。对水质应定期进行化验，确保水质质量。

（3）泵站（取水点）周围半径不小于100 m的水域不应有停靠船只、游泳、捕捞和可能污染水源的活动。

表6-10　生活饮用水水质标准

编号		项目	标准
感官性状指标	1	色	色度不超过15度,并不得呈现其他异色
	2	浑浊度	不超过1度,特殊情况不超过5度
	3	臭和味	不得有异臭异味
	4	肉眼可见物	不得含有
化学指标	5	pH值	6.5~6.8
	6	总硬度(以CaO计)	不超过450 mg/L
	7	铁	不超过0.3 mg/L
	8	锰	不超过0.1 mg/L
	9	铜	不超过1.0 mg/L
	10	锌	不超过1.0 mg/L
	11	挥发酚类	不超过0.002 mg/L
	12	阴离子合成洗涤剂	不超过0.3 mg/L
毒理学指标	13	氟化物	不超过1.0 mg/L,适宜浓度0.5~1.0 mg/L
	14	氰化物	不超过0.05 mg/L
	15	砷	不超过0.01 mg/L
	16	硒	不超过0.01 mg/L
	17	汞	不超过0.001 mg/L
	18	镉	不超过0.05 mg/L
	19	铬(六价)	不超过0.05 mg/L
	20	铅	不超过0.01 mg/L
细菌学指标	21	细菌总数	不超过100个/mL水
	22	总大肠菌群(MPN/100 mL或CFU/100 mL)	不得检出
	23	游离性余氯	在接触30 min后应不低于0.3 mg/L,管网末梢水不低于0.05 mg/L

(4)缆车式泵站卷扬机牵引设施应固定牢固,轨道上端设有行程开关,下端设有车程等安全保险连锁装置,取水位置应有明显行车标志。在移车前应检查卷扬机正常完好;启动时应有明显信号,升降时应由专人监护指挥。

(5)浮船式泵站应采取固船措施,船上应设有航标灯或信号灯,汛期应设专人监视水情及调正缆绳和输水管。

(6)固定式泵站的水泵地基应坚实,水泵机组应牢固地安装在基础上。

(7)泵房内应有足够的通道,机组间距应不少于0.8 m,泵房门应朝外开。

(8)蓄水池,应符合下列要求:

①基础稳固。

②墙体牢固,不漏水。

③有良好的排污清理设施。

④在寒冷地区应有防冻措施。

⑤水池上有人行通道并设安全防护装置。

⑥生活专用水池须加设防污染顶盖。

(9)阀门井大小应满足操作要求,应安全可靠并有防冻措施。

(10)管道宜敷设于地下,采用明设时,应有保温防冻措施。

在山区明设管道应避开滚石、滑坡地带。当明管坡度达15°~25°时,管道下应设挡墩支承,明管转弯处应设固定支墩。

三、施工供风

(一)空气压缩机站(房)安全管理

(1)空气压缩机站(房)应选择在基岩或土质坚硬、地势较高的地点,并应适当离开要求安静和防震要求较高的场所。

(2)空气压缩机站应远离散发爆炸性、腐蚀性、有毒气体、产生粉尘的场所和生活区,并做好防火、防洪、防高温等各项措施。

(3)寒冷地区空气压缩机站应有取暖设施。

(4)机房应宽敞明亮,尽可能利用自然采光,并设有排风、降温设施。

(5)机房应有足够的高度。在单机排气量不小于20 m^3/min、总安装容量不小于60 m^3/min的压缩空气站宜安装桥(门)式起重机等起重设备。

(6)机组之间应有足够的宽度,不宜小于2.5~3 m,机组的一侧与墙之间的距离应不小于2.5 m,另一侧应有宽敞的空地。

(7)机房的墙壁和屋顶宜安装吸声材料以减少噪声,空压机房内的噪声不应超过85 dB(A),进气口应安装于室外,并装有消声器。

(8)压缩机的安全阀、压力表、空气阀、调压装置,应齐全、灵敏、可靠,并应按有关规定定期检验和标定。

(9)空气压缩机房的维修平台和电动机地坑的周围,应设置防护栏杆,栏杆下部应有防护网或板,地沟应铺设盖板。

(10)空气压缩机站应设废油收集沟。

(11)移动式空气压缩机应停放在牢固基础上,宜设防雨棚、防晒棚和隔离护栏等设施。

(12)供风管道宜布设在道路、设施的边缘,连接牢固,标志清楚,通过道路、作业场地时宜采用埋设。

(13)供风管道布设在滚石、塌方等区域时,应采用埋设或设置防护挡墙,在坡度大于15°的坡面铺设管道下面应设挡墙支撑,明管弯段应设固定支墩。

(二)储气罐安全管理

(1)储气罐罐体应符合国家有关压力容器的规定。

(2)安装在机房外,距离不应小于2.5~3 m。

(3)应安装安全阀,该阀全开时的通气量应大于空压机排气量。

(4)罐与供气总管之间应装设切断阀门。

(5)储气罐应定期检验和进行压力试验。

(三)空气压缩机的冷却水安全管理

(1)应使用清洁无杂质水,严禁使用脏污的水或酸性水。

(2)水质硬度较高时应进行软化处理。

(3)压力不应低于 0.2 MPa,进、排水温差不应低于 10 ℃。

(4)回水管坡度不小于 3‰并坡向冷却水池。

(5)冷却水池周围应设有防护栏杆及水池排污管。

第五节　消防安全技术措施

在水利水电工程建设过程中,消防安全问题一直都不容忽视,防火安全更是水利水电工程建设中的重要任务,为了防止和减少火灾的发生,各参建单位必须重视并采取相应的措施。

(1)各单位应建立、健全各级消防责任制和管理制度,组建专职或义务消防队,并配备相应的消防设备,做好日常防火安全巡视检查,及时消除火灾隐患,经常开展消防宣传教育活动和灭火、应急疏散救护的演练。

(2)根据施工生产防火安全需要,应配备相应的消防器材和设备,存放在明显易于取用的位置。消防器材及设备附近,严禁堆放其他物品。

(3)消防用器材设备,应妥善管理,定期检验,及时更换过期器材,消防汽车、消防栓等设备器材不应挪作他用。

(4)根据施工生产防火安全的需要,合理布置消防通道和各种防火标志,消防通道应保持通畅,宽度不应小于 3.5 m。

(5)宿舍、办公室、休息室内严禁存放易燃易爆物品,未经许可不得使用电炉。利用电热的车间、办公室及住室,电热设施应由专人负责管理。

(6)挥发性的易燃物质,不应装在开口容器及放在普通仓库内。装过挥发油剂及易燃物质的空容器,应及时退库。

(7)闪点在 45 ℃以下的桶装、罐装易燃液体不应露天存放,存放处应有防护栅栏,通风良好。

(8)施工区域需要使用明火时,应将使用区进行防火分隔,清除动火区域内的易燃、可燃物,配置消防器材,并应有专人监护。

(9)油料、炸药、木材等常用的易燃易爆危险品存放使用场所、仓库,应有严格的防火措施和相应的消防设施,严禁使用明火和吸烟。

(10)易燃易爆危险物品的采购、运输、储存、使用、回收、销毁应有相应的防火消防措施和管理制度。

(11)施工生产作业区与建筑物之间的防火安全距离,应符合下列要求:

①用火作业区距所建的建筑物和其他区域不应小于 25 m。

②仓库区,易燃、可燃材料堆集场距所建的建筑物和其他区域不应小于 20 m。

③易燃品集中站距所建的建筑物和其他区域不应小于 30 m。

(12)加油站、油库应符合下列要求:

①独立建筑,与其他设施、建筑之间的防火安全距离不应小于 50 m。

②周围应设有高度不低于 2.0 m 的围墙、栅栏。

③库区内道路应为环形车道,路宽应不小于 3.5 m,应设有专门消防通道,保持畅通。

④罐体应装有呼吸阀、阻火器等防火安全装置。

⑤应安装覆盖库(站)区的避雷装置,且应定期检测,其接地电阻不应大于 10 Ω。

⑥罐体、管道应设防静电接地装置,接地网、线用 40 mm×4 mm 扁钢或Φ10 圆钢埋设,且应定期检测,其接地电阻不应大于 30 Ω。

⑦主要位置应设置醒目的禁火警示标志及安全防火规定标识。

⑧应配备相应数量的泡沫灭火器、干粉灭火器和砂土等灭火器材。

⑨应使用防爆型动力和照明电器设备。

⑩库区内严禁一切火源,严禁吸烟及使用手机。

⑪工作人员应熟悉使用灭火器材和消防常识。

⑫运输使用的油罐车应密封,并有防静电设施。

(13)木材加工厂(场、车间)应符合下列要求:

①独立建筑,与周围其他设施、建筑之间的安全防火距离不应小于 20 m。

②安全消防通道保持畅通。

③原材料、半成品、成品堆放整齐有序,并留有足够的通道,保持畅通。

④木屑、刨花、边角料等弃物及时清除,严禁置留在场内,保持场内整洁。

⑤设有 10 m^3 以上的消防水池、消防栓及相应数量的灭火器材。

⑥作业场所内禁止使用明火和吸烟。

⑦明显位置设置醒目的禁火警示标志及安全防火规定标识。

第六节　防台防汛安全措施

一、防台风措施

台风是一种突发性强、破坏力大的自然灾害,对施工现场人身及设备安全构成很大威胁。因此,为防御台风,降低其对工程施工的危害,必须采取相应的措施。

(1)做好防台风前期准备,施工期间安全环保部密切注意天气预报,有何异常及时跟负责人汇报,且要与有关单位密切联系,确保信息传递的可靠性,做好汛情防范工作。

(2)当出现险情时,项目部的有关人员必须及时到位,并针对实际情况采取相应的防护和加固措施。

(3)配备足够的防汛材料和设备,包括潜水泵、塑料薄膜、彩条布、雨衣、雨鞋等。

(4)施工现场四周的排水沟内垃圾清理干净,保证雨水能通畅地排往城市地下管道。

(5)在生活区、钢筋加工场、周转料具堆场、仓库、机棚以及大型机械基础周边设置排水沟,防止雨水堆积。

(6)施工场地内道路两旁要做好排水沟,排水沟与总排水沟相通,并向排水方向找坡,确保路面不积水。

（7）机电设备的电闸要采取防雨、防潮措施，并应安装接地保护装置，以防漏电、触电。

（8）对外脚手架尤其是附墙点及施工电梯、塔吊等设备进行检查、加固。

（9）加强施工电缆、电线的检查加固，对台风暴雨期间不使用的电器设备，将其电源全部切断。

（10）机动电掣箱要有防雨措施，漏电保护装置要安全可靠。

（11）现场所有用电设备，闸箱、输电线路均做好相应的防雨防潮措施，并符合用电安全规则，保证安全用电。大型机械设备及脚手架应设置好防护措施。

（12）现场的施工材料及防护材料，水泥要垫高码放并要通风良好，以防受潮。

（13）进入现场设备材料避免堆入在低洼处，露天存放的垫高加彩条布盖好。堆在现场的零星材料要归堆固定好。

（14）临时设施检修：对工人宿舍、办公室等进行全面检查，对危险建筑物应进行全面翻修加固。

（15）台风到来后应停止一切施工作业，切断施工电源。

（16）台风期间，当风力很大时，住在临设中的工人全部撤离，搬至在建建筑物中进行住宿，并派专人进行统一管理。住宿的楼层房间做好相应防风、防雨的措施，确保人员的安全。

二、防汛措施

为加强项目部防洪防汛工作，确保汛期施工安全，有效预防、控制暴雨和洪水灾害，提高灾害发生后的应急反应能力，确保施工、车辆安全，减轻对施工场地人员及设备的损害，必须采取相应的措施：

（1）建设单位应组织成立由施工、设计、监理等单位参加的工程防汛机构，负责工程安全度汛工作。应组织制订度汛方案及超标准洪水的度汛预案。

（2）设计单位应于汛前提出工程度汛标准、工程形象面貌及度汛要求。

（3）施工单位应按设计要求和现场施工情况制定度汛措施，报建设单位（监理）审批后成立防汛抢险队伍，配置足够的防汛物资，随时做好防汛抢险的准备工作。

（4）建设单位应做好汛期水情预报工作，准确提供水文气象信息，预测洪峰流量及到来时间和过程，及时通告各单位。

（5）防汛期间，应组织专人对围堰、子堤等重点防汛部位巡视检查，观察水情变化，发现险情，及时进行抢险加固或组织撤离。

（6）防汛期间，超标洪水来临前，施工淹没危险区的施工人员及施工机械设备，应及时组织撤离到安全地点。

（7）汛期应加强与上级主管部门和地方政府防汛部门的联系，听从统一防汛指挥。

（8）洪水期间，若发生主流改道，航标漂流移位、熄灭等情况，施工运输船舶应避洪停泊于安全地点。

（9）堤防工程防汛抢险，应遵循前堵后导、强身固脚、减载平压、缓流消浪的原则。

（10）防汛期间，在抢险时应安排专人进行安全监视，确保抢险人员的安全。

第七章　金属结构及机电设备安装与调试安全管理

第一节　金属结构安装与调试安全管理

一、金属结构制作

(1)生产厂区应符合以下要求：

①厂址应避免选择在可能发生洪水、泥石流或滑坡塌陷等自然灾害地段或影响区域。对区域内防止发生垮塌、淹没及坠落的安全防护设施应进行经常性的检查，发现隐患及时处理。

②厂房、工具房、压缩空气站、氧气站、低温液体气化站、乙炔气站、配电房等建筑物及集中供气管道的布置、设计应符合工业建筑、防火、防雷、消防等设计规范要求。

③厂内主、次干道的设计能力应根据最大构件制造运输的质量及外形尺寸确定。

④作业环境的防烟尘、防毒、防辐射以及通风措施应符合《工业企业设计卫生标准》(GB Z1—2010)的规定。

⑤车间内主通道不得小于2 m，各作业区间应有安全通道，其宽度不得小于1 m。两侧用宽0.08 m的黄色油漆标明，通道内不得堆放物品。露天制作拼装及产品堆放场地应有合理的地面排水系统和通畅的运输道路。

⑥架空设置的设备平台、人行道及2.0 m以上高空作业的平台、安全走道，其底板应设计为防滑钢板，临边应设置带有挡脚板的钢防护栏杆。

⑦车间及厂区内应布置接地网，各用电设备、电气盘柜、钢板铺设的平台的接地或接零装置应与接地网可靠连接，接地电阻值不得大于4 Ω，保护零线必须采用绝缘导线，其重复接地电阻值不应大于10 Ω。露天布置的设备应有可靠的防雨、雷遮护装置。

⑧车间及作业区照明充足，照明灯具应设有备用电源。架空的通道、地面主要安全通道、进出口、楼梯口等处应设置自动应急灯。施工场地除布置通用照明外，作业部位还应设置照度足够的临时工作照明。

⑨露天作业场的布置应根据场地交通及起吊设备能力进行设计布局，确保大件产品能够安全吊装、装卸和运输。

⑩各作业区及危险部位应有明显的安全警示标识、标牌、标签等，并保持其醒目完整。周围严禁堆放杂物。

(2)进入施工生产区域人员应正确穿戴安全防护用品。进行2.0 m(含2.0 m)以上高空作业应佩戴安全带并在其上方固定物处可靠拴挂，3.2 m以上高空作业时，其下方应铺设安全网。安全防护用品使用前应认真检查，不应使用不合格的安全防护用品。

(3)安全技术措施或施工技术方案中的起重吊装、高空作业涉及的安全防护设施(机索具、施工平台、承重平台、承重支墩等)应进行校核计算及敷设验收。钢管脚手架应按《建筑施工扣件式钢管脚手架安全技术规范》(JGJ 130—2011)进行设计、搭设及验收。

(4)在闸门等大型钢结构件上作业时应对其工作面上直径或边长大于 0.15 m 的孔洞进行临时封堵,临边作业面应设置临时防护栏杆,防护栏杆应符合规范要求。

(5)金属结构制作机械设备、电气盘柜和其他危险部位应悬挂安全警示标识。

(6)手持式电动工具的使用及安全防护应符合规范要求及手持式电动工具的管理、使用、检查和维修相关规定。

(7)焊接作业安全防护应符合以下要求:

①电焊机的接地装置必须定期进行检查,以保证其可靠性。移动式焊机在工作前必须接地,并且接地工作必须在接通电力线路之前做好。

②电焊机、加热设备应采用独立电源并装有漏电保护器。电焊机、加热设备外壳应有可靠的接地和接零保护。

③大型电焊作业宜进行隔离,设置电焊防护屏,屏高应不低于 1.8 m。

④焊接人员作业时应佩戴如工作服、手套、眼镜、口罩等防护用品,针对特殊作业场合,还应佩戴空气呼吸器,防止烟尘危害。

⑤焊接作业时,身体不应倚靠被焊件。在金属容器内或狭窄工作场所施焊时,应采用橡胶或其他绝缘衬垫,保证人体与焊件间良好绝缘,并应两人轮换作业,以便相互照顾。

⑥局部照明灯、行灯及标灯,其电压不应超过 36 V,在特别潮湿的场所及金属容器、金属管道内工作的照明灯电压不应超过 12 V,行灯电源线应使用护套缆线,不得使用塑料软线。

⑦在相对密闭的井架箱体构件内施焊时,应保持通风、换气。

⑧焊工宜着浅色或白色帆布工作服,工作服袖口应扎紧,扣好领口,皮肤不外露。焊接时应使用镶有特别防护镜片的面罩,并按照焊接电流的强度不同来选用不同型号的滤光镜片。

⑨现场拼装焊接时,严禁露天冒雨焊接,应按有关要求采取防护措施。

⑩高处焊割作业点的周围及下方地面上火星所及的范围内,应彻底清除可燃、易爆物品,并配置足够的灭火器材。

(8)氩弧焊焊接安全防护应符合以下要求:

①焊接有毒气体的防护应符合下列规定:

A.氩弧焊工作现场应有良好的通风装置,以排出有害气体及烟尘。除厂房通风外,在焊接工作量大,焊机集中的地方,加装轴流风机向外排风。

B.采用局部通风的措施将电弧周围的有害气体抽走。

②放射性防护应符合下列规定:

A.磨尖钍钨棒应备有专用砂轮,砂轮应安装除尘设备。地面上的磨屑经常做湿式扫除,并集中深埋处理。砂轮机房地面、墙壁宜铺设瓷砖或水磨石,以利清扫污物。

B.钍钨棒储存地点应固定在地下室,并存放在封闭铁箱里,并安装通风装置。

C.手工焊接操作时,必须戴送风式头盔,或采取其他有效的通风措施。磨尖钍钨极时应戴防尘口罩。

D.根据生产条件尽可能采取稳弧排烟罩,并且在操作中不应随便打开罩体。

E.要合理地选用工艺规范，避免钍钨极的过量烧损。

F.接触钍钨极后应以流动水和肥皂水洗手。

③为了防备和削弱高频电磁场的影响，应采取下列措施：

A.工件良好接地，焊枪电缆和地线应用金属编织线屏蔽。

B.适当降低频率。

C.不宜使用高频振荡器作为稳弧装置，减少高频电作用时间。

D.氩弧焊时，宜选择在空气流通的地方施焊，选择钍钨和铈钨放射性小的电极材料。由于臭氧和紫外线作用强烈，焊工宜穿戴非棉布工作服。在容器内焊接又不能采用局部通风的情况下，应采用送风46式头盔、送风口罩或防毒口罩等个人防护措施。

(9)金属结构制作安装使用工业气体的安全防护应符合以下要求：

①液氧的使用应符合下列规定：

A.低温液体气化站的设计应符合《氧气站设计规范》(GB 50030—2013)的规定。液氧库应设有静电接地和防雷接地系统，输送管道应有接地系统。

B.存储液氧设备的使用管理应符合《低温液体贮运设备 使用安全规则》(JB/T 6898—2015)的规定。

C.液氧库内及库外10.0 m不得存放易燃易爆物质，并远离火源，使用场所应悬挂安全标识。

D.用于焊接、切割场所应安装止回阀，配置灭火器。

E.操作人员开闭阀门管道附件时，必须戴好防冻用具，当进行有危险的深冷处理时，应注意对手脚、头部面部的防冻保护，穿戴防护衣帽、目镜。

F.应在空气流通环境中使用液氧，当发生大量液氧泄漏时，应加强自然通风或使用防爆风扇通风，轻柔处理关闭阀门，人员迅速远离，还应防止因跑动产生的火花和静电而引起火灾。

G.对于设备、管道、阀门的解冻，应用水冲，严禁敲打、火烤和电加热。

H.液氧储槽严禁酸、碱、油类物质接触设备。

I.非工作人员一律不得进入液氧区域。

②用于焊接使用的二氧化碳气体、氩气等工业气体的安全防护应符合《水利水电工程施工通用安全技术规程》(SL 398—2007)中焊接与气割有关规定及相关标准、法规规定。

(10)从事机械加工作业的安全防护应符合《水利水电工程施工作业人员安全操作规程》(SL 401—2007)的有关规定。

(11)金属加工设备防护罩、挡屑板、隔离围栏等安全设施应齐全、有效。有火花溅出或有可能有飞出物的设备应设有挡板或保护罩。

(12)无损探伤作业安全防护应符合以下要求：

①X射线、γ射线探伤室布置及作业的安全防护应符合《工业X射线探伤放射防护要求》(GB Z 117—2015)、《工业γ射线探伤放射卫生防护要求》(GB 18465—2001)和国家卫生部《放射工作人员职业健康管理办法》要求。

②射线探伤应严格划分控制区域和设置防护屏障，以保障作业人员和附近非作业人员的安全。防护屏障材料应采用铅板、水泥墙或钡水泥等。

③现场射线探伤辐射防护区域应按标准计算被检物体周围的空气比释动能率划分控制

区和监督管理区。进行作业前,控制区检测边界和监督区边界必须悬挂警告标牌,作业人员应在控制区边界操作,否则应按照标准规定采取防护措施。必要时设专人警戒,其他人员不得进入监督区域。

④无损检测用电安全防护除应符合探伤设备说明书外,还应符合施工现场用电安全规定。

⑤在高空、临边、孔洞等环境进行探伤作业时,应按照《水利水电工程施工通用安全技术规程》(SL 398—2007)的要求进行安全防护。

(13)喷砂除锈及涂装作业安全防护应符合以下要求:

①除锈设备应采取隔声、减振等措施。

②设有独立的排风系统和除尘装置。

③喷砂室应设有用不易碎材料制成的观察窗,室内外均应设控制开关,并设有声、光等联系信号装置。

④粒丸回收地槽应设有上下扶梯、照明和排水设施等。

⑤电动机的启动装置和配电设备应采用防爆型。

⑥喷砂除锈操作人员应佩戴护目镜、防尘面具和带有空气分配器的工作服。工作服用橡胶或人造革制成,并带有空气分配器,戴上橡胶、皮革或厚布手套。辅助人员必须戴防护眼镜和防尘口罩。

⑦操作者在头盔中呼吸的空气必须经过滤清,气压调节到 0.12 MPa。

⑧冬季作业时,宜在玻璃内壁涂抹防雾剂,但不宜过厚。

⑨工作中应及时打扫脚手板及结构上的砂粒,防止滑跌。

⑩各类油漆、汽油、酒精、松香水、香蕉水、丙酮以及其他有毒有害物质,应在专门库房内密闭存放。库房与其他建筑物的距离应符合《水利水电工程施工通用安全技术规程》(SL 398—2007)中的有关规定。存储库房的设计、施工应符合防火、防爆的有关规定。

⑪危险品库房应有良好的通风条件,室内照明应设防爆灯,室外应设置消防器材,并设有明显的防火安全警告标志。

⑫涂装作业场所应符合《喷漆室安全技术规定》(GB 14444—2006)的有关规定,喷漆间应保证作业人员有充分的操作空间。

⑬作业人员应根据作业环境和有害物质的情况,分别采用头部、眼睛、皮肤及呼吸系统的防护用具。防护用具应符合《个体防护装备选用规范》(GB/T 11651—2008)的规定,并定期检查,保证其防护性能有效。

⑭当进入有限空间(包括竖井及容器内)进行作业时,应当符合《涂装作业安全规程 有限空间作业安全技术要求》(GB 12942—2006)的规定。

⑮应采用防爆型照明灯具,电压应符合低压电器的规定,照度电压应不大于 36 V。严禁在有限空间内使用明火照明。

⑯高压喷漆机的接头线必须完好接地,卡紧装置必须可靠,喷漆高压软管,必须无破损,不得扭结,不得用软管拖拉设备,软管的金属接头必须用绝缘胶带妥善包扎,防止软管拖动时与钢板摩擦产生火花。

⑰喷漆室和喷枪应设有避免静电聚积的接地装置。

⑱热喷涂使用的氧气瓶、乙炔气瓶的安全防护应符合《水利水电工程施工通用安全技

术规程》(SL 398—2007)的有关规定。

⑲热喷涂必须采取必要的通风和个人安全防护措施,防尘、防毒、防辐射和防噪声等,以预防职业病的危害。

⑳热喷涂工应定期进行身体检查,发现慢性呼吸道疾病、慢性肝病和慢性肾病者,以及尿蛋白、糖尿增高者应及时调换工种。

㉑在高空、临边、孔洞等环境进行喷砂除锈及涂装作业时,应按照《水利水电工程施工通用安全技术规程》(SL 398—2007)的要求进行安全防护。

二、金属结构安装

(1)金属结构设备堆放与预组装场地应综合考虑工程施工特性、拼装方案和现场设备起吊能力诸要素,应避免布置在可能发生山洪、泥石流或滑坡等自然灾害的地段和区域。

(2)场内各金属结构设备堆放场和作业区应布局合理,并应有明显标识。办公室、仓库、变电所、各作业场所应有消防和排水设施,人行通道和消防通道应保持畅通,严禁堆放杂物。对于不需要吊车或运输车辆进入的,宜按 0.8~1 m 宽度预留人行安全通道,对于需要采用移动式汽车吊等手段进行装卸作业的,根据车辆作业宽度预留 8~10 m 宽的通道。

(3)场区应有完整的接地网,各用电设备、电气盘柜、钢板铺设的平台的接地或接零装置应与接地网可靠连接,接地电阻值不得大于 4 Ω,保护零线必须采用绝缘导线,其重复接地电阻值不应大于 10 Ω。露天布置的设备应有可靠的防雨、雷遮护装置。

(4)场内除布置通用照明外,夜间作业部位和主要运输道路旁应按规定布置充足的工作照明设施。

(5)场内作业房应合理布置,各房间应设有单独的配电盘,盘上应有盖板和挂锁及漏电保护装置。房内应备有灭火器,所有施工设备、电气盘柜等危险部位,均应悬挂安全警示标志和安全操作规程,且应接地良好。接地及保护装置应经常检查、测试。

(6)场内风、水、电等临时施工设施,规划布置应符合本教材第六章第四节的有关规定。

(7)现场施工用电以及进行焊接、无损检测、防腐、起重吊装等作业的安全防护应符合第五章的有关安全防护规定。

(8)进行高处作业和交叉作业的,应设置保护平台、安全护栏和安全网。每次作业前应对安全防护设施进行检查,确保符合要求。

(9)金属结构设备安装施工现场必须照明充足,并符合以下要求:

①现场应有足够的光源。

②潮湿部位应选用密闭型防水照明器或配有防水灯头的开启式照明。

③应设有带有自备电源的应急灯等照明器材。

④用电线路宜采用装有漏电保护器的便携式配电箱。

(10)压力钢管安装应符合以下要求:

①配备有联络通信工具。

②洞、井内必须装设示警灯、电铃等。

③斜道内应安装爬梯。

④钢管上的焊接、组装工作平台、挡板、内支撑、扶手、栏杆等应牢固稳定,临空边缘应设有钢防护栏杆或铺设安全网等。

⑤洞内应配备足够的通风、排烟装置，洞内有害烟尘浓度应符合《水利水电工程施工安全防护设施技术规范》(SL 714—2015)中常见生产性粉尘、有毒物质在空气中允许浓度及限制的要求。

⑥洞内危石应清除干净或有可靠的锚固措施。

⑦配有足够供洞内人员佩戴的安全帽、安全带、绝缘防护鞋等。

⑧压力钢管内壁的焊接、组装工作平台、挡板、内支撑、扶手、栏杆等的拆除作业，应采取防止构件垮塌的安全防护措施。作业人员应站在位于可能垮塌覆盖的反方向，安全带不得拴挂在可能垮塌的构件上。

(11)各类埋件、闸门及拦污栅安装应符合以下要求：

①门槽口应设有安全防护栏杆和临时盖板。

②设有牢固的扶梯、爬梯等。

③有防火要求的设备和部位应设置挡板或盖板防护。

④搭设有满足人员、工件、工具等载重要求的工作平台，平台距工作面高度不应超过1.00 m，平台的周边设有钢防护栏杆。

⑤在临边、孔洞等处作业的人员必须拴挂安全带。

⑥用于安装、检查、清理、修复门槽及闸门的载人升降平台或吊篮必须设有安全保险装置，其设计、制造、使用必须符合国家特种设备有关规定。

⑦闸门在拼装时，应有牢靠的防倾覆设施。

⑧闸门下放时，底槛处、门槽口及启闭机室应设专人监护，并配备可靠的联络通信工具。

三、启闭机设备安装及调试

(1)进入施工现场的作业人员，必须按规定穿戴、佩戴安全防护用品，严禁穿拖鞋、高跟鞋、易滑硬底鞋或赤脚工作。

(2)施工现场存放的设备、材料应存放整齐、安全可靠。吊装作业区四周应设置明显警示标志，必要时应设专人值守。

(3)门机、桥机轨道安装部位的临空面应设置安全防护栏，其下方有其他作业时应设置安全网。高处作业的脚手架、工作平台、临时吊架、过道等应根据有关规范和使用要求进行设计、搭设，使用前应按设计及相关规范进行检查验收。

(4)进行设备连接部位锈蚀处理和保护漆清扫作业的人员应佩戴防护眼镜和防尘口罩。

(5)液压管件进行酸洗钝化时，作业人员应穿戴防护用品，配置酸、碱溶液的原料应明确标识并妥善保管，酸洗废液应统一回收处理，不得随意排放。

(6)电器、液压设备上方需进行气割和焊接作业的，应先将设备电源切断并对设备使用阻燃物遮护。施工现场应配置消防器材。

(7)门机大梁与门腿组合部位的作业平台应与门腿可靠连接，脚手板、栏杆、安全网应固定牢固，作业人员应佩戴安全帽、安全带。安全带应高挂可靠。

(8)在小车部件吊装之前，门机、桥机大梁上设置的永久安全护栏应及时安装，小车吊装就位的下方应设置安全防护网。小车吊装就位后应及时采取固定措施。

(9)电气设备安装调试工作场所应备有适用于电气、仪表类的灭火器材。

(10)门式启闭机应通过大车轨道与水工建筑物的接地网可靠连接,电气线路对地绝缘电阻应不小于 0.8 MΩ,潮湿环境中应不小于 0.4 MΩ。

(11)启闭机负荷试验应设专人指挥,试验现场应设警戒线,悬挂警示标志,无关人员不得进入。负荷试验间歇期间,应投入锚碇装置。动负荷试验用的配重吊架应进行专项的设计计算。

(12)启闭机安装搭设的脚手架、临时走台、工作平台等在拆除切割时,操作者应站在永久设备上或站在与被割除物无任何联系的构件上,拴挂好安全带,并应设专人进行监护,他人不应进入拆除区。割除的脚手架、临时走台、工作平台等应立即清除干净。如果割除临时安全防护设施不能立即清除干净,应悬挂警示标志,任何人不应攀爬。

第二节 机电设备安装与调试安全管理

一、电站主机设备安装

(1)机组安装现场应设足够的固定照明和移动式照明,埋件安装、机坑、廊道和蜗壳内作业应采用安全电压照明,并备有应急灯。

(2)机组安装现场对预留进人孔、排水孔、吊物孔、放空阀、排水阀、预留管道口等孔洞应加防护栏杆或盖板封闭。

(3)尾水管、肘管、座环、机坑里衬安装时,机坑内应搭设脚手架和安全工作钢平台,平台基础应稳固,并满足承载力要求。固定导叶之间应采取安全绳、安全网等防护措施。

(4)蜗壳安装高度超过 2.00 m 时,内外均应搭设脚手架和工作平台,并应铺设安全通道和护栏。蜗壳外围应设置安全网。

(5)在水轮机室、蜗壳内等密闭场所进行焊接和打磨作业时应配备通风、除尘设施。

(6)尾水管、蜗壳内进行无损检测时,必须设立警戒区域和醒目标识,并搭设脚手架。

(7)尾水管、蜗壳内和水轮机过流面进行环氧砂浆作业时,应有相应的防火、防毒设施并设置安全防护栏杆和警告标志。

(8)水导轴承及主轴密封系统安装、主轴补气系统安装等,均应设置清扫区域和隔离带;配备足量灭火器,设置安全通道,配置安全网和栏杆。

(9)在专用临时棚内焊接分瓣转轮、定子干燥和转子磁极干燥时周围应设安全护栏和防静电、防磁等警告标志,并配有专门的消防设施。

(10)在机坑外组装上下机架、转子叠片,高度超过 2 m 时,上平面四周必须设安全防护栏杆,并设置满足规范要求的上下钢梯或木梯。

(11)发电机下部风洞盖板、机架及风闸基础埋设时,应搭设与水轮机室隔离封闭的钢平台,其承载力必须满足安全作业要求。

(12)机组零部件使用脱漆剂清扫去锈时,作业人员应佩戴防毒口罩和皮手套,进入转轮体内或轴孔内清扫时,应设置通风设施,清扫去锈施工现场还应设临时围栏和消防设施。

(13)在机坑内进行定子组装、铁芯叠装和定子下线作业时,应搭设牢固的脚手架、安全工作平台和爬梯。临空面必须设防护栏杆并悬挂安全网,定子上端与发电机层平面应设安全通道和护栏。定子顶端外圈与机坑之间必须敷设安全网。

(14)转子铁片堆积时,铁片堆放应整齐、稳固并留有安全通道,转子外围应搭设宽度不小于 1.20 m 的安全工作平台,转子支架上平台之间必须铺满木板或钢板,并设置上下转子的钢梯或木梯。

(15)发电机大轴在机坑外组装拼接时,应搭设安全作业平台,并设置符合要求的上下爬梯。大轴连接面与吊物孔之间应满铺木板或钢板。

(16)上机架吊入基坑后,应设置中心大轴至发电机层平面、转子上平面至发电机层平面的安全通道和防护栏杆。

(17)定子线棒环氧浇灌、定子喷漆、转子喷漆以及机组内部喷(刷)漆时,应配备消防、通风、防毒设施,周围应设围栏和警告标志。

(18)辅机管道安装高度超过 2 m 时,应搭设牢固的脚手架或作业平台,并设置上下爬梯。当采用移动式脚手架施工时,应注意采取防倾倒措施。

(19)在厂内油系统安装管道配置、防腐作业时,现场配备足够数量和相应类型的灭火器,管路回装高度超过 2 m 时,应搭设脚手架或作业平台,设置护栏和警示标志。

(20)与安装机组相邻的待安装机组周围必须设安全防护栏杆,并悬挂警告标志。

(21)运行机组与安装机组之间应采用围栏隔离,并悬挂警告标志。

二、电气设备安装

(1)电气设备安装应符合下列规定:

①施工现场的孔洞、电缆沟应装有嵌入式盖板。

②吊物孔周围应设有防护栏杆和地脚挡板。

③地下厂房、电缆夹层、竖井、洞室作业,安装时应配备足够的照明。

④高处、竖井作业部位搭设操作平台和脚手架,并设有安全防护栏、爬梯、安全绳、安全带、安全网等。

⑤上下层交叉作业时,应设置保护平台和安全网。

⑥施工临时用电部位,应设带有漏电保护器的低压配电箱。

(2)主变压器安装应符合以下规定:

①滤油现场设置保护网门和安全防护栏,配置干粉手提式和小车式灭火器。

②滤油现场悬挂“油库重地,严禁烟火”警示牌。

③事故油池装有盖板。

④主变压器如果在洞内,油库内应配置防爆灯。

⑤现场应设有通风及消防装置。

⑥主变压器在厂房内进行顶升作业,在底部安装调整运输轮时,应在变压器底部设置保护支墩。

⑦进入变压器内部作业时,应配置 12 V 安全行灯和测氧仪。

(3)GIS 安装应符合以下要求:

①GIS 室应配置通风设备。

②GIS 安装前,应搭设有作业平台和脚手架,平台周围应设有防护栏杆和地脚挡板,并有爬梯。

③GIS 安装时,应有 SF_6 气体回收装置和漏气监测装置。

(4)发电机电压设备安装应符合以下要求:

①进入封闭母线内部安装、清洁作业时,应配置 12 V 安全行灯和防护口罩。

②母线焊接场地应设有通风设施,并配有足够的防护口罩等个体防护用品。

③母线吊装时,应在底层平面设置一定安全范围的安全防护栏,并悬挂警示标志,无关人员不得靠近。

④焊缝打磨时,作业人员应佩戴护目镜、防护口罩。

(5)在 2 m 以上敷设电缆应搭设作业平台,脚手架跳板应满铺,作业人员不得以管道、设备等作为敷设通道。

(6)高压试验现场应设围栏,拉安全绳,并悬挂警告标志。高压试验设备外壳应接地良好(含试验仪 52 器),接地电阻不得大于 4 Ω。

(7)高层构架上的爬梯应焊接成整体,不得虚架,并设走道板和防护栏杆等。

(8)在带电高压设备附近作业,应有预防感应电击人的防护措施。

(9)蓄电池安装,蓄电池室应设有通风设施,并配有适量相应的灭火器材。

三、机电设备调试

(1)水轮发电机组整个运行区域与施工区域之间必须设安全隔离围栏,在围栏入口处应设专人看守,并挂“非运行人员免进”的标志牌,在高压带电设备上均应挂“高压危险”“请勿合闸”等标志牌。

(2)吊物孔、临时未形成永久盖板的孔洞等应制作临时盖板,盖板强度应满足相应安全要求,运行现场临时通道应牢固、可靠。机组运行检修期间打开盖板时,应设置防护栏杆,并悬挂安全警示标志。

(3)运行现场临时用电部位,应设带有漏电保护器的低压配电箱。

(4)在低压配电设备前后两侧的操作维护通道上,均应铺设绝缘垫。

(5)水轮机层、发电机层、开关室、电缆屋、附属设备等处均应配备足够的消防器材。

(6)厂房运行区域通风系统应完善可靠,在通风不良的部位应增设临时通风设施。GIS 设备检修时,应配有 SF_6 气体探测仪。

(7)机组调试过程中,对需要测量机组运行情况的部位应设可靠的临时测量平台和爬梯等。

(8)进入机组内部检查或检修,应采用 36 V 安全照明行灯。

第八章 危险物品安全管理

第一节 概 述

一、危险物品定义

危险物品是指易燃易爆物品、危险化学品、放射性物品等能够危及人身安全和财产安全的物品。

二、危险物品管理

（一）危险物品管理的概念

危险物品管理，是指公安机关为保障危险物品的安全，根据国家法律、法规的规定，对危险物品的生产、储存、经营、运输、使用等环节实施的审批发证、登记注册、监督指导、安全检查和事故查处等一系列治安行政管理活动。

（二）危险物品管理的意义

危险物品既是社会生产和社会生活中不可缺少的重要物资，又对人类自身的安全和环境有着极大的危险性。如果对危险物品管理不善，不仅会造成治安灾害事故，而且还容易被违法犯罪人员利用进行各种违法犯罪活动，危害社会。因此，世界各国对危险物品的管理都十分严格，从危险物品的制造生产、储存、运输、经营、使用，直到最后销毁都进行严格的控制管理，以预防违法犯罪活动和治安灾害事故的发生。

总结危险物品管理的意义，主要有如下两点：

（1）加强对危险物品的管理，有利于防止犯罪分子利用危险物品进行犯罪活动，维护良好的社会治安秩序。

（2）加强对危险物品的管理，有利于预防和减少治安灾害事故的发生，保障国家和人民生命财产的安全。

（三）危险物品管理原则

（1）预防为主、保障安全。

（2）依法管理、严格管理。

（3）谁主管、谁负责。

（4）科学管理、文明管理。

（5）服务社会。

（四）危险物品管理机构

（1）公安机关的治安管理部门。

（2）公安消防监督机构。

（3）国务院和各级人民政府的有关部门和机构。

(4)机关、团体、企业、事业单位的保卫组织,协同公安机关做好本单位的有关危险物品的管理工作。

(5)企业、事业单位的技术、安全部门,负责本单位有关危险物品方面的技术与安全工作。

(五)危险物品管理任务

(1)贯彻执行法律、法规,保障危险物品生产、储存、经营、输送、使用和销毁等环节的安全。

(2)建立健全安全管理制度,防止危险物品丢失、被盗、被抢,预防恶性暴力案件的发生。

(3)预防和查处治安灾害事故。

(4)配合侦查工作,为侦破某些重大刑事案件和暴力性案件提供线索和资料。

第二节　危险物品管理

一、易燃物品管理

(一)储存易燃物品的仓库

储存易燃物品的仓库应执行审批制度的有关规定,并符合下列要求:

(1)库房建筑宜采用单层建筑;应采用防火材料建筑;库房应有足够的安全出口,不宜少于两个;所有门窗应向外开。

(2)库房内不宜安装电器设备,需安装时,应根据易燃物品性质,安装防爆或密封式的电器及照明设备,并按规定设防护隔墙。

(3)仓库位置宜选择在有天然屏障的地区,或设在地下、半地下,宜选在生活区和生产区年主导风向的下风侧。

(4)不应设在人口集中的地方,与周围建筑物间应留有足够的防火间距。

(5)应设置消防车通道和与储存易燃物品性质相适应的消防设施,库房地面应采用不易打出火花的材料。

(6)易燃液体库房,应设置防止液体流散的设施。

(7)易燃液体的地上或半地下储罐应按有关规定设置防火堤。

(二)储存易燃物品的库房

储存易燃物品的库房应按照《建筑设计防火规范》(GB 50016—2014)有关建筑物的耐火等级和储存物品的火灾危险性分类的规定来确定,其层数、面积应符合表 8-1 的要求,与相邻建筑物的防火间距不应小于表 8-2 的规定。

(三)易燃、可燃液体的储罐区、堆场与建筑物的防火间距

易燃、可燃液体的储罐区、堆场与建筑物的防火间距不应小于表 8-3 的规定。

(四)易燃、可燃液体储罐之间的防火间距

易燃、可燃液体储罐之间的防火间距不应小于表 8-4 的规定。

表 8-1　库房的耐火等级及层数和面积

储存物品类别		耐火等级	最多允许层数（层）	最大允许占地面积（m^2）	
				每座库房	防火墙隔间
甲	3 项、4 项、5 项、6 项	一级	1	180	60
		一、二级	1	750	250
乙	1 项、2 项、3 项	一、二级	1	1 000	250
		三级	1	500	250

表 8-2　库房与相邻建筑物的防火间距　（单位：m）

储存物品类别		储量（t）	相邻建筑物名称			
			民用建筑	其他建筑的耐火等级		
				一、二级	三级	四级
甲	1 项、2 项、3 项	≤5	30	15	20	25
		＞5	40	20	25	30
	4 项、5 项、6 项	≤5	25	12	15	20
		＞5	30	15	20	25

注：1.两库相邻两面的外墙为非燃烧体且无门窗、无洞口、无外露的燃烧体屋檐，其防火间距可按本表减少 25%。
2.甲类物品库房与明火或散发火花地点的防火间距，不应小于 30 m。
3.甲类物品库房之间的防火间距，不应小于 20 m。
4.甲类物品库房与重要公共建筑物的防火间距，不宜小于 50 m。

表 8-3　易燃、可燃液体的储罐区、堆场与建筑物的防火间距　（单位：m）

名称	一个罐区堆场总储量（m^3）	耐火等级		
		一、二级	三级	四级
易燃液体	1～50	12	15	20
	51～200	15	20	25
	201～1 000	20	25	30
	1 001～5 000	25	30	40
可燃液体	5～250	12	15	20
	251～1 000	15	20	25
	1 001～5 000	20	25	30
	5 001～25 000	25	30	40

注：1.易燃、可燃液体的储罐区设防火堤时，防火堤外侧基脚线至建筑物的距离不应小于 10 m。
2.易燃、可燃液体的储罐区、堆场与甲类物品库房以及民用建筑的防火间距，应按本表的规定增加 25%，并不应小于 25 m；与明火或散发火花地点的防火间距，应按本表四级建筑物的规定增加 25%。
3.储罐区之间的防火间距不应小于本表相应储量四级建筑物的较大值。储罐区设防火堤时，堤外侧基脚线之间的距离不应小于 10 m。
4.计算一个储罐区的总储量时，应按照 1 m^3的易燃体等于 5 m^3的可燃体折量。

表 8-4　易燃、可燃液体储罐之间防火间距

储罐名称	储罐形式		
	地上	半地下	地下
易燃液体	D	$0.75D$	$0.5D$
可燃液体	$0.75D$	$0.5D$	$0.4D$

注：1. D 为相邻储罐中较大罐的直径，m。

2. 不同液体、不同储罐形式之间的防火间距，应采用本表规定的较大值。

(五) 易燃、可燃液体储罐布置

易燃、可燃液体储罐，若储量不超过表 8-5 的规定，可成组布置。组内储罐的布置不应超过两行，易燃液体储罐之间的距离不应小于相邻较大罐的半径。储罐组之间的距离，应按与储罐组总储量相同的单罐考虑。

表 8-5　易燃、可燃液体储罐成组布置的限量　(单位：m^3)

名称		单罐最大储量	一组最大储量
易燃液体		50	300
可燃液体	闪点≤120 ℃	250	1 500
	闪点 > 120 ℃	500	2 000

(六) 易燃、可燃液体设置的防火堤内空间容积

易燃、可燃液体设置的防火堤内空间容积不应小于储罐地上部分储量的一半，且不小于最大罐的地上部分储量。防火堤内侧基脚线至储罐外壁的距离，不应小于储罐的半径。防火堤的高度宜为 1~1.6 m。

(七) 易燃、可燃液体储罐与其泵房、装卸设备的防火间距

易燃、可燃液体储罐与其泵房、装卸设备的防火间距不应小于表 8-6 的规定。

表 8-6　易燃、可燃液体储罐与其泵房、装卸设备的防火间距　(单位：m)

储罐名称	项目		
	泵房	铁路装卸设备	汽车装卸设备
易燃液体	15	20	15
可燃液体	10	12	10

注：1. 泵房、装卸设备与防火堤外侧基脚线的距离不应小于 5 m。

2. 装卸设备与建筑物的防火间距不宜小于 15 m。

(八) 可燃、助燃气体储罐与铁路、道路的防火间距

可燃、助燃气体储罐与铁路、道路的防火间距不应小于表 8-7 的规定。

表 8-7　可燃、助燃气体储罐与铁路、道路的防火间距　(单位：m)

名称	厂外铁路线中心线	厂内铁路线中心线	厂外道路路边	厂内道路路边	
				主要	次要
可燃、助燃气体储罐	25	20	15	10	5

(九)液化石油气储罐或储区与建筑物、堆场的防火间距

液化石油气储罐或储区与建筑物、堆场的防火间距不应小于表 8-8 的规定。

表 8-8　液化石油气储罐或储区与建筑物、堆场的防火间距　　(单位:m)

名称		各总容积(m^3)防火间距			
		1～30	31～200	201～500	>500
防火或散发火花的地点,民用建筑		40	50	60	70
易燃液体储罐		35	45	55	65
可燃液体储罐		30	35	45	55
易燃材料堆场		30	40	50	60
其他建筑耐火等级	一、二级	18	20	25	20
	三级	20	25	30	40
	四级	25	30	40	50

注:1.容积超过 1 000 m^3 的单罐或超过 5 000 m^3 的罐区,与建筑物的防火间距,应按本表的规定增加 25%。

2.储罐之间的防火间距,不宜小于相邻较大罐的半径,单罐容积或储罐总容积超过 2 500 m^3 时,应分组布置。组与组之间的防火间距不宜小于 20 m;组内储罐的布置不应超过两行。

3.气瓶库的总储量不超过 10 m^3时,与建筑物的防火间距不应小于 10 m,超过时不应小于 15 m,其四周宜设置非燃烧体的实体围墙。

4.气瓶库与主要道路的间距不应小于 10 m,与次要道路不应小于 5 m。

(十)易燃、可燃材料的露天、半露天堆场、储罐、库房与铁路、道路的防火间距

易燃、可燃材料的露天、半露天堆场、储罐、库房与铁路、道路的防火间距不应小于表 8-9 的规定。

表 8-9　堆场、储罐、库房与铁路、道路的防火间距　　(单位:m)

名称	厂外铁路(中心线)	厂内铁路(中心线)	厂外道路(路边)	厂内道路(路边)	
				主要	次要
甲类物品库房	40	30	20	10	5
易燃材料堆场	30	20	15	10	5
可燃液体储罐	30	20	15	10	5
易燃液体储罐	35	25	20	15	10
可燃、助燃气体储罐	25	20	15	10	5
液化石油气储罐	45	35	25	15	10

注:1.与架空电力线的防火间距不应小于电杆高度的 1.5 倍。

2.厂内铁路装卸线与甲类物品装卸站台库房的防火间距,可不受本表规定的限制。

(十一)易燃物品的储存

易燃物品的储存应符合下列规定:

(1)应分类存放在专门仓库内。与一般物品以及性质互相抵触和灭火方法不同的易燃、可燃物品,应分库储存,并标明储存物品名称、性质和灭火方法。

(2)堆存时,堆垛不应过高、过密,堆垛之间,以及堆垛与堤墙之间,应留有一定间距,通

道和通风口，主要通道的宽度不应小于 2 m，每个仓库应规定储存限额。

(3)遇水燃烧、爆炸和怕冻、易燃、可燃的物品，不应存放在潮湿、露天、低温和容易积水的地点。库房应有防潮、保温等措施。

(4)受阳光照射容易燃烧、爆炸的易燃、可燃物品，不应在露天或高温的地方存放。应存放在温度较低、通风良好的场所，并应设专人定时测温，必要时采取降温及隔热措施。

(5)包装容器应当牢固、密封，发现破损、残缺、变形、渗漏和物品变质、分解等情况时，应立即进行安全处理。

(6)在入库前，应由专人负责检查，对可能带有火险隐患的易燃、可燃物品，应另行存放，经检查确无危险后，方可入库。

(7)性质不稳定、容易分解和变质以及混有杂质而容易引起燃烧、爆炸的易燃、可燃物品，应经常进行检查、测温、化验，防止燃烧、爆炸。

(8)储存易燃、可燃物品的库房、露天堆垛、储罐规定的安全距离内，严禁进行试验、分装、封焊、维修、动用明火等可能引起火灾的作业和活动。

(9)库房内不应设办公室、休息室，不应住人，不应用可燃材料搭建货架；仓库区应严禁烟火。

(10)库房不宜采暖，当储存物品需防冻时，可用暖气采暖；散热器与易燃、可燃物品堆垛应保持安全距离。

(11)对散落的易燃、可燃物品应及时清除出库。

(12)易燃、可燃液体储罐的金属外壳应接地，防止静电效应起火，接地电阻应不大于 10 Ω。

(十二)易燃物品装卸与运输

易燃物品装卸与运输应符合下列要求：

(1)易燃物品装卸，应轻拿轻放，严防振动、撞击、摩擦、重压、倾置、倾覆。严禁使用能产生火花的工具，工作时严禁穿带钉子的鞋；在可能产生静电的容器上，应装设可靠的接地装置。

(2)易燃物品与其他物品以及性质相抵触和灭火方法不同的易燃物品，不应同一车船混装运输；怕热、怕冻、怕潮的易燃物品运输时，应采取相应的隔热、保温、防潮等措施。

(3)运输易燃物品时，应事先进行检查，发现包装、容器不牢固、破损或渗漏等不安全因素时，应采取安全措施后，方可启运。

(4)装运易燃物品的车船，不应同时载运旅客，严禁携带易燃品搭乘载客车船。

(5)运输易燃物品的车辆，应避开人员稠密的地区装卸和通行。途中停歇时，应远离机关、工厂、桥梁、仓库等场所，并指定专人看管，严禁在附近动火、吸烟，禁止无关人员接近。

(6)运输易燃物品的车船，应备有与所装物品灭火方法相适应的消防器材，并应经常检查。

(7)车船运输易燃物品，严禁超载、超高、超速行驶。编队行进时，前后车船之间应保持一定的安全距离；应由专人押运，车船上应用帆布盖严，并设有警示标志。

(8)油品运输槽车改变运输品种时，应对槽罐进行彻底的清理后，方可使用。

(9)装卸作业结束后，应对作业场所进行检查，对散落、渗漏在车船或地上的易燃物品，应及时清除干净，妥善处理后方可离开作业场所。

（10）各种机动车辆在装卸易燃物品时，排气管的一侧严禁靠近易燃物品，各种车辆进入易燃物品库时，应戴防火罩或有防止打出火花的安全装置，并且严禁在库区、库房内停放、加油和修理。

（11）运输易燃物时，还应遵守国务院《危险化学品安全管理条例》中危险化学品运输的有关规定。

（十三）易燃物品使用

易燃物品使用应符合下列要求：

（1）使用易燃物品，应有安全防护措施和安全用具，建立和执行安全技术操作规程和各种安全管理制度，严格用火管理制度。

（2）易燃易爆物品进库、出库、领用，应有严格的制度。

（3）使用易燃物品应指定专人管理。

（4）使用易燃物品时，应加强对电源、火源的管理，作业场所应备足相应的消防器材，严禁烟火。

（5）遇水燃烧、爆炸的易燃物品，使用时应防潮、防水。

（6）怕晒的易燃物品，使用时应采取防晒、降温、隔热等措施。

（7）怕冻的易燃物品，使用时应保温、防冻。

（8）性质不稳定、容易分解和变质以及性质互相抵触及灭火方法不同的易燃物品应经常检查，分类存放，发现可疑情况时，及时进行安全处理。

（9）作业结束后，应及时将散落、渗漏的易燃物品清除干净。

二、有毒有害物品管理

（一）有毒有害物品储存

（1）化学毒品库房设计除符合《建筑设计防火规范》（GB 50016—2014）的规定外，还应符合下列要求：

①化学毒品应储存于专设的仓库内，库内严禁存放与其性能有抵触的物品。

②库房墙壁应用防火防腐材料建筑；应有避雷接地设施，应有与毒品性质相适应的消防设施。

③仓库应保持良好的通风，有足够的安全出口。

④仓库内应备有防毒、消毒、人工呼吸设备和备有足够的个人防护用具。

⑤仓库应与车间、办公室、居民住房等保持一定安全防护距离。安全防护距离应同当地公安局、劳动、环保等主管部门根据具体情况决定，但不宜少于 100 m。

（2）有毒有害物品应储存在专用仓库、专用储存室（柜）内，并设专人管理，剧毒化学品应实行双人收发、双人保管制度。

（3）化学毒品（如三氧化二砷、黄磷、汞等）储存，应符合下列要求：

①应根据毒品的性质来储存，储存的金属容器或玻璃容器应密闭，包装应严密，若有破损现象，应进行处理；堆存时，堆垛间应留通道；性质相互抵触的，分库储存。

②各种盛装毒品的容器，一律标记明显的“毒物”字样。

③毒品库应备有专用称量工具，该工具不应称量其他物品，对散落的毒品应及时清除干净。

④遇水燃烧、爆炸或怕冻、怕晒的毒品，应根据其性质采取相应的防水、防潮、保温、防晒、降温等措施，并经常检查，发现情况及时处理。

⑤在电镀、热处理等使用剧毒物品车间附设的仓库内，不应存放剧毒物品，领回后，应立即投入生产使用。

⑥无关人员，严禁进入剧毒物品库。

⑦毒品严禁与粮食、蔬菜、医药、食品等同库存放。

(4)化学毒品库，应建立严格的入库、出库手续，详细记录入库、出库情况。记录内容应包括：物品名称，入库时间，数量来源和领用单位、时间、用途，领用人，仓库发放人等。

(5)对性质不稳定，容易分解和变质以及混有杂质可引起燃烧、爆炸的化学毒品，应经常进行检查、测量、化验，防止燃烧爆炸。

(二)有毒有害物品装卸与运输

(1)运输装卸化学危险物品，应符合下列要求：

①轻拿轻放，防止撞击、拖拉和倾倒。

②碰撞、互相接触容易引起燃烧、爆炸或造成其他危险的化学危险物品，以及化学性质或防护、灭火方法互相抵触的化学危险物品，不应违反配装限制和混合装运。

③遇热、遇潮容易引起燃烧、爆炸或产生有毒气体的化学危险物品，运输时要采取防晒、降温、防潮措施。

(2)运输化学危险物品的车辆(火车除外)通过市区时，应当遵守所在地公安机关规定的行车时间和路线，中途不应随意停车。

(3)装卸运输有毒有害物品时，应穿戴个人防护用品或防毒用具。

(4)运输有毒有害物品的车船严禁同时装载蔬菜、粮食、食品、医药等物资。

(5)运输有毒有害物品的车船不应同时装载乘客、易燃易爆物品。

(三)有毒有害物品使用

(1)使用有毒物品作业的单位应当使用符合国家标准的有毒物品，不应在作业场所使用国家明令禁止使用的有毒物品或者使用不符合国家标准的有毒物品。

(2)使用有毒物品作业场所，除应当符合《中华人民共和国职业病防治法》规定的职业卫生要求外，还应符合下列要求：

①作业场所与生活场所分开，作业场所不应住人。

②有害作业场所与无害作业场所分开，高毒作业场所与其他作业场所隔离。

③设置有效的通风装置；可能突然泄漏大量有毒物品或者易造成急性中毒的作业场所，设置自动报警装置和事故通风设施。

④高毒作业场所设置应急撤离通道和必要的泄险区。

⑤在其醒目位置，设置警示标志和中文警示说明；警示说明应当载明产生危害的种类、后果、预防以及应急救治措施等内容。

⑥使用有毒物品作业场所应当设置黄色区域警示线、警示标志；高毒作业场所应当设置红色区域警示线、警示标志。

(3)从事使用高毒物品作业的用人单位，应当配备应急救援人员和必要的应急救援器材、设备、物资，制订事故应急救援预案，并根据实际情况变化对应急救援预案适时进行修订，定期组织演练。

（4）使用单位应当确保职业中毒危害防护设备、应急救援设施、通信报警装置处于正常适用状态，不应擅自拆除或者停止运行。对其进行经常性的维护、检修，定期检测其性能和效果，确保其处于良好运行状态。

（5）有毒物品的包装应当符合国家标准，并以易于劳动者理解的方式加贴或者拴挂有毒物品安全标签。有毒物品的包装应有醒目的警示标志和中文警示说明。

（6）使用化学危险物品，应当根据化学危险物品的种类、性能，设置相应的通风、防火、防爆、防毒、监测、报警、降温、防潮、避雷、防静电、隔离操作等安全设施，并根据需要，建立消防和急救组织。

（7）盛装有毒有害物品的容器，在使用前后，应进行检查，消除隐患，防止火灾、爆炸、中毒等事故发生。

（8）化学毒品领用，应符合下列要求：

①化学毒品应经单位主管领导批准，方可领取，若发现丢失或被盗，应立即报告。

②使用保管化学毒品的单位，应指定专人负责，领发人员有权负责监督投入生产情况。一次领用量不应超过当天所用数量。

③化学毒品应放在专用的厨柜内，并加锁。

（9）禁止在使用化学毒品的场所吸烟、就餐、休息等。

（10）使用化学毒品的工作人员，应穿戴专用工作服、口罩、橡胶手套、围裙、防护眼镜等个人防护用品；工作完毕，应更衣洗手、漱口或洗澡；应定期进行体检。

（11）使用化学毒品场所、车间还应备有防毒用具、急救设备。操作者应熟悉中毒急救常识和有关安全卫生常识；发生事故应采取紧急措施，保护好现场，并及时报告。

（12）使用化学毒品场所或车间，应有良好的通风设备，保证空气清洁，各种工艺设备应尽量密闭，并遵守有关的操作工艺规程；工作场所应有消防设施，并注意防火。

（13）工作完毕，应清洗工作场所和用具；按照规定妥善处理废水、废气、废渣。

（14）销毁、处理有燃烧、爆炸、中毒和其他危险的废弃有毒有害物品，应当采取安全措施，并征得所在地公安和环境保护等部门同意。

二、放射性物品管理

（1）从事放射性工作的人员，应按照国家现行《放射性同位素与射线装置放射防护条例》，取得从事放射性工作的许可证后，持证上岗。

（2）从事放射性工作的单位，应设立防护监测组织，或配备专（兼）职防护人员，负责本单位射线防护监测工作。禁止将射源转让或借给无工作许可证的任何单位。

（3）对于从事放射性工作的人员，应加强放射防护知识的教育，自觉遵守有关放射防护的规定，避免一切不必要的照射。

（4）从事放射性工作的单位应建立从事放射性工作人员的健康、剂量监督等档案。

（5）从事放射性工作的人员，应经过就业前的健康检查，有不适应症者不应参加放射性工作。

（6）已经从事放射性工作的人员，应接受定期检查，每年至少进行一次职业性体检，若发现有不适应症，应酌情予以减少接触，短期脱离、疗养或调离等处理。

（7）从事放射性工作的人员，接受全身照射的日最大允许剂量当量，不应超过 0.05 rem；

每周最大允许剂量当量为0.3 rem，累计终身剂量当量不应超过250 rem，每年最大允许剂量当量按表8-10的规定。

表8-10　放射性工作人员每年最大允许剂量当量　（单位：rem）

受照射部位		每年最大允许剂量当量
器官分类	名称	
第一类	全身、性腺、红骨髓、眼晶体	5
第二类	皮肤、骨、甲状腺	30
第三类	手、前臂、足、踝	75
第四类	其他器官	15

注：孕妇、哺乳期妇女（指内照射）、哺乳未满周岁婴儿每年受照当量应低于表中规定的3/10。

（8）放射性射源的储藏库房，应符合下列要求：

①仓库应干燥、通风、平坦，要画出警戒线，并采取一定的屏蔽防护。

②放射性同位素不应与易燃易爆、腐蚀性物品放在一起，其储存场所应采取有效的防火、防盗、防泄漏的安全防护措施，并指定专人负责保管。储存、领取、使用、归还放射性同位素时应进行登记、检查，做到账物相符。

③存放过放射性物品的地方，应在卫生部门指派专业人员监督指导下，进行彻底清洗，否则不应存放其他物品。

④储藏室应采取有效的防护措施，使相邻的非从事放射性工作的人员接受辐射剂量不应超过从事放射性工作人员最大允许剂量的1/10。

⑤施工现场不应存放射源，确需短时间存放时，应经单位主管领导批准，并应采取有效的防护措施，如制作铅储存容器、铅房等，并设围栏和醒目的标志，射源容器应加锁。

⑥射源容器需经计算，并经实测复核，确认符合安全要求后，方可使用。一般距射源容器0.5 m处剂量率应低于3 mrem/h。

⑦射源应指定专人管理，定期检查，严格领用制度。

（9）射源保管人员，应掌握射源的物理性质、化学性质和毒性及防护措施等基本知识。

（10）托运、承运和自行运输放射性同位素或者装过放射性同位素的空容器，应按国家有关运输规定进行包装和剂量检测，经县以上运输和卫生行政部门核查后方可运输。

（11）长途托运或转让运输时，射源应妥善地包装好，并有可靠的防护措施。射源运到目的地后，应立即进行交接检查，确认射源是否完好，并办理交接手续。

（12）在现场搬运射源时，搬运人员应距射源容器不小于0.5 m，容器抬起高度不应超过膝部。

（13）放射性物品使用，应符合下列要求：

①放射性同位素的使用场所应设置防护设施。其入口处应设置放射性标志和必要的防护安全连锁、报警装置或者工作信号。

②放射工作单位应严格执行国家对放射工作人员个人剂量监测和健康管理的规定。

③对已从事和准备从事放射工作的人员，应接受体格检查，并接受放射防护知识培训和法规教育，合格者方可从事放射工作。

④从事放射工作的哺乳期妇女、妊娠初期3个月孕妇应尽量避免接受照射，在妊娠或哺

乳期间不应参与造成内照射的工作,并不应接受事先计划的特殊照射。

⑤在现场进行射线探伤时,应符合下列要求:

A.根据现场防护要求,规定安全范围,并设置红色安全围栏,悬挂醒目的警告牌,严禁非工作人员进入。

B.操作时应由 1 人操作,1 人监护;并经常测量工作场所的射线剂量。

C.射源处于工作状态时,工作人员严禁离开现场,并密切注意工作场所状态。

⑥利用射源进行探伤时,应采取安全可靠的措施,防止射源失落。若发生失落,现场所有人员应立即全部撤离。设专人守卫,并及时报告领导和保卫部门,在做好安全防护措施后,方可有组织地用仪器寻找。

⑦在进行探伤时,工作人员应极其小心谨慎,严格遵守操作规程,严守安全防护措施,避免发生意外。当工作场所在室内时,应注意经常换气。

(14)放射防护,应符合下列要求:

①射源丢失或被盗时,应保护好现场,立即报请公安保卫部门和卫生部门查处。

②凡从事放射性工作的人员均应有防护工作服、工作帽、面罩及橡皮手套等;工作服等防护用品应经常洗换,洗涤被污染的工作服应在专门的洗衣房或洗衣池内进行,不应和普通衣服混在一起洗,以免二次污染。

③从事放射性工作的人员,进行工作时,对射源要轻装、轻卸,严禁肩扛、背负、绑捆、碰撞等。

④从事放射性工作的人员,工作完毕,应脱掉个人防护用品,更衣洗手。

⑤沾染放射性物质的污物,应放在专门的污物室内的污物桶中,不应随意乱放;废水、废气需达到国家允许的排放标准后,才能排放;废渣送到指定地点进行处理。

⑥发生放射事故的单位,应立即采取防护措施,控制事故影响,保护事故现场,并向县以上卫生、公安部门报告。对可能造成环境污染事故的,应同时向所在地环境保护部门报告,在做好防护措施后,进行污染处理。

四、油库管理

(1)应根据实际情况,建立油库安全管理制度、用火管理制度、外来人员登记制度、岗位责任制和具体实施办法。

(2)油库员工应懂得所接触油品的基本知识,熟悉油库管理制度和油库设备技术操作规程。

(3)在油库与其周围不应使用明火;因特殊情况需要用火作业的,应当按照用火管理制度办理用火证,用火证审批人应亲自到现场检查,防火措施落实后,方可批准。危险区应指定专人防火,防火人有权根据情况变化停止用火。用火人接到用火证后,要逐项检查防火措施,全部落实后方可用火。

(4)油罐防静电应符合下列要求:

①地面立式金属罐的接地装置技术要求要符合规定。其电阻值不应大于 10 Ω。油库中其他部位的静电接地装置的电阻值不应大于 100 Ω。

②油罐汽车应保持有效长度的接地拖链,在装卸油前先接好静电接地线。使用非导电胶管输油时,要用导线将胶管两端的金属法兰进行跨接。

(5)油品入库管理,应符合下列要求:

①油库接到发货方的启运通知和交通运输部门的车、船到达预报后应做好接收准备。

②车、船到达后,应按照启运通知核对到货凭证及车号等。

③卸收铁路罐车油品时,应收净底部余油。遇有雷雨、大雪、大风沙天气时,应暂时停止接卸。卸收船装油品时,轻油应注水冲舱,黏油要进行刮抽。

④卸收和输转油品时,指定专人巡视输油管线;连续作业时,要办理好交接班手续。

⑤油品卸收完毕后,要及时办理入库手续,做好登记、统计工作。

(6)罐装油品的储存保管,应符合下列要求:

①油罐应逐个建立分户保管账,及时准确记载油品的收、发、存数量,做到账货相符。

②油罐储油不应超过安全容量。

③对不同品种、不同规格的油品,应实行专罐储存。

(7)桶装油品的储存保管,应符合下列要求:

①保管要求:

A.应执行四季定量灌装标准,并做到标记清晰、桶盖拧紧、无渗漏。

B.对不同品种、规格、包装的油品,应实行分类堆码,建立货堆卡片,逐月盘点数量,定期检验质量,做到货、卡相符。

C.润滑脂类、变压器油、电容器油、汽轮机油、听装油品及工业用汽油等应入库保管,不应露天存放。

②库内堆垛要求:

A.油桶应立放,宜双行并列,桶身紧靠。

B.油品闪点在 28 ℃以下的,不应超过 2 层;闪点在 28~45 ℃的,不应超过 3 层;闪点在 45 ℃以上的,不应超过 4 层。

C.桶装库的主通道宽度不应小于 1.8 m,垛与垛的间距不应小于 1 m,垛与墙的间距不应小于 0.25~0.5 m。

③露天堆垛要求:

A.堆放场地应坚实平整,高出周围地面 0.2 m,四周有排水设施。

B.卧放时应做到:双行并列,底层加垫,桶口朝外,大口向上,垛高不超过 3 层;放时要做到:下部加垫,桶身与地面成 75°角,大口向上。

C.堆垛长度不应超过 25 m,宽度不应超过 15 m;堆垛内排与排的间距不应小于 1 m,垛与垛的间距不应小于 3 m。

D.汽、煤油要斜放,不应卧放。润滑油要卧放,立放时应加以遮盖。

(8)油罐应符合下列规定:

①罐体应符合下列规定:

A.无严重变形,无渗漏。

B.罐体倾斜度不超过 1%(最大限度不超过 5 cm)。

C.油漆完好。保温层无脱落。

②附件:

A.呼吸阀、量油口齐全有效。通风管、加热盘管不堵、不漏。

B.升降管灵活,排污阀畅通,扶梯牢固,静电接地装置良好。

C.油罐进、出口阀门无渗漏,各部螺栓齐全、紧固。

(9)油罐出现下列问题时,应及时进行维修:

①圈板纵横焊缝、底、圈板的角焊缝,发现裂纹或渗漏者。

②圈板凹陷、起鼓、折皱的允许偏差值超过规定者。

③罐体倾斜超过规定者。

④油罐与附件连接处垫片损坏者。

⑤投产5年以上的油罐,应结合清洗检查底板锈蚀程度,4 mm的底板余厚小于2.5 mm,4 mm以上的底板余厚小于3 mm,顶板折裂腐蚀严重者。

⑥直接埋入地下的油罐每年应挖开3~5处进行检查,发现防腐失效和渗漏者。

(10)管线和阀门的检查与维修,应符合下列要求:

①新安装和大修后的管线,输油前要用水,以工作压力的1.5倍进行强度试验。使用中的管线每1~2年进行一次强度试验。

②地上管线和管沟、管线及支架,应经常检修,清除杂草杂物,排除积水,保持整洁。

③直接埋入地下的管线,埋置时间够5年者,每年应在低洼、潮湿地方,挖开数处检查,发现防腐层失效和渗漏者,应及时维修。

④油罐区、油泵房、装卸油栈台、码头、付油区和输油管线上的主要常用阀门,应每年检修一次,其他部位的阀门应每2年检修一次,平时加强保养。

⑤应及时拆除废弃不用的管线,地下管线拆除有困难时,应与使用中的管线断开。

⑥地上管线的防锈漆,应经常保持完好。油泵房和装卸作业区的管线、阀门,应按照油品的种类,涂刷不同颜色的油漆:汽油为红色,煤油为黄色,柴油为灰色。

(11)油泵房的管理,应符合下列要求:

①油泵房建筑应符合石油库设计规范要求。

②地下、半地下轻油泵房应加强通风,油蒸气浓度不应大于1.58%(体积)。

③油泵及管线应做到技术状态良好,不渗不漏,附件、仪表齐全,安装符合规定,维修保养好。

④电气设备及安装应符合相应的技术规定。

⑤作业、运行、交接班应记录完整。

⑥司泵工应坚守工作岗位,严格遵守操作规程。

⑦新泵和经过大修的泵应进行试运转,管线、附件应进行水压试验。

(12)油库安全用电,应符合下列要求:

①油罐区、收发油作业区,轻油泵库、轻黏油合用泵房、轻油灌油间等的电气设备,应符合下列规定:

A.电动机应为防爆、隔爆型。

B.开关、接线盒、起动器、变压器、配电装置应为防爆、隔爆型。

C.电气仪表、照明用具、通信电器宜选用防爆、隔爆型或安全火花型。

②润滑油装卸、储存、输转、灌装场所的电气设备,应符合下列规定:

A.电动机、通信电气应为封闭式。

B.电器和仪表、配电装置应为保护型。

C.轻油装卸、输转、灌装、储存场所及用于运输的车、船,应使用固定式防爆照明用具,油库应使用防爆式手电筒。

(13)油库的电气设备应根据石油库设计规范和电器设备安装规定进行安装。

(14)油库消防器材的配置与管理,应符合下列要求:

①灭火器材的配置:

A.加油站油罐库罐区,应配置石棉被、推车式泡沫灭火机、干粉灭火器及相关灭火设备。

B.各油库、加油站应根据实际情况制订应急救援预案,成立应急组织机构。消防器材摆放的位置、品名、数量应绘成平面图并加强管理,不应随便移动和挪作他用。

②消防供水系统的管理和检修:

A.消防水池要经常存满水。池内不应有水草杂物。

B.地下供水管线要常年充水,主干线阀门要常开。地下管线每隔 2~3 年,要局部挖开检查,每半年应冲洗一次管线。

C.消防水管线(包括消火栓),每年要做一次耐压试验,试验压力应不低于工作压力的 1.5 倍。

D.每天巡回检查消火栓。每月做一次消火栓出水试验。

距消火栓 5 m 范围内,严禁堆放杂物。

E.固定水泵要常年充水,每天做一次试运转,消防车要每天发动试车并按规定进行检查、养护。

F.消防水带要盘卷整齐,存放在干燥的专用箱里,防止受潮霉烂。每半年对全部水带按额定压力做一次耐压试验,持续 5 min,不漏水者合格。使用后的水带要晾干收好。

③消防泡沫系统的管理和检修:

A.灭火剂的保管:空气泡沫液应储存于温度在 5~40 ℃的室内,禁止靠近一切热源,每年检查一次泡沫液沉淀状况。化学泡沫粉应储存在干燥通风的室内,防止潮结。酸碱粉(甲、乙粉)要分别存放,堆高不应超过 1.5 m,每半年将储粉容器颠倒放置一次。灭火剂每半年抽验一次质量,发现问题及时处理。

B.对化学泡沫发生器的进出口,每年做一次压差测定;空气泡沫混合器,每半年做一次检查校验;化学泡沫室和空气泡沫产生器的空气滤网,应经常刷洗,保持不堵不烂,隔封玻璃要保持完好。

C.各种泡沫枪、钩管、升降架等,使用后都应擦净、加油,每季进行一次全面检查。

D.泡沫管线,每半年用清水冲洗一次;每年进行一次分段试压,试验压力应不小于 1.18 MPa,5 min 无渗漏。

E.各种灭火机,应避免暴晒、火烤,冬季应有防冻措施,应定期换药,每隔 1~2 年进行一次筒体耐压试验,发现问题及时维修。

(15)油库环境管理,应符合下列要求:

①油库清洗容器的污水、油罐的积水等,应有油水分离、沉淀处理等净化设施,污水的排放,应遵守当地环境保护规定,失效的泡沫液(粉)等,应集中处理。

②油库排水系统,应有控制设施,严加管理,防止发生事故油品流出库外。

③清洗油罐及其他容器的油渣、泥渣,可作为燃料,或进行深埋等其他处理。

④油库应有绿化规划,多种树木、花草,美化环境,净化水源,调节空气,应创造条件回收油气,防止污染。

第九章　隐患排查治理、危险源管理和重大危险源监控

第一节　安全事故隐患管理

一、安全事故隐患的概念

(一)事故隐患

生产经营单位违反安全生产法律、法规、规章、标准和安全生产管理制度的规定,或者因其他因素在生产经营活动中存在的可能导致不安全事件或事故发生的物的不安全状态、人的不安全行为、环境的不安全因素和生产工艺、管理上的缺陷。

(二)一般事故隐患

危害或整改难度较小,发现后能够立即整改排除的隐患。

(三)重大事故隐患

危害或整改难度较大,需要全部或局部暂停施工,并经过一定时间整改治理方能排除的隐患,或者因外部因素影响致使参建单位自身难以排除的隐患。

二、水利工程生产安全重大事故隐患判定

(一)重大安全事故隐患判定方法

水利工程生产安全重大事故隐患判定分为直接判定法和综合判定法,应先采用直接判定法判定,不能用直接判定法判定的,采用综合判定法判定。

1.直接判定法

根据水利工程生产安全重大事故隐患判定标准,符合附录六《水利工程建设项目生产安全重大事故隐患直接判定清单(指南)》中的任何一条要素的,可判定为重大事故隐患。

2.综合判定法

根据水利工程生产安全重大事故隐患判定标准,符合附录七《水利工程建设项目生产安全重大事故隐患综合判定清单(指南)》重大隐患判据的,可判定为重大事故隐患。

(二)重大安全事故隐患判定要求

(1)隐患判定应认真查阅有关文字、影像资料和会议记录,并进行现场核实。

(2)对于涉及面较广、复杂程度较高的事故隐患,水利工程建设各参建单位和水利工程运行管理单位可进行集体讨论或专家技术论证。

(3)集体讨论或专家技术论证在判定重大事故隐患的同时,应当明确重大事故隐患的治理措施、治理时限以及治理前应采取的防范措施。

三、施工安全事故隐患的处理

施工安全事故隐患,是指生产经营单位违反安全生产法律、法规、规章、标准、规程和安

全生产管理制度的规定，或者因其他因素在生产经营活动中存在可能导致事故发生的物的危险状态、人的不安全行为和管理上的缺陷。

在工程建设过程中，安全隐患是难以避免的，但要尽可能预防和消除安全隐患的发生。首先需要项目参与各方加强安全意识，做好事前控制，建立健全各项安全生产管理制度，落实安全生产责任制，注重安全生产教育培训，保证安全生产条件所需资金的投入，将安全隐患消除在萌芽之中；其次是根据工程的特点确保各项安全施工措施的落实，加强对工程安全生产的检查监督，及时发现安全隐患；再次是对发现的安全隐患及时进行处理，查找原因，防止事故隐患进一步扩大。

（一）施工安全隐患处理原则

1.冗余安全度处理原则

为确保安全，在处理安全隐患时应考虑设置多道防线，即使有一两道防线无效，还有冗余的防线可以控制事故隐患。例如，道路上有一个坑，既要设防护栏及警示牌，又要设照明及夜间警示红灯。

2.单项隐患综合处理原则

人、料、机、法、环境五者任一环节产生安全隐患，都要从五者安全匹配的角度考虑，调整匹配的方法，提高匹配的可靠性。一件单项隐患问题的整改需综合（多角度）处理。人的隐患，既要治人也要治机具及生产环境等各环节。例如，某工地发生触电事故，要进行人的安全用电操作教育，同时现场也要设置漏电开关，对配电箱、用电电路进行防护改造，也要严禁非专业电工乱接乱拉电线。

3.直接隐患与间接隐患并治原则

对人、机、环境系统进行安全治理，同时还需治理安全管理措施。

4.预防与减灾并重处理原则

治理安全事故隐患时，需尽可能减少肇发事故的可能性，如果不能控制事故的发生，也要设法将事故等级降低。但是不论预防措施如何完善，都不能保证事故绝对不会发生，还必须对事故减灾做充分准备，研究应急技术操作规范。

5.重点处理原则

按对隐患的分析评价结果实行危险点分级治理，也可以用安全检查表打分对隐患危险程度分级。

6.动态治理原则

动态治理就是对生产过程进行动态随机安全化治理，生产过程中发现问题及时治理，既可以及时消除隐患，又可以避免小的隐患发展成大的隐患。

（二）施工安全隐患的处理

在建设工程中，安全隐患的发现可以来自各参与方，包括建设单位、设计单位、监理单位、施工单位自身、供货商、工程监管部门等。各方对于事故安全隐患处理的义务和责任，以及相关的处理程序在《建设工程安全生产管理条例》中已有明确的界定。这里仅从施工单位角度谈其对事故安全隐患的处理方法。

1.当场指正，限期纠正，预防隐患发生

对于违章指挥和违章作业行为，检查人员应当场指出，并限期纠正，预防事故的发生。

2.做好记录,及时整改,消除安全隐患

对检查中发现的各类安全事故隐患,应做好记录,分析安全隐患产生的原因,制定消除隐患的纠正措施,并报相关方审查批准后进行整改,及时消除隐患。对重大安全事故隐患排除前或者排除过程中无法保证安全的,责令从危险区域内撤出作业人员或者暂时停止施工,待隐患消除再行施工。

3.分析统计,查找原因,制定预防措施

对于反复发生的安全隐患,应通过分析统计,属于多个部位存在的同类型隐患,即“通病”;属于重复出现的隐患,即“顽症”,查找产生“通病”和“顽症”的原因,修订和完善安全管理措施,制定预防措施,从源头上消除安全事故隐患的发生。

4.跟踪验证

检查单位应对受检单位的纠正和预防措施的实施过程和实施效果进行跟踪验证,并保存验证记录。

四、施工安全隐患的防范

(一)施工安全隐患防范的主要内容

施工安全隐患防范主要包括基坑支护和降水工程、围堰工程、土方开挖工程、人工挖扩孔桩工程 、地下暗挖、顶管及水下作业工程、模板工程和支撑体系、起重吊装和安装拆卸工程、脚手架工程、拆除及爆破工程、现浇混凝土工程、钢结构、网架和索膜结构安装工程、预应力工程、建筑幕墙安装工程,以及采用新技术、新工艺、新材料、新设备及尚无相关技术标准的危险性较大的分部分项工程等方面的防范。防范的主要内容包括掌握各工程的安全技术规范,归纳总结安全隐患的主要表现形式,及时发现可能造成安全事故的迹象,抓住安全控制的要点,制定相应的安全控制措施等。

(二)施工安全隐患防范的一般方法

安全隐患主要包括人、物 、管理三个方面。人的不安全因素,主要是指个人在心理、生理和能力等方面的不安全因素,以及人在施工现场的不安全行为;物的不安全状态,主要是指设备设施、现场场地环境等方面的缺陷;管理上的不安全因素,主要是指对物、人、工作的管理不当。根据安全隐患的内容而采用的安全隐患防范的一般方法包括:

(1)对施工人员进行安全意识的培训。

(2)对施工机具进行有序监管,投入必要的资源进行保养维护。

(3)建立施工现场的安全监督检查机制。

(4)各参建单位应建立安全事故隐患排查制度,安全事故隐患排查应采用定期综合检查、专项检查、季节性检查、节假日检查和日常检查等方式。

第二节　危险源辨识与风险控制

一、危险源的概念

水利水电工程施工危险源是指在水利水电工程施工过程中有潜在能量和物质释放危险的,可造成人员伤亡、健康损害、财产损失、环境破坏,在一定的触发因素作用下可转化为事故的部位、区域、场所、空间、岗位、设备及其位置。

水利水电工程施工重大危险源是指在水利水电工程施工过程中有潜在能量和物质释放危险的,可能导致人员死亡、健康严重损害、财产严重损失、环境严重破坏,在一定的触发因素作用下可转化为事故的部位、区域、场所、空间、岗位、设备及其位置。

二、危险源的分类

水利水电工程危险源分五个类别,分别为施工作业类、机械设备类、设施场所类、作业环境类和其他类。

(一)施工作业类

施工作业类的危险源主要有明挖施工,洞挖施工,石方爆破,填筑工程,灌浆工程,斜井、竖井开挖,地质缺陷处理,砂石料生产,混凝土生产,混凝土浇筑,脚手架工程,模板工程及支撑体系,钢筋制作安装,金属结构制作、安装及机电设备安装,建筑物拆除,配套电网工程,降排水,水上(下)作业,有限空间作业,高空作业,管道安装,其他单项工程等。

(二)机械设备类

机械设备类的危险源主要有运输车辆、特种设备、起重吊装及安装拆卸等。

(三)设施场所类

设施场所类的危险源主要有存弃渣场,基坑,爆破器材库,油库油罐区,材料设备仓库,供水系统,通风系统,供电系统,修理厂、钢筋厂及模具加工厂等金属结构制作加工厂场所,预制构件场所,施工道路、桥梁,隧洞,围堰等。

(四)作业环境类

作业环境类的危险源主要有不良地质地段、潜在滑坡区、超标准洪水、粉尘、有毒有害气体及有毒化学品泄漏环境等。

(五)其他类

其他类的危险源主要有野外施工、消防安全、营地选址等。对首次采用的新技术、新工艺、新设备、新材料及尚无相关技术标准的危险性较大的单项工程应作为危险源对象进行辨识与风险评价。

三、危险源风险等级

危险源的风险等级分为四级,由高到低依次为重大风险、较大风险、一般风险和低风险。

(一)重大风险

发生风险事件概率、危害程度均为大,或危害程度为大、发生风险事件概率为中;极其危险,由项目法人组织监理单位、施工单位共同管控,主管部门重点监督检查。

(二)较大风险

发生风险事件概率、危害程度均为中,或危害程度为中、发生风险事件概率为小;高度危险,由监理单位组织施工单位共同管控,项目法人监督。

(三)一般风险

发生风险事件概率为中、危害程度为小;中度危险,由施工单位管控,监理单位监督。

(四)低风险

发生风险事件概率、危害程度均为小;轻度危险,由施工单位自行管控。

四、危险源识别

危险源识别是安全管理的基础工作，主要目的是找出与每项工作活动有关的所有危险源，并考虑这些危险源可能会对什么人造成什么样的伤害，或导致什么设备设施损坏等。

（一）危险源的识别

我国在2009年发布了国家标准《生产过程危险和有害因素分类与代码》（GB/T 13861—2009），该标准适用于各个行业在规划、设计和组织生产时对危险源的预测和预防、伤亡事故的统计分析和应用计算机进行管理。在进行危险源识别时，可参照该标准的分类和编码。按照该标准，危险源分为以下四类：

（1）人的因素。

（2）物的因素。

（3）环境因素。

（4）管理因素。

（二）危险源识别方法

危险源识别的方法有询问交谈、现场观察、查阅有关记录、获取外部信息、工作任务分析、安全检查表、危险与操作性研究、事故树分析、故障树分析等。这些方法各有特点和局限性，往往采用两种或两种以上的方法识别危险源。以下简单介绍常用的两种方法。

1.专家调查法

专家调查法是通过向有经验的专家咨询、调查，识别、分析和评价危险源的一类方法，其优点是简便、易行，缺点是受专家的知识、经验和占有资料的限制，可能出现遗漏。常用的有头脑风暴法（Brainstorming）和德尔菲（Delphi）法。

2.安全检查表（SCL）法

安全检查表（Safety check list，SCL）实际上是实施安全检查和诊断项目的明细表。运用已编制好的安全检查表进行系统的安全检查，识别工程项目存在的危险源。检查表的内容一般包括分类项目、检查内容及要求、检查以后处理意见等。可以用“是”“否”做回答或“√”“×”符号做标记，同时注明检查日期，并由检查人员和被检单位同时签字。安全检查表法的优点是简单易懂、容易掌握，可以事先组织专家编制检查内容，使安全、检查做到系统化、完整化；缺点是只能做出定性评价。

五、危险源的风险评价

风险评价是对危险源的各种危险因素、发生事故的可能性及损失与伤害程度等进行调查、分析、论证等，以判断危险源风险等级的过程。

重大危险源的风险等级直接评定为重大风险等级；危险源风险等级评价主要对一般危险源进行风险评价。危险源的风险等级评价可采用直接评定法、安全检查表法、作业条件危险性评价法（LEC）等。水利工程危险源的风险等级评价推荐使用作业条件危险性评价法（LEC）。

作业条件危险性评价法（LEC）适用于各个阶段。该法简单易行，危险程度的级别划分比较清楚、醒目。

(一)作业条件危险性评价法(LEC)影响因素

对于一个具有潜在危险性的作业条件,影响危险性的主要因素有:

(1)发生事故或危险事件的可能性。

(2)暴露于这种危险环境的情况。

(3)事故一旦发生可能产生的后果。

(二)作业条件危险性评价法计算方法

作业条件危险性评价法中危险性大小值 D 的计算公式

$$D = L \times E \times C$$

式中:D 为危险性大小值;L 为发生事故或危险事件的可能性大小;E 为人体暴露于危险环境的频率;C 为危险严重程度。

1.发生事故或危险事件的可能性 L 值

事故或危险性事件发生的可能性 L 值与作业类型有关,可根据施工工期制定出相应的 L 值判定指标,L 值可按表 9-1 的规定确定。

表 9-1　事故或危险性事件发生的可能性 L 值

L 值	事故发生的可能性
10	完全可以预料
6	相当可能
3	可能,但不经常
1	可能性小,完全意外
0.5	很不可能,可以设想
0.2	极不可能

2.暴露于危险环境的频率因素 E 值

人体暴露于危险环境的频率 E 值与工程类型无关,仅与施工作业时间长短有关,可从人体暴露于危险环境的频率,或危险环境人员的分布及人员出入的多少,或设备及装置的影响因素,分析、确定 E 值的大小,可按表 9-2 的规定确定。

表 9-2　暴露于危险环境的频率因素 E 值

E 值	暴露于危险环境的频繁程度
10	连续暴露
6	每天工作时间内暴露
3	每周 1 次,或偶然暴露
2	每月 1 次暴露
1	每年几次暴露
0.5	非常罕见暴露

3.危险严重度因素 C 值

发生事故可能造成的后果，即危险严重度因素 C 值与危险源在触发因素作用下发生事故时产生后果的严重程度有关，可从人身安全、财产及经济损失、社会影响等因素，分析危险源发生事故可能产生的后果确定 C 值，可按表 9-3 的规定确定。

表 9-3　危险严重度因素 C 值

C 值	危险严重度因素
100	造成 30 人以上(含 30 人)死亡，或者 100 人以上重伤(包括急性工业中毒，下同)，或者 1 亿元以上直接经济损失
40	造成 10~29 人死亡，或者 50~99 人重伤，或者 5 000 万元以上 1 亿元以下直接经济损失
15	造成 3~9 人死亡，或者 10~49 人重伤，或者 1 000 万元以上 5 000 万元以下直接经济损失
7	造成 3 人以下死亡，或者 10 人以下重伤，或者 1 000 万元以下直接经济损失
3	无人员死亡、致残或重伤，或很小的财产损失
1	引人注目，不利于基本的安全卫生要求

4.作业条件危险性评价法危险性等级划分标准

危险源风险等级划分以作业条件危险性大小 D 值作为标准，按表 9-4 的规定确定。

表 9-4　作业条件危险性评价法危险性等级划分标准

D 值区间	危险程度	风险等级
$D>320$	极其危险，不能继续作业	重大风险
$320\geqslant D>160$	高度危险，需立即整改	较大风险
$160\geqslant D>70$	一般危险(或显著危险)，需要整改	一般风险
$D\leqslant 70$	稍有危险，需要注意(或可以接受)	低风险

5.水利水电工程施工一般危险源 LEC 法风险评价赋分表

水利水电工程施工一般危险源 LEC 法风险评价赋分表详见附录八。

六、水利工程施工的重大危险源

水利工程施工的重大危险源主要来源于明挖施工，洞挖施工，石方爆破，灌浆工程，斜井、竖井开挖，混凝土生产工程，脚手架工程，模板工程及支撑体系，金属结构制作、安装及机电设备安装，建筑物拆除工程，降排水，起重吊装及安装拆卸，存弃渣场，基坑，油库，油罐区，材料设备仓库，供电系统，隧洞，围堰工程，超标准洪水、粉尘，有毒有害气体及有毒化学品泄漏环境，营地选址以及采用新技术、新工艺、新材料、新设备的危险性较大的单项工程、尚无相关技术标准的危险性较大的单项工程。

水利水电工程施工重大危险源清单详见表 9-5。

表 9-5 水利水电工程施工重大危险源清单

序号	类别	项目	重大危险源	可能导致的事故类型
1	施工作业类	明挖施工	滑坡地段的开挖	坍塌、物体打击、机械伤害
2			堆渣高度大于 10 m(含)的挖掘作业	坍塌、物体打击、机械伤害
3			土方边坡高度大于 30 m(含)或地质缺陷部位的开挖作业	坍塌、物体打击、机械伤害
4			石方边坡高度大于 50 m(含)或滑坡地段的开挖作业	坍塌、物体打击、机械伤害
5		洞挖施工	断面大于 20 m^2或单洞长度大于 50 m 以及地质缺陷部位开挖;地应力大于 20 MPa 或大于岩石强度的 1/5 或埋深大于 500 m 部位的作业;洞室临近相互贯通时的作业;当某一工作面爆破作业时,相邻洞室的施工作业	冒顶片帮、物体打击、机械伤害
6			不能及时支护的部位	冒顶片帮、物体打击、机械伤害
7			隧洞进出口及交叉洞作业	冒顶片帮、物体打击、机械伤害
8			地下水活动强烈地段开挖	透水、物体打击、机械伤害
9		石方爆破	一次装药量大于 200 kg(含)的爆破;雷雨天气的露天爆破作业;多作业面同时爆破	火药爆炸、放炮、物体打击、坍塌
10			一次装药量大于 50 kg(含)的地下爆破	火药爆炸、放炮、物体打击、冒顶片帮
11			斜井开挖的爆破作业	火药爆炸、放炮、物体打击、冒顶片帮
12			竖井开挖的爆破作业	火药爆炸、放炮、物体打击、冒顶片帮
13			临近边坡的地下开挖爆破作业	火药爆炸、放炮、物体打击、坍塌
14		灌浆工程	采用危险化学品进行化学灌浆	中毒或其他伤害
15		斜井、竖井开挖	提升系统行程大于 20 m(含)	高处坠落
16			大于 20 m(含)的沉井工程	物体打击、机械伤害
17		混凝土生产工程	制冷车间的液氨制冷系统	中毒、爆炸

续表 9-5

序号	类别	项目	重大危险源	可能导致的事故类型
18	施工作业类	脚手架工程	搭设高度 24 m 及以上的落地式钢管脚手架工程；附着式整体和分片提升脚手架工程；悬挑式脚手架工程；吊篮脚手架工程；新型及异型脚手架工程	坍塌、高处坠落、物体打击
19		模板工程及支撑体系	滑模、爬模、飞模工程	物体打击、高处坠落
20			搭设高度 5 m 及以上；搭设跨度 10 m 及以上；施工总荷载 10 kN/m² 及以上；集中线荷载 15 kN/m 及以上	物体打击、高处坠落
21			用于钢结构安装等满堂支撑体系	物体打击、高处坠落
22		金属结构制作、安装及机电设备安装	采用非常规起重设备、方法，且单件起吊重量在 10 kN 及以上的起重吊装工程	机械伤害、高处坠落
23			使用易爆、有毒和易腐蚀的危险化学品进行作业	爆炸、中毒或其他伤害
24		建筑物拆除工程	采取机械拆除，拆除高度大于 10 m；可能影响行人、交通、电力设施、通信设施或其他建(构)筑物安全的拆除作业；文物保护建筑、优秀历史建筑或历史文化风貌区控制范围的拆除作业	坍塌、物体打击、高处坠落、机械伤害
25			围堰拆除作业	坍塌
26			爆破拆除作业	爆炸、物体打击
27		降排水	降排水工程	淹溺
28	机械设备类	起重吊装及安装拆卸	采用非常规起重设备、方法，且单件起吊重量在 10 kN 及以上的起重吊装工程	物体打击、机械伤害
29			采用起重机械进行安装的工程	物体打击、起重伤害、高处坠落
30			起重机械设备自身的安装、拆卸作业	起重伤害、高处坠落、触电
31	设施场所类	存弃渣场	弃渣堆下方有生活区或办公区	坍塌
32		基坑	开挖深度超过 5 m(含)的深基坑作业，或开挖深度虽未超过 5 m，但地质条件、周围环境和地下管线复杂，或影响毗邻建(构)筑物安全的深基坑作业	坍塌、高处坠落
33		油库、油罐区	参照《危险化学品重大危险源辨识》(GB 18218—2018)	火灾、爆炸
34		材料设备仓库	参照《危险化学品重大危险源辨识》(GB 18218—2018)	爆炸
35	设施场所类	供电系统	临时用电工程	触电
36		隧洞	浅埋隧洞	坍塌
37		围堰工程	围堰工程	淹溺

续表 9-5

序号	类别	项目	重大危险源	可能导致的事故类型
38	作业环境类	超标准洪水、粉尘	超标准洪水	淹溺、火药爆炸
39		有毒有害气体及有毒化学品泄漏环境	参照《危险化学品重大危险源辨识》(GB 18218—2018)	中毒或其他伤害
40			参照《危险化学品重大危险源辨识》(GB 18218—2018)	中毒或其他伤害
41	其他	营地选址	施工驻地及场站设置在可能发生滑坡、塌方、泥石流、崩塌、落石、洪水、雪崩等的危险区域	坍塌、淹溺、物体打击
42		其他单项工程	采用新技术、新工艺、新材料、新设备的危险性较大的单项工程	坍塌
43			尚无相关技术标准的危险性较大的单项工程	坍塌

第十章 安全事故和应急救援知识

第一节 安全事故知识

一、安全事故的分类

(一)按照安全事故伤害程度分类

《企业职工伤亡事故分类》(GB 6441—1986)规定，安全事故按伤害程度分为:

(1)轻伤,指损失 1~105 个工作日的失能伤害。

(2)重伤,指损失工作日等于和超过 105 个工作日的失能伤害,重伤的损失工作日最多不超过 6 000 个工日。

(3)死亡,指损失工作日超过 6 000 个工日,这是根据我国职工的平均退休年龄和平均寿命计算出来的。

(二)按照安全事故类别分类

根据《企业职工伤亡事故分类》(GB 6441—1986),将事故类别划分为 20 类，即物体打击、车辆伤害、机械伤害、起重伤害、触电、淹溺、灼烫、火灾、高处坠落、坍塌、冒顶片帮、透水、放炮、瓦斯爆炸、火药爆炸、锅炉爆炸、容器爆炸、其他爆炸、中毒和窒息、其他伤害。

(三)按照安全事故受伤性质分类

受伤性质是指人体受伤的类型,实质上是医学的角度给予创伤的具体名称,常见的有电伤、挫伤、割伤、擦伤、刺伤、撕脱伤、扭伤、倒塌压埋伤、冲击伤等。

(四)按照生产安全事故造成的人员伤亡或直接经济损失分类

2007 年 4 月 9 日国务院发布的《生产安全事故报告和调查处理条例》(国务院令第 493 号，简称《条例》)第三条规定:生产安全事故(简称事故)造成的人员伤亡或者直接经济损失,事故一般分为以下等级:

(1)特别重大事故,是指造成 30 人以上死亡,或者 100 人以上重伤(包括急性工业中毒,下同),或者 1 亿元以上直接经济损失的事故。

(2)重大事故,是指造成 10 人以上 30 人以下死亡,或者 50 人以上 100 人以下重伤,或者 5 000 万元以上 1 亿元以下直接经济损失的事故。

(3)较大事故,是指造成 3 人以上 10 人以下死亡,或者 10 人以上 50 人以下重伤,或者 1 000 万元以上 5 000 万元以下直接经济损失的事故。

(4)一般事故,是指造成 3 人以下死亡,或者 10 人以下重伤,或者 1 000 万元以下直接经济损失的事故。

本等级划分所称的“以上”包括本数,所称的“以下”不包括本数。

二、施工生产安全事故的处理

(一)生产安全事故报告和调查处理的原则

根据国家法律法规的要求,在进行生产安全事故报告和调查处理时,要坚持实事求是、尊重科学的原则,既要及时、准确地查明事故原因,明确事故责任,使责任人受到追究;又要总结经验教训,落实整改和防范措施,防止类似事故再次发生。因此,施工项目一旦发生安全事故,必须实施"四不放过"的原则:

(1)事故原因没有查清不放过。

(2)责任人员没有受到处理不放过。

(3)职工群众没有受到教育不放过。

(4)防范措施没有落实不放过。

(二)事故报告的要求

根据《条例》等相关规定的要求,事故报告应当及时、准确、完整,任何单位和个人对事故不得迟报、漏报、谎报或者瞒报。

1.施工单位事故报告要求

生产安全事故发生后,受伤者或最先发现事故的人员应立即用最快的传递手段,将发生事故的时间、地点、伤亡人数、事故原因等情况,向施工单位负责人报告;施工单位负责人接到报告后,应当在1小时内向事故发生地县级以上人民政府建设主管部门和有关部门报告。实行施工总承包的建设工程,由总承包单位负责上报事故。

情况紧急时,事故现场有关人员可以直接向事故发生地县级以上人民政府建设主管部门和有关部门报告。

2.建设主管部门事故报告要求

(1)安全生产监督管理部门和负有安全生产监督管理职责的有关部门接到事故报告后,应当依照下列规定上报事故情况,并通知公安机关、劳动保障行政主管部门、工会和人民检察院。

① 特别重大事故、重大事故逐级上报至国务院安全生产监督管理部门和负有安全生产监督管理职责的有关部门。

②较大事故逐级上报至省、自治区、直辖市人民政府安全生产监督管理部门和负有安全生产监督管理职责的有关部门。

③一般事故上报至设区的市级人民政府安全生产监督管理部门和负有安全生产监督管理职责的有关部门。

安全生产监督管理部门和负有安全生产监督管理职责的有关部门依照前款规定上报事故情况,应当同时报告本级人民政府。国务院安全生产监督管理部门和负有安全生产监督管理职责的有关部门以及省级人民政府接到发生特别重大事故、重大事故的报告后,应当立即报告国务院。必要时,安全生产监督管理部门和负有安全生产监督管理职责的有关部门可以越级上报事故情况。

(2)安全生产监督管理部门和负有安全生产监督管理职责的有关部门按照上述规定逐级上报事故情况时,每级上报的时间不得超过2小时。

3.事故报告的内容

(1)事故发生单位概况。

(2)事故发生的时间、地点以及事故现场情况。

(3)事故的简要经过。

(4)事故已经造成或者可能造成的伤亡人数(包括下落不明的人数)和初步估计的直接经济损失。

(5)已经采取的措施。

(6)其他应当报告的情况。

事故报告后出现新情况,以及事故发生之日起30日内伤亡人数发生变化的,应当及时补报。

(三)事故调查

根据《条例》等相关规定的要求,事故调查处理应当坚持实事求是、尊重科学的原则,及时、准确地查清事故经过、事故原因和事故损失,查明事故性质,认定事故责任,总结事故教训,提出整改措施,并对事故责任者依法追究责任。

事故调查报告的内容应包括:

(1)事故发生单位概况。

(2)事故发生经过和事故救援情况。

(3)事故造成的人员伤亡和直接经济损失。

(4)事故发生的原因和事故性质。

(5)事故责任的认定和对事故责任者的处理建议。

(6)事故防范和整改措施。

事故调查报告应当附具有关证据材料,事故调查组成人员应当在事故调查报告上签名。

(四)事故处理

1.施工单位的事故处理

(1)事故现场处理。

事故处理是落实"四不放过"原则的核心环节。当事故发生后,事故发生单位应当严格保护事故现场,做好标识,排除险情,采取有效措施抢救伤员和财产,防止事故蔓延扩大。事故现场是追溯判断发生事故原因和事故责任人责任的客观物质基础。因抢救人员、疏导交通等原则,需要移动现场物件时,应当做出标识,绘制现场简图并做出书面记录,妥善保存现场重要痕迹、物证,有条件的可以拍照或录像。

(2)事故登记。

施工现场要建立安全事故登记表,作为安全事故档案,对发生事故人员的姓名、性别、年龄、工种等级、负伤时间、伤害程度、负伤部门及情况、简要经过及原因记录归档。

(3)事故分析记录。

施工现场要有安全事故分析记录,对发生轻伤、重伤、死亡、重大设备事故及未遂事故必须按"四不放过"的原则组织分析,查出主要原因,分清责任,提出防范措施,应吸取的教训要记录清楚。

(4)要坚持安全事故月报制度,若当月无事故也要报空表。

2.建设主管部门的事故处理

(1)建设主管部门应当依据有关人民政府对事故的批复和有关法律法规的规定,对事故相关责任者实施行政处罚。处罚权限不属本级建设主管部门的,应当在收到事故调查报告批复后15个工作日内,将事故调查报告(附具有关证据材料)、结案批复、本级建设主管部门对有关责任者的处理建议等转送有权限的建设主管部门。

(2)建设主管部门应当依照有关法律法规的规定,对因降低安全生产条件导致事故发生的施工单位给予暂扣或吊销安全生产许可证的处罚;对事故负有责任的相关单位给予罚款、停业整顿、降低资质等级或吊销资质证书的处罚。

(3)建设主管部门应当依照有关法律法规的规定,对事故发生负有责任的注册执业资格人员给予罚款、停止执业或吊销其注册执业资格证书的处罚。

(五)法律责任

1.事故报告和调查处理的违法行为

《条例》规定,对事故报告和调查处理中的违法行为,任何单位和个人有权向安全生产监督管理部门、监察机关或者其他有关部门举报,接到举报的部门应当依法及时处理。事故报告和调查处理中的违法行为,包括事故发生单位及其有关人员的违法行为,还包括政府、有关部门及有关人员的违法行为,其种类主要有以下几种:

(1)不立即组织事故抢救。

(2)在事故调查处理期间擅离职守。

(3)迟报或者漏报事故。

(4)谎报或者瞒报事故。

(5)伪造或者故意破坏事故现场。

(6)转移、隐匿资金、财产,或者销毁有关证据、资料。

(7)拒绝接受调查或者拒绝提供有关情况和资料。

(8)在事故调查中做伪证或者指使他人做伪证。

(9)事故发生后逃匿。

(10)阻碍、干涉事故调查工作。

(11)对事故调查工作不负责任,致使事故调查工作有重大疏漏。

(12)包庇、袒护负有事故责任的人员或者借机打击报复。

(13)故意拖延或者拒绝落实经批复的对事故责任人的处理意见。

2.法律责任

(1)事故发生单位主要负责人有上述(1)~(3)条违法行为之一的,处上一年年收入40%~80%的罚款;属于国家工作人员的,并依法给予处分;构成犯罪的,依法追究刑事责任。

(2)事故发生单位及其有关人员有上述(4)~(9)条违法行为之一的,对事故发生单位处100万元以上500万元以下的罚款;对主要负责人、直接负责的主管人员和其他直接责任人员处上一年年收入60%~100%的罚款;属于国家工作人员的,并依法给予处分;构成违反治安管理行为的,由公安机关依法给予治安管理处罚;构成犯罪的,依法追究刑事责任。

(3)有关地方人民政府、安全生产监督管理部门和负有安全生产监督管理职责的有关部门有上述(1)、(3)、(4)、(8)、(10)条违法行为之一的,对直接负责的主管人员和其他直接责任人员依法给予处分;构成犯罪的,依法追究刑事责任。

(4)参与事故调查的人员在事故调查中有上述(11)、(12)条违法行为之一的,依法给予处分;构成犯罪的,依法追究刑事责任。

(5)有关地方人民政府或者有关部门故意拖延或者拒绝落实经批复的对事故责任人的处理意见的,由监察机关对有关责任人员依法给予处分。

第二节　应急救援知识

一、生产安全事故应急预案的概念

生产安全事故应急预案是指事先制订的关于生产安全事故发生时进行紧急救援的组织、程序、措施、责任及协调等方面的方案和计划,是对特定的潜在事件和紧急情况发生时所采取措施的计划安排,是应急响应的行动指南。

编制应急预案的目的,是避免紧急情况发生时出现混乱,确保按照合理的响应流程采取适当的救援措施,预防和减少可能随之引发的职业健康安全和环境影响。

二、生产安全事故应急预案体系的构成

生产安全事故应急预案应形成体系,针对各级各类可能发生的事故和所有危险源制订专项应急预案和现场应急处置方案,并明确事前、事中、事后的各个过程中相关部门和有关人员的职责。生产规模小、危险因素少的施工单位,综合应急预案和专项应急预案可以合并编写。

(一)综合应急预案

综合应急预案是从总体上阐述事故的应急方针、政策,应急组织结构及相关应急职责,应急行动、措施和保障等基本要求和程序,是应对各类事故的综合性文件。

(二)专项应急预案

专项应急预案是针对具体的事故类别(如基坑开挖、脚手架拆除等事故)、危险源和应急保障而制订的计划或方案,是综合应急预案的组成部分,应按照综合应急预案的程序和要求组织制订,并作为综合应急预案的附件。专项应急预案应制订明确的救援程序和具体的应急救援措施。

(三)现场处置方案

现场处置方案是针对具体的装置、场所或设施、岗位所制定的应急处置措施。现场处置方案应具体、简单、针对性强。现场处置方案应根据风险评估及危险性控制措施逐一编制,做到事故相关人员应知应会,熟练掌握,并通过应急演练,做到迅速反应,正确处置。

三、生产安全事故应急预案编制原则和主要内容

(一)生产安全事故应急预案编制原则

制订安全生产事故应急预案时,应当遵循以下原则:

(1)重点突出、针对性强。应急预案编制应结合本单位安全方面的实际情况,分析可能导致事故发生的原因,有针对性地制订预案。

(2)统一指挥、责任明确。预案实施的负责人以及施工单位各有关部门和人员如何分工 、配合、协调,应在应急救援预案中加以明确。

(3)程序简明、步骤明确。应急预案程序要简明,步骤要明确,具有高度可操作性,保证发生事故时能及时启动、有序实施。

(二)生产安全事故应急预案编制的主要内容

(1)制订应急预案的目的和适用范围。

(2)组织机构及其职责。明确应急预案救援组织机构、参加部门、负责人和人员及其职责、作用和联系方式。

(3)危害辨识与风险评价。确定可能发生的事故类型、地点、影响范围及可能影响的人数。

(4)通告程序和报警系统。包括确定报警系统及程序、报警方式、通信联络方式,向公众报警的标准、方式、信号等。

(5)应急设备与设施。明确可用于应急救援的设施和维护保养制度,明确有关部门可利用的应急设备和危险监测设备。

(6)求援程序。明确应急反应人员向外求援的方式,包括与消防机构、医院、急救中心联系的方式。

(7)保护措施程序。保护事故现场的方式、方法,明确可授权发布疏散作业人员及施工现场周边居民指令的机构及负责人,明确疏散人员的接收中心或避难场所。

(8)事故后的恢复程序。明确决定终止应急、恢复正常秩序的负责人,宣布应急取消和恢复正常状态的程序。

(9)培训与演练。包括定期培训、演练计划及定期检查制度,对应急人员进行培训,并确保合格者上岗。

(10)应急预案的维护。更新和修订应急预案的方法,根据演练、检测结果完善应急预案。

附　录

附录一　常用安全管理法律法规及标准清单

一、法律

1.《中华人民共和国安全生产法》；
2.《中华人民共和国建筑法》；
3.《中华人民共和国消防法》；
4.《中华人民共和国防洪法》；
5.《中华人民共和国水污染防治法》；
6.《中华人民共和国刑法》；
7.《中华人民共和国劳动法》；
8.《中华人民共和国社会保险法》；
9.《中华人民共和国职业病防治法》；
10.《中华人民共和国劳动合同法》；
11.《中华人民共和国消防法》；
12.《中华人民共和国特种设备安全法》；
13.《中华人民共和国环境保护法》；
14.《中华人民共和国水土保持法》；
15.《中华人民共和国水法》；
16.《中华人民共和国突发事件应对法》。

二、法规

1.《建设工程安全生产管理条例》；
2.《安全生产许可证条例》；
3.《长江三峡水利枢纽安全保卫条例》；
4.《水库大坝安全管理条例》；
5.《中华人民共和国河道管理条例》；
6.《中华人民共和国抗旱条例》；
7.《工伤保险条例》；
8.《生产安全事故报告和调查处理条例》；
9.《特种设备安全监察条例》；
10.《危险化学品安全管理条例》；
11.《中华人民共和国水文条例》；

12.《劳动保障监察条例》。

三、规章

1.《安全生产事故隐患排查治理暂行规定》；
2.《生产安全事故应急预案管理办法》；
3.《水利工程建设安全生产管理规定》；
4.《水利工程建设程序管理暂行规定》；
5.《水利水电建设工程蓄水安全鉴定暂行办法》；
6.《水利工程质量管理规定》；
7.《水利工程建设项目管理规定》；
8.《建筑施工企业主要负责人、项目负责人和专职安全生产管理人员安全生产管理规定》；
9.《实施工程建设强制性标准监督规定》；
10.《建筑施工企业安全生产许可证管理规定》；
11.《建设部 关于印发〈建筑业企业资质等级标准〉的通知》；
12.《建筑工程施工转包违法分包等违法行为认定查处管理办法(试行)》；
13.《建筑施工安全生产标准化考评暂行办法》；
14.《关于建筑施工特种作业人员考核工作的实施意见》；
15.《关于印发〈建筑施工特种作业人员管理规定〉的通知》；
16.《建筑起重机械安全监督管理规定》；
17.《水利工程建设项目管理规定》。

四、规范性文件

1.《国务院安委会关于进一步加强安全培训工作的决定》；
2.《企业安全生产费用提取和使用管理办法》；
3.《危险性较大的分部分项工程安全管理办法》；
4.《水利部关于印发〈水利水电工程施工企业主要负责人、项目负责人和专职安全生产管理人员安全生产考核管理办法〉的通知》；
5.《关于建立水利建设工程安全生产条件市场准入制度的通知》；
6.《水利工程建设重大质量与安全事故应急预案》；
7.《水利行业深入开展安全生产标准化建设实施方案》；
8.《水利安全生产标准化评审管理暂行办法》；
9.《水利安全生产标准化评审管理暂行办法实施细则的通知》；
10.《水利水电建设项目安全评价管理办法(试行)》；
11.《建筑施工企业安全生产管理机构设置及专职安全生产管理人员配备办法》；
12.《建筑施工企业安全生产许可证动态监管暂行办法》。

五、常用标准

1.《爆破安全规程》(GB 6722)；

2.《水利水电工程施工通用安全技术规程》(SL 398);
3.《水利水电工程土建施工安全技术规程》(SL 399);
4.《水利水电工程机电设备安装安全技术规程》(SL 400);
5.《水利水电工程施工作业人员安全操作规程》(SL 401);
6.《水利水电工程施工安全管理导则》(SL 721);
7.《水利工程施工安全防护设施技术规范》(SL 714);
8.《水利工程项目法人安全生产标准化评审标准》;
9.《水利水电施工企业安全生产标准化评审标准》;
10.《水利工程管理单位安全生产标准化评审标准》;
11.《水电水利工程施工机械安全操作规程 装载机》(DL/T 5263);
12.《水电水利工程施工机械安全操作规程 塔带机》(DL/T 5722);
13.《水电水利工程施工机械安全操作规程 履带式布料机》(DL/T 5723);
14.《水电水利工程施工机械安全操作规程 振捣机械》(DL/T 5730);
15.《水电水利工程施工机械安全操作规程 挖掘机》(DL/T 5261);
16.《建设工程高大模板支撑系统施工安全监督管理导则》;
17.《施工企业安全生产评价标准》(JGJ/T 77);
18.《建筑施工安全检查标准》(JGJ 59);
19.《建筑施工现场环境与卫生标准》(JGJ 146);
20.《企业职工伤亡事故分类标准》(GB 6441);
21.《企业安全生产标准化基本规范》(GB/T 33000);
22.《建筑施工脚手架安全技术统一标准》(GB 51210);
23.《建筑施工模板安全技术规范》(JGJ 162);
24.《施工现场临时用电安全技术规范》(JGJ 46)。

附录二　水利工程施工安全检查评分表

单位工程（施工现场）名称	建筑面积（m^2）	结构类型	总计得分（满分分值100分）	项目名称及分值									
				安全管理（满分10分）	文明施工（满分15分）	脚手架（满分10分）	基坑工程（满分10分）	模板支架（满分10分）	高处作业（满分10分）	施工用电（满分10分）	物料提升机与施工升降机（满分10分）	塔式起重机与起重吊装（满分10分）	施工机具（满分5分）

评语：

检查单位		负责人		受检项目		项目经理	

附表 2-1　安全管理检查评分表

<table>
<tr><th>序号</th><th colspan="2">检查项目</th><th>扣分标准</th><th>应得分数</th><th>扣减分数</th><th>实得分数</th></tr>
<tr><td>1</td><td rowspan="6">保证项目</td><td>安全生产责任制</td><td>未建立安全生产责任制，扣 10 分
安全生产责任制未经责任人签字确认，扣 3 分
未备有各工种安全技术操作规程，扣 2~10 分
未按规定配备专职安全员，扣 2~10 分
工程项目部承包合同中未明确安全生产考核指标，扣 5 分
未制定安全生产资金保障制度，扣 5 分
未编制安全资金使用计划或未按计划实施，扣 2~5 分
未制定安全生产管理目标（伤亡控制、安全达标、文明施工），扣 5 分
未进行安全责任目标分解，扣 5 分
未建立安全生产责任制、责任目标考核制度，扣 5 分
未按考核制度对管理人员定期考核，扣 2~5 分</td><td>10</td><td></td><td></td></tr>
<tr><td>2</td><td>施工组织设计</td><td>施工组织设计中未制定安全技术措施，扣 10 分
危险性较大的分部分项工程未编制安全专项施工方案，扣 10 分
未按规定对（超过一定规模的危险性较大的分部分项工程）专项方案进行专家论证，扣 10 分
施工组织设计、专项施工方案未经审批，扣 10 分
安全措施、专项施工方案无针对性或缺少设计计算，扣 2~8 分
未按施工组织设计、专项施工方案组织实施，扣 2~10 分</td><td>10</td><td></td><td></td></tr>
<tr><td>3</td><td>安全技术交底</td><td>未进行书面安全技术交底，扣 10 分
未按分部分项进行交底，扣 5 分
交底内容不全或针对性不强，扣 2~5 分
交底未履行签字手续，扣 2~4 分</td><td>10</td><td></td><td></td></tr>
<tr><td>4</td><td>安全检查</td><td>未建立安全检查（定期、季节性）制度，扣 10 分
未留有（定期、季节性）安全检查记录，扣 5 分
事故隐患的整改未做到定人、定时间、定措施，扣 2~6 分
对重大事故隐患整改通知书所列项目未按期整改和复查，扣 5~10 分</td><td>10</td><td></td><td></td></tr>
<tr><td>5</td><td>安全教育</td><td>未建立安全教育培训制度，扣 10 分
新入场工人未进行三级安全教育培训和考核，扣 5 分
未明确具体安全教育培训内容，扣 2~8 分
变换工种或采用新技术、新工艺、新设备、新材料施工时未进行安全教育，扣 5 分
施工管理人员、专职安全员未按规定进行年度教育培训和考核，每人扣 2 分</td><td>10</td><td></td><td></td></tr>
<tr><td>6</td><td>应急预案</td><td>未制订安全生产应急救援预案，扣 10 分
未建立应急救援组织或未按规定配备救援人员，扣 2~6 分
未配置应急救援器材和设备，扣 5 分
未定期进行应急救援演练，扣 5 分</td><td>10</td><td></td><td></td></tr>
<tr><td colspan="3">小计</td><td></td><td>60</td><td></td><td></td></tr>
</table>

续附表 2-1

序号	检查项目		扣分标准	应得分数	扣减分数	实得分数
7	一般项目	分包单位安全管理	分包单位资质、资格、分包手续不全或失效,扣 10 分 未签订安全生产协议书,扣 5 分 分包合同、安全协议书,签字盖章手续不全,扣 2~6 分 分包单位未按规定建立安全机构或未配备专职安全员,扣 2~6 分	10		
8		(特种作业)持证上岗	未经培训从事施工、安全管理和特种作业,每人扣 5 分 项目经理、专职安全员和特种作业人员未持证上岗,每人扣 2 分	10		
9		生产安全事故处理	生产安全事故未按规定报告,扣 10 分 生产安全事故未按规定进行调查分析、制定防范措施,扣 10 分 未依法为施工作业人员办理保险,扣 5 分	10		
10		安全标志	主要施工区域、危险部位未按规定悬挂安全标志,扣 2~6 分 未绘制现场安全标志布置图,扣 3 分 未按部位和现场设施的变化调整安全标志设置,扣 2~6 分 未设置重大危险源公示牌,扣 5 分	10		
小计				40		
检查项目合计				100		

附表 2-2　文明施工检查评分表

序号	检查项目		扣分标准	应得分数	扣减分数	实得分数
1	保证项目	现场围挡	市区主要路段的工地周围未设置高于 2.5 m 的封闭围挡,扣 5~10 分 一般路段的工地周围未设置高于 1.8 m 的封闭围挡,扣 5~10 分 围挡未达到坚固、稳定、整洁、美观,扣 5~10 分	10		
2		封闭管理	施工现场出入口未设置大门,扣 10 分 未设置门卫室,扣 5 分 未设门卫或未建立门卫制度,扣 2~6 分 进入施工现场不佩戴工作卡,扣 2 分 施工现场出入口未标有企业名称或标识,扣 2 分 未设置车辆冲洗设施,扣 3 分	10		
3		施工场地	现场主要道路及材料加工区地面未进行硬化处理,扣 5 分 现场道路不畅通、路面不平整坚实,扣 5 分 施工现场未采取防尘措施,扣 5 分 施工现场未设置排水设施或排水不通畅、有积水,扣 5 分 未采取防止泥浆、污水、废水污染环境措施,扣 2~10 分 未设置吸烟处,随意吸烟,扣 5 分 温暖季节未进行绿化布置,扣 3 分	10		

续附表 2-2

序号	检查项目		扣分标准	应得分数	扣减分数	实得分数
4	保证项目	现场材料	建筑材料、构件、料具未按总平面布局码放,扣4分 材料码放不整齐,未标明名称、规格,扣2分 施工现场材料存放未采取防火、防锈蚀、防雨措施,扣3~10分 建筑物内施工垃圾的清运,未使用器具或管道运输,扣5分 易燃易爆物品未采取防火措施、未进行分类存放,扣5~10分	10		
5	保证项目	现场住宿	施工作业区、材料存放区与办公区、生活区未采取隔离措施,扣6分 宿舍、办公用房防火等级不符合有关消防安全技术规范要求,扣10分 在建工程、伙房、库房兼作住宿,扣10分 宿舍未设置可开启式窗户,扣4分 宿舍未设置床铺,床铺超过2层或通道宽度小于0.9 m,扣2~6分 宿舍人均面积或人员数量不符合规范要求,扣5分 冬季宿舍未采取保暖和防煤气(一氧化碳)中毒措施,扣5分 夏季宿舍未采取防暑降温和防蚊蝇措施,扣5分 生活用品摆放混乱,环境卫生不符合要求,扣3分	10		
6	保证项目	现场防火	施工现场未制定消防安全管理制度、消防措施,扣10分 施工现场的临时用房和作业场所的防火设计不符合规范要求,扣10分 施工现场消防通道、消防水源的设置不符合规范要求,扣5~10分 施工现场灭火器材布局、配置不合理或灭火器材失效,扣5分 未办理动火审批手续或未指定动火监护人员,扣5~10分	10		
小计				60		
7	一般项目	综合治理	生活区未为作业人员设置学习和娱乐场所,扣2分 施工现场未建立治安保卫制度或责任未分解到人,扣3~5分 施工现场未制定治安防范措施,扣5分	10		
8	一般项目	公示标牌	大门口处设置的公示牌内容不全,扣2~8分 标牌不规范、不整齐,扣3分 未张挂安全标语,扣3分 未设置宣传栏、读报栏、黑板报,扣2~4分	10		
9	一般项目	生活设施	未建立卫生责任制度,扣5分 食堂与厕所、垃圾站、有毒有害场所距离不符合规范要求,扣2~6分 食堂未办理卫生许可证或未办理炊事人员健康证,扣5分 食堂使用的燃气罐未单独设置存放间或存放间通风条件不良,扣2~4分 食堂未配备排风、冷藏、消毒、防鼠、防蚊蝇等设施,扣4分 厕所内的设施数量或布局不符合规范要求,扣2~6分 厕所卫生未达到规定要求,扣4分 不能保证现场人员卫生饮水,扣5分 未设置淋浴室或淋浴室不能满足现场人员需求,扣4分 生活垃圾未装容器或未及时清理,扣3~5分	10		

续附表 2-2

序号	检查项目		扣分标准	应得分数	扣减分数	实得分数
10	一般项目	社区服务	夜间未经许可施工,扣 8 分 施工现场焚烧各类废弃物,扣 8 分 施工现场未制定防粉尘、防噪声、防光污染等措施,扣 5 分 未制定施工不扰民措施,扣 5 分	10		
小计				40		
检查项目合计				100		

附表 2-3　扣件式钢管脚手架检查评分表

序号	检查项目		扣分标准	应得分数	扣减分数	实得分数
1	保证项目	施工方案	架体搭设未编制专项施工方案或未按规定审核、审批,扣 10 分 架体结构设计未进行设计计算,扣 10 分 架体搭设超过规范允许高度,专项施工方案未按规定组织专家论证,扣 10 分	10		
2		立杆基础	立杆基础不平、不实,不符合专项施工方案要求,扣 5~10 分 立杆底部缺少底座、垫板或垫板的规格不符合规范要求,每处扣 2~5分 未按规范要求设置纵、横向扫地杆,扣 5~10 分 扫地杆的设置和固定不符合规范要求,扣 5 分 未采取排水措施,扣 8 分	10		
3		架体与建筑结构拉结	架体与建筑结构拉结方式或间距不符合规范要求,每处扣 2 分 架体底层第一步纵向水平杆处未按规定设置连墙件或未采用其他可靠措施固定,每处扣 2 分 搭设高度超过 24 m 的双排脚手架,未采用刚性连墙件与建筑结构可靠连接,扣 10 分	10		
4		杆件间距与剪刀撑	立杆、纵向水平杆、横向水平杆间距超过设计或规范要求,每处扣 2 分 未按规定设置纵向剪刀撑或横向斜撑,每处扣 5 分 剪刀撑未沿脚手架高度连续设置或角度不符合规范要求,扣 5 分 剪刀撑斜杆的接长或剪刀撑斜杆与架体杆件固定不符合规范要求,每处扣 2 分	10		
5		脚手板与防护栏杆	脚手板未满铺或铺设不牢、不稳,扣 5~10 分 脚手板规格或材质不符合规范要求,扣 5~10 分 架体外侧未设置密目式安全网封闭或网间连接不严,扣 5~10 分 作业层防护栏杆不符合规范要求,扣 5 分 作业层未设置高度不小于 180 mm 的挡脚板,扣 3 分	10		

续附表 2-3

序号	检查项目		扣分标准	应得分数	扣减分数	实得分数
6	保证项目	交底与验收	架体搭设前未进行交底或交底未留有文字记录,扣 5~10 分 架体分段搭设、分段使用未进行分段验收,扣 5 分 架体搭设完毕未办理验收手续,扣 10 分 验收内容未进行量化,或未经责任人签字确认,扣 5 分	10		
	小计			60		
7	一般项目	横向水平杆设置	未在立杆与纵向水平杆交点处设置横向水平杆,每处扣 2 分 未按脚手板铺设的需要增加设置横向水平杆,每处扣 2 分 双排脚手架横向水平杆只固定一端,每处扣 2 分 单排脚手架横向水平杆插入墙内小于 18 cm,每处扣 2 分	10		
8		杆件连接	纵向水平杆搭接长度小于 1 m 或固定不符合要求,每处扣 2 分 立杆除顶层顶步外采用搭接,每处扣 4 分 杆件对接扣件的布置不符合规范要求,扣 2 分 扣件紧固力矩小于 40 N · m 或大于 65 N · m,每处扣 2 分	10		
9		层间防护	作业层脚手板下未用安全平网兜底或作业层以下且以下每隔 10 m 未用安全平网封闭,扣 5 分 作业层与建筑物之间未按规定进行封闭,扣 5 分	10		
10		构配件材质	钢管直径、壁厚、材质不符合要求,扣 5 分 钢管弯曲、变形、锈蚀严重,扣 5 分 扣件未进行复试或技术性能不符合标准,扣 5 分	5		
11		通道	未设置人员上下专用通道,扣 5 分 通道设置不符合要求,扣 2 分	5		
	小计			40		
	检查项目合计			100		

附表 2-4 门式钢管脚手架检查评分表

序号	检查项目		扣分标准	应得分数	扣减分数	实得分数
1	保证项目	施工方案	未编制专项施工方案或未进行设计计算,扣 10 分 专项施工方案未按规定审核、审批,扣 10 分 架体搭设超过规范允许高度,专项施工方案未按规定组织进行专家论证,扣 10 分	10		
2		架体基础	架体基础不平、不实、不符合专项施工方案要求,扣 5~10 分 架体底部未设垫板或垫板的规格不符合要求,扣 2~5 分 架体底部未按规范要求设置底座,每处扣 2 分 架体底部未按规范要求设置扫地杆,扣 5 分 未采取排水措施,扣 8 分	10		

续附表 2-4

序号	检查项目		扣分标准	应得分数	扣减分数	实得分数
3	保证项目	架体稳定	架体与建筑结构拉结方式和间距不符合规范要求,每处扣 2 分 未按规范要求设置剪刀撑,扣 10 分 门架立杆垂直度偏差超过规范要求,扣 5 分 交叉支撑的设置不符合规范要求,每处扣 2 分	10		
4		杆件锁臂	未按(说明书)规定组装,或漏装杆件、锁臂,扣 2~6 分 未按规范要求设置纵向水平加固杆,扣 10 分 扣件与连接的杆件参数不匹配,每处扣 2 分	10		
5		脚手板	脚手板未满铺或铺设不牢、不稳,扣 5~10 分 脚手板规格或材质不符合要求,扣 5~10 分 采用挂扣式钢脚手板时挂钩未挂扣在横向水平杆上或挂钩未处于锁住状态,每处扣 2 分	10		
6		交底与验收	脚手架搭设前未进行交底或交底未留有文字记录,扣 5~10 分 脚手架分段搭设、分段使用未办理分段验收,扣 6 分 脚手架搭设完毕未办理验收手续,扣 10 分 验收内容未进行量化,或未经责任人签字确认,扣 5 分	10		
	小计			60		
7	一般项目	架体防护	作业层防护栏杆不符合规范要求,扣 5 分 作业层未设置高度不小于 180 mm 的挡脚板,扣 3 分 脚手架外侧未设置密目式安全网封闭或网间不严,扣 5~10 分 作业层脚手板下未用安全平网双层兜底或作业层以下每隔 10 m 未用安全平网封闭,扣 5 分	10		
8		构配件材质	杆件变形、锈蚀严重,扣 10 分 门架局部开焊,扣 10 分 构配件的规格、型号、材质或产品质量不符合规范要求,扣 5~10 分	10		
9		荷载	施工荷载超过设计规定,扣 10 分 荷载堆放不均匀,每处扣 5 分	10		
10		通道	未设置人员上下专用通道,扣 10 分 通道设置不符合要求,扣 5 分	10		
	小计			40		
	检查项目合计			100		

附表 2-5　碗扣式钢管脚手架检查评分表

序号	检查项目		扣分标准	应得分数	扣减分数	实得分数
1	保证项目	施工方案	未编制专项施工方案或未进行设计计算,扣 10 分 专项施工方案未按规定审核、审批,扣 10 分 架体搭设高度超过规范允许高度,专项施工方案未组织专家论证,扣 10 分	10		
2		架体基础	基础不平、不实,不符合专项施工方案要求,扣 5~10 分 架体底部未设置垫板或垫板的规格不符合要求,扣 2~5 分 架体底部未按规范要求设置底座,每处扣 2 分 架体底部未按规范要求设置扫地杆,扣 5 分 未采取排水措施,扣 8 分	10		
3		架体稳定	架体与建筑结构未按规范要求拉结,每处扣 2 分 架体底层第一步水平杆处未按规范要求设置连墙件或未采用其他可靠措施固定,每处扣 2 分 连墙件未采用刚性杆件,扣 10 分 未按规范要求设置竖向专用斜杆或八字形斜撑,扣 5 分 (竖向)专用斜杆两端未固定在纵、横向水平杆与立杆汇交的碗扣结点处,每处扣 2 分 (竖向)专用斜杆或八字形斜撑未沿脚手架高度连续设置或角度不符合要求,扣 5 分	10		
4		杆件锁件	立杆间距、水平杆步距超过设计和规范要求,每处扣 2 分 未按专项施工方案设计的步距在立杆连接碗扣结点处设置纵、横向水平杆,每处扣 2 分 架体搭设高度超过 24 m 时,顶部 24 m 以下的连墙件层未按规定设置水平斜杆,扣 10 分 架体组装不牢或上碗扣紧固不符合要求,每处扣 2 分	10		
5		脚手板	脚手板未满铺或铺设不牢、不稳,扣 5~10 分 脚手板规格或材质不符合要求,扣 5~10 分 采用挂扣式钢脚手板时挂钩未挂扣在横向水平杆上或挂钩未处于锁住状态,每处扣 2 分	10		
6		交底与验收	架体搭设前未进行交底或交底未留有文字记录,扣 5~10 分 架体分段搭设、分段使用未进行分段验收,扣 5 分 架体搭设完毕未办理验收手续,扣 10 分 验收内容未进行量化,或未经责任人签字确认,扣 5 分	10		
	小计			60		

续附表 2-5

序号	检查项目		扣分标准	应得分数	扣减分数	实得分数
7	一般项目	架体防护	架体外侧未采用密目式安全网封闭或网间连接不严,扣 5~10 分 作业层防护栏杆不符合规范要求,扣 5 分 作业层外侧未设置高度不小于 180 mm 的挡脚板,扣 3 分 作业层脚手板下未用安全平网双层兜底或作业层以下每隔 10 m 未用安全平网封闭,扣 5 分	10		
8		材质	杆件弯曲、变形、锈蚀严重,扣 10 分 钢管、构配件的规格、型号、材质或产品质量不符合规范要求,扣 5~10分	10		
9		荷载	施工荷载超过设计规定,扣 10 分 荷载堆放不均匀,每处扣 5 分	10		
10		通道	未设置人员上下专用通道,扣 10 分 通道设置不符合要求,扣 5 分	10		
小计				40		
检查项目合计				100		

附表 2-6　承插型盘扣式钢管支架检查评分表

序号	检查项目		扣分标准	应得分数	扣减分数	实得分数
1	保证项目	施工方案	未编制专项施工方案或(搭设高度超过 24 m)未进行设计和计算,扣 10 分 专项施工方案未按规定审核、审批,扣 10 分	10		
2		架体基础	架体基础不平、不实,不符合专项方案设计要求,扣 5~10 分 架体立杆底部缺少垫板或垫板的规格不符合规范要求,每处扣 2 分 架体立杆底部未按要求设置可调底座,每处扣 2 分 未按规范要求设置纵、横向扫地杆,扣 5~10 分 未采取排水措施,扣 8 分	10		
3		架体稳定	架体与建筑结构未按规范要求拉结,每处扣 2 分 架体底层第一步水平杆处未按规范要求设置连墙件或未采用其他可靠措施固定,每处扣 2 分 连墙件未采用刚性杆件,扣 10 分 未按规范要求设置竖向斜杆或剪刀撑,扣 5 分 竖向斜杆两端未固定在纵、横向水平杆与立杆汇交的盘扣结点处,每处扣 2 分 斜杆或剪刀撑未沿脚手架高度连续设置或角度不符合要求,扣 5 分	10		

续附表 2-6

序号	检查项目		扣分标准	应得分数	扣减分数	实得分数
4	保证项目	杆件设置	架体立杆间距、水平杆步距超过设计或规范要求,每处扣 2 分 未按专项施工方案设计的步距在立杆连接盘处设置纵、横向水平杆,每处扣 2 分 双排脚手架的每步水平杆,当无挂扣钢脚手板时未按规范要求设置水平斜杆,扣 5~10 分	10		
5		脚手板	脚手板不满铺或铺设不牢、不稳,扣 5~10 分 脚手板规格或材质不符合要求,扣 5~10 分 采用挂扣式钢脚手板时挂钩未挂扣在水平杆上或挂钩未处于锁住状态,每处扣 2 分	10		
6		交底与验收	架体搭设前未进行交底或未留有文字交底记录,扣 5~10 分 架体分段搭设、分段使用未办理分段验收,扣 5 分 架体搭设完毕未办理验收手续,扣 10 分 验收内容未进行量化,或未经责任人签字确认,扣 5 分	10		
小计				60		
7	一般项目	架体防护	架体外侧未设置密目式安全网封闭或网间不严,扣 5~10 分 作业层防护栏杆不符合规范要求,扣 5 分 作业层外侧未设置高度不小于 180 mm 的挡脚板,扣 3 分 作业层脚手板下未用安全平网双层兜底或作业层以下每隔 10 m 未用安全平网封闭,扣 5 分	10		
8		杆件连接	立杆竖向接长位置不符合要求,每处扣 2 分 剪刀撑的斜杆接长不符合要求,扣 8 分	10		
9		构配件材质	钢管、构配件的规格、型号、材质或产品质量不符合规范要求,扣 5 分 钢管弯曲、变形、锈蚀严重,扣 10 分	10		
10		通道	未设置人员上下专用通道,扣 10 分 通道设置不符合要求,扣 5 分	10		
小计				40		
检查项目合计				100		

附表 2-7 满堂式脚手架检查评分表

序号	检查项目		扣分标准	应得分数	扣减分数	实得分数
1	保证项目	施工方案	未编制专项施工方案或未进行设计计算,扣 10 分 专项施工方案未按规定审核、审批,扣 10 分	10		
2		架体基础	架体基础不平、不实,不符合专项施工方案要求,扣 5~10 分 架体底部未设置垫板或垫板的规格不符合规范要求,每处扣 2~5 分 架体底部未按规范要求设置底座,每处扣 2 分 架体底部未按规范要求设置扫地杆,扣 5 分 未采取排水措施,扣 8 分	10		

续附表 2-7

序号	检查项目		扣分标准	应得分数	扣减分数	实得分数
3	保证项目	架体稳定	架体四周与中间未按规范要求设置竖向剪刀撑或专用斜杆,扣 10 分 未按规范要求设置水平剪刀撑或专用水平斜杆,扣 10 分 架体高宽比超过规范要求(大于 2)时未采取与结构拉结或其他可靠的稳定措施,扣 10 分	10		
4		杆件锁件	架体立杆间距、水平杆步距超过设计和规范要求,每处扣 2 分 杆件接长不符合要求,每处扣 2 分 架体搭设不牢或杆件节点紧固不符合要求,每处扣 2 分	10		
5		脚手板	脚手板不满铺或铺设不牢、不稳,扣 5~10 分 脚手板规格或材质不符合要求,扣 5~10 分 采用挂扣式钢脚手板时挂钩未挂扣在水平杆上或挂钩未处于锁住状态,每处扣 2 分	10		
6		交底与验收	架体搭设前未进行交底或交底未留有文字记录,扣 5~10 分 架体分段搭设、分段使用未进行分段验收,扣 5 分 架体搭设完毕未办理验收手续,扣 10 分 验收内容未进行量化,或未经责任人签字确认,扣 5 分	10		
	小计			60		
7	一般项目	架体防护	作业层防护栏杆不符合规范要求,扣 5 分 作业层外侧未设置高度不小于 180 mm 挡脚板,扣 3 分 作业层脚手板下未用安全平网双层兜底或作业层以下每隔 10 m 未用安全平网封闭,扣 5 分	10		
8		构配件材质	钢管、构配件的规格、型号、材质或产品质量不符合规范要求,扣 5~10分 杆件弯曲、变形、锈蚀严重,扣 10 分	10		
9		荷载	架体的施工荷载超过设计和规范要求,扣 10 分 荷载堆放不均匀,每处扣 5 分	10		
10		通道	未设置人员上下专用通道,扣 10 分 通道设置不符合要求,扣 5 分	10		
	小计			40		
	检查项目合计			100		

附表 2-8　悬挑式脚手架检查评分表

序号	检查项目		扣分标准	应得分数	扣减分数	实得分数
1	保证项目	施工方案	未编制专项施工方案或未进行设计计算,扣 10 分 专项施工方案未按规定审核、审批,扣 10 分 架体搭设超过规范允许高度,专项施工方案未按规定组织进行专家论证,扣 10 分	10		
2		悬挑钢梁	钢梁截面高度未按设计确定或截面形式不符合设计和规范要求,扣 10 分 钢梁固定段长度小于悬挑段长度的 1.25 倍,扣 5 分 钢梁外端未设置钢丝绳或钢拉杆与上一层建筑结构拉结,每处扣 2 分 钢梁与建筑结构锚固处结构强度、锚固措施不符合设计和规范要求,每处扣 5~10 分 钢梁间距未按悬挑架体立杆纵距设置,扣 5 分	10		
3		架体稳定	立杆底部与悬挑钢梁连接处未采取可靠固定措施,每处扣 2 分 承插式立杆接长未采取螺栓或销钉固定,每处扣 2 分 纵、横向扫地杆的设置不符合规范要求,扣 5~10 分 未在架体外侧设置连续式剪刀撑,扣 10 分 未按规定(在架体内侧)设置横向斜撑,扣 5 分 架体未按规定与建筑结构拉结,每处扣 5 分	10		
4		脚手板	脚手板规格、材质不符合要求,扣 5~10 分 脚手板未满铺或铺设不严、不牢、不稳,扣 5~10 分	10		
5		荷载	架体施工荷载超过设计规定,扣 10 分 施工荷载堆放不均匀,每处扣 5 分	10		
6		交底与验收	架体搭设前未进行交底或交底未留有文字记录,扣 5~10 分 架体分段搭设、分段使用未进行分段验收,扣 6 分 架体搭设完毕未办理验收手续,扣 10 分 验收内容未进行量化,或未经责任人签字确认,扣 5 分	10		
	小计			60		
7	一般项目	杆件间距	立杆间距、纵向水平杆布距超过设计或规范要求,每处扣 2 分 未在立杆与纵向水平杆交点处设置横向水平杆,每处扣 2 分 未按脚手板铺设的需要增加横向水平杆,每处扣 2 分	10		
8		架体防护	作业层防护栏杆不符合规范要求,扣 5 分 作业层架体外侧未设置高度不小于 180 mm 的挡脚板,扣 3 分 架体外侧未采用密目式安全网封闭或网间不严,扣 5~10 分	10		

续附表 2-8

序号	检查项目		扣分标准	应得分数	扣减分数	实得分数
9	一般项目	层间防护	作业层脚手板下未用安全平网兜底或作业层以下每隔 10 m 未用安全平网封闭,扣 5 分 作业层与建筑物之间未按规定进行封闭,扣 5 分 架体底层沿建筑结构边缘,悬挑钢梁与悬挑钢梁之间未采取封闭措施或封闭不严,扣 2~8 分 架体底层未进行封闭或封闭不严,扣 10 分	10		
10		脚手架材质	型钢、钢管、构配件规格及材质不符合规范要求,扣 5~10 分 型钢、钢管构配件弯曲、变形、锈蚀严重,扣 10 分	10		
小计				40		
检查项目各计				100		

附表 2-9　附着式升降脚手架检查评分表

序号	检查项目		扣分标准	应得分数	扣减分数	实得分数
1	保证项目	施工方案	未编制专项施工方案或未进行设计计算,扣 10 分 专项施工方案未按规定审核、审批,扣 10 分 脚手架提升超过规定允许高度(150 m),专项施工方案未按规定组织专家论证,扣 10 分	10		
2		安全装置	未采用(机械式的全自动)防坠落装置或技术性能不符合规范要求,扣 10 分 防坠落装置与升降设备未分别独立固定在建筑结构上,扣 10 分 防坠落装置未设置在竖向主框架处并与建筑结构附着,扣 10 分 未安装防倾覆装置或防倾覆装置不符合规范要求,扣 10 分 升降或使用工况,最上和最下两个防倾覆装置之间的最小间距不符合规范要求,扣 8 分 未安装同步控制装置或技术性能不符合规范要求,扣 5~8 分	10		
3		架体构造	架体高度大于 5 倍楼层高,扣 10 分 架体宽度大于 1.2 m,扣 5 分 直线布置的架体支承跨度大于 7 m 或折线、曲线布置的架体支撑跨度大于 5.4 m,扣 8 分 架体的水平悬挑长度大于 2 m 或大于跨度的 1/2,扣 10 分 架体悬臂高度大于架体高度的 2/5 或(悬臂高度)大于 6 m,扣 10 分 架体全高与支撑跨度的乘积大于 110 m^2,扣 10 分	10		

续附表 2-9

序号	检查项目		扣分标准	应得分数	扣减分数	实得分数
4	保证项目	附着支座	未按竖向主框架所覆盖的每个楼层设置一道附着支座,扣 10 分 使用工况时未将竖向主框架与附着支座固定,扣 10 分 升降工况时未将防倾覆装置、导向装置设置在附着支座上,扣 10 分 附着支座与建筑结构连接固定方式不符合规范要求,扣 5~10 分	10		
5	保证项目	架体安装	主框架和水平支撑桁架的结点未采用焊接或螺栓连接,扣 10 分 各杆件轴线未汇交于节点,扣 3 分 (内外两片)水平支承桁架的上弦和下弦之间设置的水平支撑杆件未采用焊接或螺栓连接,扣 5 分 架体立杆底端未设置在水平支撑桁架上弦杆件结点处,扣 10 分 (与墙面垂直的定型)竖向主框架组装高度低于架体高度,扣 5 分 架体外立面设置的连续式剪刀撑未将竖向主框架、水平支撑桁架和架体构架连成一体,扣 8 分	10		
6	保证项目	架体升降	两跨以上架体(同时整体)升降采用手动升降设备,扣 10 分 升降工况附着支座与建筑结构连接处混凝土强度未达到设计和规范要求,扣 10 分 升降工况架体上有施工荷载或有人员停留,扣 10 分	10		
小计				60		
7	一般项目	检查验收	构配件进场未进行验收,扣 6 分 分段安装、分段使用未进行分段验收,扣 8 分 架体搭设完毕未办理验收手续,扣 10 分 验收内容未进行量化,或未经责任人签字确认,扣 5 分 架体提升前未留有具体检查记录,扣 6 分 架体提升后、使用前未履行验收手续或资料不全,扣 2~8 分	10		
8	一般项目	脚手板	脚手板未满铺或铺设不严、不牢,扣 3~5 分 作业层与建筑结构之间空隙封闭不严,扣 3~5 分 脚手板规格、材质不符合要求,扣 5~10 分	10		
9	一般项目	架体防护	脚手架外侧未采用密目式安全网封闭或网间不严,扣 5~10 分 作业层防护栏杆不符合规范要求(未在高度 1.2 m 和 0.6 m 处设置上、中两道),扣 5 分 作业层未设置高度不小于 180 mm 的挡脚板,扣 3 分	10		
10	一般项目	安全作业	操作前未向有关技术人员和作业人员进行安全技术交底或交底未有文字记录,扣 5~10 分 作业人员未经培训或未定岗定责,扣 5~10 分 安装拆除单位资质不符合要求或特种作业人员未持证上岗,扣 5~10分 安装、升降、拆除时未设置安全警戒区及专人监护,扣 10 分 荷载不均匀或超载,扣 5~10 分	10		
小计				40		
检查项目合计				100		

附表 2-10　高处作业吊篮检查评分表

序号	检查项目		扣分标准	应得分数	扣减分数	实得分数
1	保证项目	施工方案	未编制专项施工方案或未对吊篮支架支撑处结构的承载力进行验算,扣10分 专项施工方案未按规定审核、审批,扣10分	10		
2		安全装置	未安装防坠安全锁或安全锁失灵,扣10分 防坠安全锁超过标定期限仍在使用,扣10分 未设置挂设安全带专用安全绳及安全锁扣,或安全绳未固定在建筑物可靠位置,扣10分 吊篮未安装限位装置或限位装置失灵,扣10分	10		
3		悬挂机构	悬挂机构前支架支撑在建筑物女儿墙上或挑檐边缘,扣10分 前梁外伸长度不符合产品说明书规定,扣10分 前支架与支撑面不垂直或脚轮受力,扣10分 上支架未固定在前支架调节杆与悬挑梁连接的结点处,扣5分 使用破损的配重块或采用其他替代物,扣10分 配重块未固定或重量不符合设计规定,扣10分	10		
4		钢丝绳	钢丝绳有断丝、松股、硬弯、锈蚀或有油污附着物,扣10分 安全钢丝绳规格、型号与工作钢丝绳不相同或未独立悬挂,扣10分 安全钢丝绳不悬垂,扣5分 电焊作业时未对钢丝绳采取保护措施,扣5~10分	10		
5		安装作业	吊篮平台组装长度不符合产品说明书和规范要求,扣10分 吊篮组装的构配件不是同一生产厂家的产品,扣5~10分	10		
6		升降操作	操作升降人员未经培训合格,扣10分 吊篮内作业人员数量超过2人,扣10分 吊篮内作业人员未将安全带用安全锁扣挂置在独立设置的专用安全绳上,扣10分 作业人员未从地面进出吊篮内,扣5分	10		
	小计			60		
7	一般项目	交底与验收	未履行验收程序,验收表未经责任人签字确认,扣5~10分 验收内容未进行量化,扣5分 每天班前、班后未进行检查,扣5分 吊篮安装使用前未进行交底或交底未留有文字记录,扣5~10分	10		
8		安全防护	吊篮平台周边的防护栏杆或挡脚板的设置不符合规范要求,扣5~10分 多层或立体交叉作业未设置防护顶板,扣8分	10		
9		吊篮稳定	吊篮作业未采取防摆动措施,扣5分 吊篮钢丝绳不垂直或吊篮距建筑物空隙过大,扣5分	10		
10		荷载	施工荷载超过设计规定,扣10分 荷载堆放不均匀,扣5分	10		
	小计			40		
	检查项目合计			100		

附表 2-11　基坑工程检查评分表

序号	检查项目		扣分标准	应得分数	扣减分数	实得分数
1	保证项目	施工方案	基坑工程未编制专项施工方案,扣 10 分 专项施工方案未按规定审核、审批,扣 10 分 超过一定规模条件的基坑工程专项方案未按规定组织专家论证,扣 10 分 基坑周边环境或施工条件发生变化,专项施工方案未重新进行审核、审批,扣 10 分	10		
2		基坑支护	人工开挖的狭窄基槽,开挖深度较大或存在边坡塌方危险未采取支护措施,扣 10 分 自然放坡的坡率不符合专项施工方案和规范要求,扣 10 分 基坑支护结构不符合设计要求,扣 10 分 支护结构水平位移达到设计报警值未采取有效控制措施,扣 10 分	10		
3		(基坑)降排水	基坑开挖深度范围内有地下水,未采取有效的降排水措施,扣 10 分 基坑边沿周围地面未设置排水沟或排水沟设置不符合规范要求,扣 5 分 放坡开挖对坡顶、坡面、坡脚未采取降排水措施,扣 5~10 分 基坑底四周未设排水沟和集水井或排除积水不及时,扣 5~8 分	10		
4		基坑开挖	支护结构未达到设计要求的强度提前开挖下层土方,扣 10 分 未按设计和施工方案的要求分层、分段开挖和开挖不均衡,扣 10 分 基坑开挖过程中未采取防止碰撞支护结构或工程桩的有效措施,扣 10 分 机械在软土场地作业,未采取铺设渣土、砂石等硬化措施,扣 10 分	10		
5		坑边荷载	基坑边堆置土、料具等荷载超过基坑支护设计允许要求,扣 10 分 施工机械与基坑边沿的安全距离不符合设计要求,扣 10 分	10		
6		安全防护	开挖深度 2 m 及以上的基坑周边未按规范要求设置防护栏杆或防护栏杆设置不符合规范要求,扣 5~10 分 基坑内未设置供施工人员上下的专用梯道或梯道设置不符合规范要求,扣 5~10 分 降水井口未设置防护盖板或围栏,扣 10 分	10		
	小计			60		
7	一般项目	基坑监测	未按要求进行基坑工程监测,扣 10 分 基坑监测项目不符合设计和规范要求,扣 5~10 分 监测的时间间隔不符合监测方案要求或监测结果变化速率较大未加密观测次数,扣 5~8 分 未按设计要求提交监测报告或监测报告内容不完整,扣 5~8 分	10		

续附表 2-11

序号	检查项目		扣分标准	应得分数	扣减分数	实得分数
8	一般项目	支撑拆除	基坑支撑结构的拆除方式、拆除顺序不符合专项施工方案要求，扣 5~10 分 机械拆除作业时，施工荷载大于支撑结构承载力，扣 10 分 人工拆除作业时，未按规定设置防护设施，扣 8 分 采用非常规拆除方式，不符合国家现行相关规范要求，扣 10 分	10		
9		作业环境	基坑内土方机械、施工人员的安全距离不符合规范要求，扣 10 分 上下垂直作业未采取防护措施，扣 5 分 在各种管线范围内挖土作业未设专人监护，扣 5 分 作业区光线不良（未设置足够照明），扣 5 分	10		
10		应急预案	未按要求编制基坑工程应急预案或应急预案内容不完整，扣 5~10 分 应急组织机构不健全或应急物资、材料、工具、机具储备不符合应急预案要求，扣 2~6 分	10		
小计				40		
检查项目合计				100		

附表 2-12　模板支架检查评分表

序号	检查项目		扣分标准	应得分数	扣减分数	实得分数
1	保证项目	施工方案	未按规定编制专项施工方案或结构设计未经计算，扣 10 分 专项施工方案未经审核、审批，扣 10 分 超过一定规模的模板支架，专项施工方案未按规定组织专家论证，扣 10 分	10		
2		支架基础	基础不坚实平整，承载力不符合专项施工方案要求，扣 5~10 分 支架底部未设置垫板或垫板规格不符合规范要求，扣 5~10 分 支架底部未按规范要求设置底座，每处扣 2 分 未按规范要求设置扫地杆，扣 5 分 （基础）未采取排水措施，扣 5 分 支架设在楼面结构上时，未对楼面结构的承载力进行验算或楼面结构下方未采取加固措施，扣 10 分	10		
3		支架构造	立杆纵、横间距大于设计和规范要求，每处扣 2 分 水平杆步距大于设计和规范要求，每处扣 2 分 水平杆未连续设置，扣 5 分 未按规范要求设置竖向剪刀撑或专用斜杆，扣 10 分 未按规范要求设置水平剪刀撑或专用斜杆，扣 10 分 剪刀撑或斜杆设置不符合规范要求，扣 5 分	10		

续附表 2-12

序号	检查项目		扣分标准	应得分数	扣减分数	实得分数
4	保证项目	支架稳定	支架高宽比超过规范要求，未采取与建筑物结构刚性连接或增加架体宽度等措施，扣 10 分 立杆伸出顶层水平杆的长度超过规范要求，每处扣 2 分 浇筑混凝土未对支架的基础沉降、架体变形采取监测措施，扣 8 分	10		
5		施工荷载	荷载堆放不均匀，每处扣 5 分 施工荷载超过设计规定，扣 10 分 浇筑混凝土未对混凝土堆积高度进行控制，扣 8 分	10		
6		交底与验收	支架搭设(拆除)前未进行交底或无交底记录，扣 5~10 分 架体搭设完毕未办理验收手续，扣 10 分 验收内容未进行量化，或未经责任人签字确认，扣 5 分	10		
	小计			60		
7	一般项目	杆件连接	立杆连接不符合规范要求，扣 3 分 水平杆连接不符合规范要求，扣 3 分 剪刀撑、斜杆接长不符合规范要求，每处扣 3 分 杆件各连接点的紧固不符合规范要求，每处扣 2 分	10		
8		底座与托撑	螺杆直径与立杆内径不匹配，每处扣 3 分 螺杆旋入螺母内的长度或外伸长度不符合规范要求，每处扣 3 分	10		
9		构配件材质	钢管、构配件的规格、型号、材质或产品质量不符合规范要求，扣 5~10分 杆件弯曲、变形、锈蚀严重，扣 10 分	10		
10		支架拆除	支架拆除前未确认，混凝土强度未达到设计要求，扣 10 分 未按规定设置警戒区或未设置专人监护，扣 5~10 分	10		
	小计			40		
	检查项目合计			100		

附表 2-13　高处作业检查评分表

序号	检查项目	扣分标准	应得分数	扣减分数	实得分数
1	安全帽	施工现场人员未佩戴安全帽，每人扣 5 分 未按标准佩戴安全帽，每人扣 2 分 安全帽质量不符合现行国家相关标准的要求，扣 5 分	10		
2	安全网	在建工程外脚手架架体外侧未采用密目式安全网封闭或网间连接不严，扣 2~10 分 安全网质量不符合现行国家相关标准的要求，扣 10 分	10		

附续表 2-13

序号	检查项目	扣分标准	应得分数	扣减分数	实得分数
3	安全带	高处作业人员未按规定系挂安全带,每人扣 5 分 安全带系挂不符合要求,每人扣 5 分 安全带质量不符合现行国家相关标准的要求,扣 10 分	10		
4	临边防护	工作面边沿无临边防护,扣 10 分 临边防护设施的构造、强度不符合规范要求,扣 5 分 防护设施未形成定型化、工具式,扣 3 分	10		
5	洞口防护	在建工程的孔、洞未采取防护措施,每处扣 5 分 防护措施、设施不符合要求或不严密,每处扣 3 分 防护设施未形成定型化、工具式,扣 3 分 电梯井内未按每隔两层且不大于 10 m 设置安全平网,扣 5 分	10		
6	通道口防护	未搭设防护棚或防护不严、不牢固,扣 5~10 分 防护棚两侧未进行封闭,扣 4 分 防护棚宽度小于通道口宽度,扣 4 分 防护棚长度不符合要求,扣 4 分 建筑物高度超过 24 m,防护棚顶未采用双层防护,扣 4 分 防护棚的材质不符合规范要求,扣 5 分	10		
7	攀登作业	移动式梯子的梯脚底部垫高使用,扣 3 分 折梯未使用可靠拉撑装置,扣 5 分 梯子的材质或制作质量不符合规范要求,扣 10 分	10		
8	悬空作业	悬空作业处未设置防护栏杆或其他可靠的安全设施,扣 5~10 分 悬空作业所用的索具、吊具等未经验收,扣 5 分 悬空作业人员未系挂安全带或佩带工具袋,扣 2~10 分	10		
9	移动式操作平台	操作平台未按规定进行设计计算,扣 8 分 移动式操作平台,轮子与平台的连接不牢固可靠或立柱底端距离地面超过 80 mm,扣 5 分 操作平台的组装不符合设计和规范要求,扣 10 分 平台台面铺板不严,扣 5 分 操作平台四周未按规定设置防护栏杆或未设置登高扶梯,扣 10 分 操作平台的材质不符合规范要求,扣 10 分	10		
10	悬挑式物料钢平台	未编制专项施工方案或未经设计计算,扣 10 分 悬挑式钢平台的下部支撑系统或上部拉结点,未设置在建筑物结构上,扣 10 分 斜拉杆或钢丝绳未按要求在平台两侧各设置两道,扣 10 分 钢平台未按要求设置固定的防护栏杆或挡脚板,扣 3~10 分 钢平台台面铺板不严或钢平台与建筑结构之间铺板不严,扣 10 分 未在平台明显处设置荷载限定标牌,扣 5 分	10		
检查项目合计			100		

附表 2-14　施工用电检查评分表

序号	检查项目		扣分标准	应得分数	扣减分数	实得分数
1	保证项目	外电防护	外电线路与在建工程及脚手架、起重机械、场内机动车道之间的安全距离不符合规范要求且未采取防护措施,扣 10 分 防护设施未设置明显的警示标志,扣 5 分 防护设施与外电线路的安全距离及搭设方式不符合规范要求,扣 5~10 分 在外电架空线路正下方施工、建造临时设施或堆放材料物品,扣 10 分	10		
2		接地与接零保护系统	施工现场专用的电源中性点直接接地的低压配电系统未采用 TN~S接零保护系统,扣 20 分 配电系统未采用同一保护系统,扣 20 分 保护零线引出位置不符合规范要求,扣 5~10 分 电气设备未接保护零线,每处扣 2 分 保护零线装设开关、熔断器或通过工作电流,扣 20 分 保护零线材质、规格及颜色标记不符合规范要求,每处扣 2 分 工作接地与重复接地的设置、安装及接地装置的材料不符合规范要求,扣 10~20 分 工作接地电阻大于 4 Ω,重复接地电阻大于 10 Ω,扣 20 分 施工现场起重机、物料提升机、施工升降机、脚手架防雷措施不符合规范要求,扣 5~10 分 做防雷接地机械上的电气设备,保护零线未做重复接地,扣 10 分	20		
3		配电线路	线路及接头不能保证机械强度和绝缘强度,扣 5~10 分 线路未设短路、过载保护,扣 5~10 分 线路截面不能满足负荷电流,每处扣 2 分 线路的设施、材料及相序排列、挡距、与邻近线路或固定物的距离不符合规范,扣 5~10 分 电缆沿地面明设,沿脚手架、树木等敷设或敷设不符合规范要求,扣 5~10 分 线路敷设的电缆不符合规范要求,扣 5~10 分 室内明敷主干线距地面高度小于 2.5 m,每处扣 2 分	10		
4		配电箱与开关箱	配电系统未采用三级配电、二级漏电保护系统,扣 10~20 分 用电设备未有各自专用的开关箱,每处扣 2 分 箱体结构、箱内电器设置不符合规范要求,扣 10~20 分 配电箱零线端子板的设置、连接不符合规范要求,扣 5~10 分 漏电保护器参数不匹配或检测不灵敏,每处扣 2 分 配电箱与开关箱电器损坏或进出线混乱,每处扣 2 分 箱体未设置系统接线图和分路标记,每处扣 2 分 箱体未设门、锁,未采取防雨措施,每处扣 2 分 箱体安装位置、高度及周边通道不符合规范要求,每处扣 2 分 分配电箱与开关箱、开关箱与用电设备的距离不符合规范要求,每处扣 2 分	20		
小计				60		

续附表 2-14

序号	检查项目		扣分标准	应得分数	扣减分数	实得分数
5	一般项目	配电室与配电装置	配电室建筑耐火等级未达到三级,扣 15 分 未配置适用于电气火灾的灭火器材,扣 3 分 配电室、配电装置布设不符合规范要求,扣 5~10 分 配电装置中的仪表、电气元件设置不符合规范要求或仪表、电气元件损坏,扣 5~10 分 备用发电机组未与外电线路进行连锁,扣 15 分 配电室未采取防雨雪和小动物侵入的措施,扣 10 分 配电室未设警示标志、工地供电平面图和系统图,扣 3~5 分	15		
6		现场照明	照明用电与动力用电混用,每处扣 2 分 特殊场所未使用 36 V 及以下安全电压,扣 15 分 手持照明灯未使用 36 V 以下电源供电,扣 10 分 照明变压器未使用双绕组安全隔离变压器,扣 15 分 灯具金属外壳未接保护零线,每处扣 2 分 灯具与地面、易燃物之间的距离小于安全距离,每处扣 2 分 照明线路和安全电压线路的架设不符合规范要求,扣 10 分 施工现场未按规范要求配备应急照明,每处扣 2 分	15		
7		用电档案	总包单位与分包单位未订立临时用电管理协议,扣 10 分 未制订专项用电施工组织设计、外电防护专项方案或设计、方案缺乏针对性,扣 5~10 分 专项用电施工组织设计、外电防护专项方案未履行审批程序,实施后相关部门未组织验收,扣 5~10 分 接地电阻、绝缘电阻和漏电保护器检测记录未填写或填写不真实,扣 3 分 安全技术交底、设备设施验收记录未填写或填写不真实,扣 3 分 定期巡视检查、隐患整改记录未填写或填写不真实,扣 3 分 档案资料不齐全、未设专人管理,扣 3 分	10		
小计				40		
检查项目合计				100		

附表 2-15 物料提升机检查评分表

序号	检查项目		扣分标准	应得分数	扣减分数	实得分数
1	保证项目	安全装置	未安装起重量限制器、防坠安全器,扣 15 分 起重量限制器、防坠安全器不灵敏,扣 15 分 安全停层装置不符合规范要求或未达到定型化,扣 5~10 分 未安装上行程限位,扣 15 分 上行程限位不灵敏、安全越程不符合规范要求,扣 10 分 物料提升机安装高度超过 30 m,未安装渐进式防坠安全器、自动停层、语音及影像信号监控装置,每项扣 5 分	15		

续附表 2-15

序号	检查项目		扣分标准	应得分数	扣减分数	实得分数
2	保证项目	防护设施	未设置防护围栏或设置不符合规范要求,扣 5~15 分 未设置进料口防护棚或设置不符合规范要求,扣 5~15 分 停层平台两侧未设置防护栏杆、挡脚板,每处扣 2 分 停层平台脚手板铺设不严、不牢,每处扣 2 分 未安装平台门或平台门不起作用,扣 5~15 分 平台门未达到定型化,每处扣 2 分 吊笼门不符合规范要求, 扣 10 分	15		
3		附墙架与缆风绳	附墙架结构、材质、间距不符合产品说明书要求,扣 10 分 附墙架未与建筑结构可靠连接,扣 10 分 缆风绳设置数量、位置不符合规范要求,扣 5 分 缆风绳未使用钢丝绳或未与地锚连接,扣 10 分 钢丝绳直径小于 8 mm 或角度不符合 45°~60°的要求,扣 5~10 分 安装高度超过 30 m 的物料提升机使用缆风绳,扣 10 分 地锚设置不符合规范要求,每处扣 5 分	10		
4		钢丝绳	钢丝绳磨损、变形、锈蚀达到报废标准,扣 10 分 钢丝绳绳夹设置不符合规范要求,每处扣 2 分 吊笼处于最低位置,卷筒上钢丝绳少于 3 圈,扣 10 分 未设置钢丝绳过路保护措施或钢丝绳拖地,扣 5 分	10		
5		安拆、验收与使用	安装、拆卸单位未取得专业承包资质和安全生产许可证,扣 10 分 未制订安装(拆卸)安全专项施工方案或未经审核、审批,扣 10 分 未履行验收程序或验收表未经责任人签字,扣 5~10 分 安装(拆卸)人员及司机未持证上岗,扣 10 分 物料提升机作业前未按规定进行例行检查或未填写检查记录,扣 4 分 实行多班作业未按规定填写交接班记录,扣 3 分	10		
	小计			60		
6	一般项目	基础与导轨架	基础的承载力、平整度不符合规范要求,扣 5~10 分 基础周边未设排水设施,扣 5 分 导轨架垂直度偏差大于导轨架高度的 0.15%,扣 5 分 井架停层平台通道处的结构未采取加强措施,扣 8 分	10		
7		动力与传动	卷扬机、曳引机安装不牢固,扣 10 分 卷筒与导轨架底部导向轮的距离小于 20 倍卷筒宽度未设置排绳器,扣 5 分 钢丝绳在卷筒上排列不整齐,扣 5 分 滑轮与导轨架、吊笼未采用刚性连接,扣 10 分 滑轮与钢丝绳不匹配,扣 10 分 卷筒、滑轮未设置防止钢丝绳脱出装置,扣 5 分 曳引钢丝绳为 2 根及以上时,未设置曳引力平衡装置,扣 5 分	10		

续附表 2-15

序号	检查项目		扣分标准	应得分数	扣减分数	实得分数
8	一般项目	通信装置	未按规范要求设置通信装置,扣 5 分 通信装置信号显示不清晰,扣 3 分	5		
9		卷扬机操作棚	未设置卷扬机操作棚,扣 10 分 操作棚搭设不符合规范要求,扣 5~10 分	10		
10		避雷装置	物料提升机在其他防雷保护范围以外未设置避雷装置,扣 5 分 避雷装置不符合规范要求,扣 3 分	5		
	小计			40		
	检查项目合计			100		

附表 2-16　施工升降机检查评分表

序号	检查项目		扣分标准	应得分数	扣减分数	实得分数
1	保证项目	安全装置	未安装起重量限制器或起重量限制器不灵敏,扣 10 分 未安装渐进式防坠安全器或渐进式防坠安全器不灵敏,扣 10 分 防坠安全器超过有效标定期限,扣 10 分 对重钢丝绳未安装防松绳装置或防松绳装置不灵敏,扣 5 分 未安装急停开关或急停开关不符合规范要求,扣 5 分 未安装吊笼和对重缓冲器或缓冲器不符合规范要求,扣 5 分 SC 型(齿轮齿条式)施工升降机未安装安全钩,扣 10 分	10		
2		限位装置	未安装极限开关或极限开关不灵敏,扣 10 分 未安装上限位开关或上限位开关不灵敏,扣 10 分 未安装下限位开关或下限位开关不灵敏,扣 5 分 极限开关与上限位开关安全越程不符合规范要求,扣 5 分 极限开关与上、下限位开关共用一个触发元件,扣 5 分 未安装吊笼门机电连锁装置或不灵敏,扣 10 分 未安装吊笼顶窗电气安全开关或不灵敏,扣 5 分	10		
3		防护设施	未设置地面防护围栏或设置不符合规范要求,扣 5~10 分 未安装地面防护围栏门连锁保护装置或连锁保护装置不灵敏,扣 5~8 分 未设置出入口防护棚或设置不符合规范要求,扣 5~10 分 停层平台搭设不符合规范要求,扣 5~8 分 未安装层门或层不起作用,扣 5~10 分 层不符合规范要求、未达到定型化,每处扣 2 分	10		

续附表 2-16

序号	检查项目		扣分标准	应得分数	扣减分数	实得分数
4	保证项目	附墙架	附墙架采用非配套标准产品未进行设计计算,扣 10 分 附墙架与建筑结构连接方式、角度不符合产品说明书要求,扣 5~10 分 附墙架间距、最高附着点以上导轨架的自由高度超过产品说明书要求,扣 10 分	10		
5	保证项目	钢丝绳、滑轮与对重	对重钢丝绳绳数少于 2 根或未相对独立,扣 5 分 钢丝绳磨损、变形、锈蚀达到报废标准,扣 10 分 钢丝绳的规格、固定不符合产品说明书及规范要求,扣 10 分 滑轮未安装钢丝绳防脱装置或不符合规范要求,扣 4 分 对重重量、固定不符合产品说明书及规范要求,扣 10 分 对重未安装防脱轨保护装置,扣 5 分	10		
6	保证项目	安拆、验收与使用	安装、拆卸单位未取得专业承包资质和安全生产许可证,扣 10 分 未编制安装、拆卸专项方案或专项方案未经审核、审批,扣 10 分 未履行验收程序或验收表未经责任人签字,扣 5~10 分 安装(拆卸)人员及司机未持证上岗,扣 10 分 施工升降机作业前未按规定进行例行检查,未填写检查记录,扣 4 分 实行多班作业未按规定填写交接班记录,扣 3 分	10		
	小计			60		
7	一般项目	导轨架	导轨架垂直度不符合规范要求,扣 10 分 标准节质量不符合产品说明书及规范要求,扣 10 分 对重导轨不符合规范要求,扣 5 分 标准节连接螺栓使用不符合产品说明书及规范要求,扣 5~8 分	10		
8	一般项目	基础	基础制作、验收不符合产品说明书及规范要求,扣 5~10 分 基础设置在地下室顶板或楼面结构上,未对其支承结构进行承载力验算,扣 10 分 基础未设置排水设施,扣 4 分	10		
9	一般项目	电气安全	施工升降机与架空线路安全距离不符合规范要求,未采取防护措施,扣 10 分 防护措施不符合要求,扣 5 分 未设置电缆导向架或设置不符合规范要求,扣 5 分 施工升降机在防雷保护范围以外未设置避雷装置,扣 10 分 避雷装置不符合规范要求,扣 5 分	10		
10	一般项目	通信装置	未安装楼层信号联络装置,扣 10 分 楼层联络信号不清晰,扣 5 分	10		
	小计			40		
	检查项目合计			100		

附表 2-17　塔式起重机检查评分表

序号	检查项目		扣分标准	应得分数	扣减分数	实得分数
1	保证项目	载荷限制装置	未安装起重量限制器或不灵敏,扣 10 分 未安装力矩限制器或不灵敏,扣 10 分	10		
2		行程限位装置	未安装起升高度限位器或不灵敏,扣 10 分 起升高度限位器的安全越程不符合规范要求,扣 6 分 未安装幅度限位器或不灵敏,扣 10 分 回转不设集电器的塔式起重机,未安装回转限位器或不灵敏,扣 6 分 行走式塔式起重机未安装行走限位器或不灵敏,扣 8 分	10		
3		保护装置	小车变幅的塔式起重机未安装断绳保护及断轴保护装置,扣 8 分 行走及小车变幅的轨道行程末端未安装缓冲器及止挡装置或不符合规范要求,扣 4~8 分 起重臂根部绞点高度大于 50 m 的塔式起重机未安装风速仪或不灵敏,扣 4 分 塔式起重机顶部高度大于 30 m 且高于周围建筑物未安装障碍指示灯,扣 4 分	10		
4		吊钩、滑轮、卷筒与钢丝绳	吊钩未安装钢丝绳防脱钩装置或不符合规范要求,扣 10 分 吊钩磨损、变形达到报废标准,扣 10 分 滑轮、卷筒未安装钢丝绳防脱装置或不符合规范要求,扣 4 分 滑轮及卷筒磨损达到报废标准,扣 10 分 钢丝绳磨损、变形、锈蚀达到报废标准,扣 10 分 钢丝绳的规格、固定、缠绕不符合产品说明书及规范要求,扣 5~10 分	10		
5		多塔作业	多塔作业未制订专项施工方案扣或施工方案未经(审核)审批,扣 10 分 任意两台塔式起重机之间的最小架设距离不符合规范要求,扣 10 分	10		
6		安装、拆卸与验收	安装、拆卸单位未取得专业承包资质和安全生产许可证,扣 10 分 未编制安装、拆卸专项方案,扣 10 分 专项方案未经审核、审批,扣 10 分 未履行验收程序或验收表未经责任人签字,扣 5~10 分 安装(拆卸)人员及司机、指挥未持证上岗,扣 10 分 塔式起重机作业前未按规定进行例行检查,未填写检查记录,扣 4 分 实行多班作业未按规定填写交接班记录,扣 3 分	10		
小计				60		

续附表 2-17

序号	检查项目		扣分标准	应得分数	扣减分数	实得分数
7	一般项目	附着	塔式起重机高度超过规定未安装附着装置,扣 10 分 附着装置水平距离不满足产品说明书要求,未进行设计计算和审批,扣 8 分 安装内爬式塔式起重机的建筑承载结构未进行承载力验算,扣 8 分 附着装置安装不符合产品说明书及规范要求,扣 5~10 分 附着前和附着后塔身垂直度不符合规范要求,扣 10 分	10		
8		基础与轨道	塔式起重机基础未按产品说明书及有关规定设计、检测、验收,扣 5~10 分 基础未设置排水措施,扣 4 分 路基箱或枕木铺设不符合产品说明书及规范要求,扣 6 分 轨道铺设不符合产品说明书及规范要求,扣 6 分	10		
9		结构设施	主要结构件的变形、锈蚀不符合规范要求,扣 10 分 平台、走道、梯子、栏杆的设置不符合规范要求,扣 4~8 分 高强螺栓、销轴、紧固件的紧固、连接不符合规范要求,扣 5~10 分	10		
10		电气安全	未采用 TN-S 接零保护系统供电,扣 10 分 塔式起重机与架空线路安全距离不符合规范要求,未采取防护措施,扣 10 分 防护措施不符合要求,扣 5 分 未安装避雷接地装置,扣 10 分 避雷接地装置不符合规范要求,扣 5 分 电缆使用及固定不符合规范要求,扣 5 分	10		
小计				40		
检查项目合计				100		

附表 2-18 起重吊装检查评分表

序号	检查项目		扣分标准	应得分数	扣减分数	实得分数
1	保证项目	施工方案	未编制专项施工方案或专项施工方案未经审核、审批,扣 10 分 超规模的起重吊装专项方案未按规定组织专家论证,扣 10 分	10		
2		起重机械	未安装荷载限制装置或不灵敏,扣 10 分 未安装行程限位装置或不灵敏,扣 10 分 起重拔杆组装不符合设计要求,扣 10 分 起重拔杆组装后未履行验收程序或验收表无责任人签字,扣 5~10 分	10		

续附表 2-18

序号	检查项目		扣分标准	应得分数	扣减分数	实得分数
3	保证项目	钢丝绳与地锚	钢丝绳磨损、断丝、变形、锈蚀达到报废标准,扣 10 分 钢丝绳规格不符合起重机产品说明书要求,扣 10 分 吊钩、卷筒、滑轮磨损达到报废标准,扣 10 分 吊钩、卷筒、滑轮未安装钢丝绳防脱装置,扣 5~10 分 起重拔杆的缆风绳、地锚设置不符合设计要求,扣 8 分	10		
4	保证项目	索具	索具采用编结连接时,编结部分的长度不符合规范要求,扣 10 分 索具采用绳夹连接时,绳夹的规格、数量及绳夹间距不符合规范要求,扣 5~10 分 索具安全系数不符合规范要求,扣 10 分 吊索规格不匹配或机械性能不符合设计要求,扣 5~10 分	10		
5	保证项目	作业环境	起重机行走作业处地面承载力不符合产品说明书要求或未采用有效加固措施,扣 10 分 起重机与架空线路安全距离不符合规范要求,扣 10 分	10		
6	保证项目	作业人员	起重机司机无证操作或操作证与操作机型不符,扣 5~10 分 未设置专职信号指挥和司索人员,扣 10 分 作业前未按规定进行安全技术交底或技术交底未留有文字记录,扣 5~10 分	10		
小 计				60		
7	一般项目	起重吊装	多台起重机同时起吊一个构件时,单台起重机所承受的荷载不符合专项施工方案要求,扣 10 分 吊索系挂点不符合专项施工方案要求,扣 5 分 起重机作业时起重臂下有人停留或吊运重物从人的正上方通过,扣 10 分 起重机吊具载运人员,扣 10 分 吊运易散落物件不使用吊笼,扣 6 分	10		
8	一般项目	高处作业	未按规定设置高处作业平台,扣 10 分 高处作业平台设置不符合规范要求,扣 5~10 分 未按规定设置爬梯或爬梯的强度、构造不符合规定,扣 5~8 分 未按规定设置安全带悬挂点,扣 8 分	10		
9	一般项目	构件码放	构件码放荷载超过作业面承载力,扣 10 分 构件堆放高度超过规定要求,扣 4 分 大型构件码放无稳定措施,扣 8 分	10		
10	一般项目	警戒监护	未按规定设置作业警戒区,扣 10 分 警戒区未设专人监护,扣 5 分	10		
小计				40		
检查项目合计				100		

附表 2-19 施工机具检查评分表

序号	检查项目	扣分标准	应得分数	扣减分数	实得分数
1	平刨	平刨安装后未履行验收程序,扣 5 分 未设置护手安全装置,扣 5 分 传动部位未设置防护罩,扣 5 分 未做保护接零或未设置漏电保护器,扣 10 分 未设置安全作业(防护)棚,扣 6 分 使用多功能木工机具,扣 10 分	10		
2	圆盘锯	圆盘锯安装后未履行验收程序,扣 5 分 未设置锯盘护罩、分料器、防护挡板安全装置和传动部位未设置防护罩,每处扣 3 分 未做保护接零或未设置漏电保护器,扣 10 分 未设置安全作业(防护)棚,扣 6 分 使用多功能木工机具,扣 10 分	10		
3	手持电动工具	Ⅰ类手持电动工具未采取保护接零或未设置漏电保护器,扣 8 分 使用Ⅰ类手持电动工具不按规定穿戴绝缘用品,扣 6 分 手持电动工具随意接长电源线,扣 4 分	8		
4	钢筋机械	机械安装后未履行验收程序,扣 5 分 未做保护接零或未设置漏电保护器,扣 10 分 钢筋加工区未设置作业(防护)棚,钢筋对焊作业区未采取防止火花飞溅措施或冷拉作业区未设置防护栏,每处扣 5 分 传动部位未设置防护罩,扣 5 分	10		
5	电焊机	电焊机安装后未履行验收程序,扣 5 分 未做保护接零或未设置漏电保护器,扣 10 分 未设置二次空载降压保护器,扣 10 分 一次线长度超过规定或未进行穿管保护,扣 3 分 二次线未采用防水橡皮护套铜芯软电缆,扣 10 分 二次线长度超过规定或绝缘层老化,扣 3 分 电焊机未设置防雨罩或接线柱未设置防护罩,扣 5 分	10		
6	搅拌机	搅拌机安装后未履行验收程序,扣 5 分 未做保护接零或未设置漏电保护器,扣 10 分 离合器、制动器、钢丝绳达不到规定要求,每项扣 5 分 上料斗未设置安全挂钩或止挡装置,扣 5 分 传动部位未设置防护罩,扣 4 分 未设置安全作业(防护)棚,扣 6 分	10		

续附表 2-19

序号	检查项目	扣分标准	应得分数	扣减分数	实得分数
7	气瓶	气瓶未安装减压器,扣 8 分 乙炔瓶未安装回火防止器,扣 8 分 气瓶间距小于 5 m 或与明火距离小于 10 m 未采取隔离措施,扣 8 分 气瓶未设置防震圈和防护帽,扣 2 分 气瓶存放不符合要求,扣 4 分	8		
8	翻斗车	翻斗车制动、转向装置不灵敏,扣 5 分 驾驶员无证操作,扣 8 分 行车载人或违章行车,扣 8 分	8		
9	潜水泵	未做保护接零或未设置漏电保护器,扣 6 分 负荷线未使用专用防水橡皮电缆,扣 6 分 负荷线有接头,扣 3 分	6		
10	振捣器	未做保护接零或未设置漏电保护器,扣 8 分 未使用移动式配电箱,扣 4 分 电缆线长度超过 30 m,扣 4 分 操作人员未穿戴绝缘防护用品,扣 8 分	8		
11	桩工机械	机械安装后未履行验收程序,扣 10 分 作业前未编制专项施工方案或未按规定进行安全技术交底,扣 10 分 安全装置不齐全或不灵敏,扣 10 分 机械作业区地面承载力不符合规定要求或未采取有效硬化措施,扣 12 分 机械与输电线路安全距离不符合规范要求,扣 12 分	12		
检查项目合计			100		

附录三　水利水电施工企业安全生产标准化评审标准

附表 3-1　目标职责(150 分)

二级评审项目	三级评审项目	标准分值	评审方法及评分标准	评审描述	实际得分
1.1　目标(30 分)	1.1.1　安全生产目标管理制度应明确目标的制定、分解、实施、检查、考核等内容	2	查制度文本： 未以正式文件发布,扣 2 分； 制度内容不全,每缺一项扣 1 分； 制度内容不符合有关规定,每项扣 1 分		
	1.1.2　制定安全生产总目标和年度目标,应包括生产安全事故控制、生产安全事故隐患排查治理、职业健康、安全生产管理等目标	3	查中长期安全生产工作规划和年度安全生产工作计划等相关文件： 目标未以正式文件发布,扣 3 分； 目标制定不全,每缺一项扣 1 分		
	1.1.3　根据部门和所属单位在安全生产中的职能,分解安全生产总目标和年度目标	4	查相关文件： 目标未分解,扣 4 分； 目标分解不全,每缺一个部门或单位扣 1 分； 目标分解与职能不符,每项扣 1 分		
	1.1.4　逐级签订安全生产责任书,并制定目标保证措施	5	查相关文件： 未签订责任书,扣 5 分； 责任书签订不全,每缺一个部门、单位或个人扣 1 分； 未制定目标保证措施,每缺一个部门、单位或个人扣 1 分； 责任书内容与安全生产职责不符,每项扣 1 分		

续附表 3-1

二级评审项目	三级评审项目	标准分值	评审方法及评分标准	评审描述	实际得分
1.1　目标（30 分）	1.1.5　定期对安全生产目标完成情况进行检查、评估，必要时，调整安全生产目标	6	查相关文件和记录： 未定期检查、评估，扣 6 分； 检查、评估的部门或单位不全，每缺一个扣 1 分； 必要时，未调整安全生产目标，扣 3 分		
	1.1.6　定期对安全生产目标完成情况进行考核奖惩	10	查相关文件和记录： 未定期考核奖惩，扣 10 分； 考核奖惩不全，每缺一个部门或单位扣 2 分		
1.2　机构与职责（28 分）	1.2.1　成立由主要负责人、其他领导班子成员、有关部门负责人等组成的安全生产委员会（安全生产领导小组），人员变化时及时调整发布	4	查相关文件： 未成立或未以正式文件发布，扣 4 分； 成员不全，每缺一位领导或相关部门负责人扣 1 分； 人员发生变化，未及时调整发布，扣 2 分		
	1.2.2　按规定设置安全生产管理机构	5	查相关文件： 未按规定设置，扣 5 分； 项目部未按规定设置，每个扣 2 分		
	1.2.3　按规定配备专（兼）职安全生产管理人员，建立健全安全生产管理网络	6	查相关文件： 安全管理人员配备不全，每少一人扣 2 分； 人员不符合要求，每人扣 2 分		
	1.2.4　安全生产责任制度应明确各级单位、部门及人员的安全生产职责、权限和考核奖惩等内容。主要负责人全面负责安全生产工作，并履行相应责任和义务；分管负责人应对各自职责范围内的安全生产工作负责；各级管理人员应按照安全生产责任制的相关要求，履行其安全生产职责	9	查制度文本： 未以正式文件发布，扣 2 分； 责任制不全，每缺一项扣 2 分； 责任制内容与安全生产职责不符，每项扣 1 分		

续附表 3-1

二级评审项目	三级评审项目	标准分值	评审方法及评分标准	评审描述	实际得分
1.2 机构与职责（28 分）	1.2.5 安全生产委员会（安全生产领导小组）每季度至少召开一次会议，跟踪落实上次会议要求，总结分析本单位的安全生产情况，评估本单位存在的风险，研究解决安全生产工作中的重大问题，并形成会议纪要	4	查相关文件和记录： 会议频次不够，每少一次扣 1 分； 未跟踪落实上次会议要求，每次扣 1 分； 重大问题未经安委会（安全生产领导小组）研究解决，每项扣 1 分； 未形成会议纪要，每次扣 1 分		
1.3 全员参与（14 分）	1.3.1 定期对部门、所属单位和从业人员的安全生产职责的适宜性、履职情况进行评估和监督考核	8	查相关记录： 未进行评估和监督考核，扣 8 分； 评估和监督考核不全，每缺一个部门、单位或个人扣 2 分		
	1.3.2 建立激励约束机制，鼓励从业人员积极建言献策，建言献策应有回复	6	查相关文件和记录； 未建立激励约束机制，扣 6 分； 未对建言献策回复，每少一次扣 1 分		
1.4 安全生产投入（58 分）	1.4.1 安全生产费用保障制度应明确费用的提取、使用、管理的程序、职责及权限	2	查制度文本： 未以正式文件发布，扣 2 分； 制度内容不全，每缺一项扣 1 分； 制度内容不符合有关规定，每项扣 1 分		
	1.4.2 按照规定足额提取安全生产费用；在编制投标文件时将安全生产费用列入工程造价	15	查相关文件和记录： 未足额提取，每个项目扣 3 分； 未将安全生产费用列入工程造价，每个项目扣 3 分		
	1.4.3 根据安全生产需要编制安全生产费用使用计划，并严格审批程序，建立安全生产费用使用台账	8	查相关记录： 未编制安全生产费用使用计划，扣 8 分； 审批程序不符合规定，扣 3 分； 未建立安全生产费用使用台账，扣 8 分； 台账不全，每缺一项扣 1 分		

续附表 3-1

二级评审项目	三级评审项目	标准分值	评审方法及评分标准	评审描述	实际得分
1.4 安全生产投入（58分）	1.4.4 落实安全生产费用使用计划，并保证专款专用	18	查相关记录： 未落实安全生产费用使用计划，每项扣3分； 未专款专用，每项扣2分		
	1.4.5 每年对安全生产费用的落实情况进行检查、总结和考核，并以适当方式公开安全生产费用提取和使用情况	7	查相关记录： 未进行检查、总结和考核，扣7分； 未公开安全生产费用提取和使用情况，扣3分		
	1.4.6 按照有关规定，为从业人员及时办理相关保险	8	查相关记录： 未办理相关保险，扣8分； 参保人员不全，每缺一人扣1分		
1.5 安全文化建设（10分）	1.5.1 确立本单位安全生产和职业病危害防治理念及行为准则，并教育、引导全体人员贯彻执行	5	查相关文件和记录： 未确立理念或行为准则，扣5分； 未教育、引导全体人员贯彻执行，扣5分		
	1.5.2 制定安全文化建设规划和计划，开展安全文化建设活动	5	查相关文件和记录： 未制定安全文化建设规划或计划，扣5分； 未按计划实施，每项扣2分； 单位主要负责人未参加安全文化建设活动，扣2分		
1.6 安全生产信息化建设（10分）	1.6.1 根据实际情况，建立安全生产电子台账管理、重大危险源监控、职业病危害防治、应急管理、安全风险管控和隐患自查自报、安全生产预测预警等信息系统，利用信息化手段加强安全生产管理工作	10	查相关系统： 未建立信息系统，扣10分； 信息系统不全，每缺一项扣2分		
小计		150	得分小计		

附表 3-2　制度化管理(60 分)

二级评审项目	三级评审项目	标准分值	评审方法及评分标准	评审描述	实际得分
2.1　法规标准识别(10 分)	2.1.1　安全生产法律法规、标准规范管理制度应明确归口管理部门、识别、获取、评审、更新等内容	2	查制度文本： 未以正式文件发布,扣 2 分； 制度内容不全,每缺一项扣 1 分； 制度内容不符合有关规定,每项扣 1 分		
	2.1.2　职能部门和所属单位应及时识别、获取适用的安全生产法律法规和其他要求,归口管理部门每年发布一次适用的清单,建立文本数据库	4	查相关文件和记录： 未发布清单,扣 4 分； 识别和获取不全,每缺一项扣 1 分； 法律法规或其他要求失效,每项扣 1 分； 未建立文本数据库,扣 4 分		
	2.1.3　及时向员工传达并配备适用的安全生产法律法规和其他要求	4	查相关记录： 未及时传达或配备,扣 4 分； 传达或配备不到位,每少一人扣 1 分		
2.2　规章制度(16 分)	2.2.1　及时将识别、获取的安全生产法律法规和其他要求转化为本单位规章制度,结合本单位实际,建立健全安全生产规章制度体系。 规章制度应包括但不限于:①目标管理;②安全生产责任制;③法律法规标准规范管理;④安全生产承诺;⑤安全生产费用管理;⑥意外伤害保险管理;⑦安全生产信息化;⑧安全技术措施审查管理(包括安全技术交底及新技术、新材料、新工艺、新设备设施);⑨文件、记录和档案管理;⑩安全风险管理、隐患排查治理;⑪职业病危害防治;⑫教育培训;⑬班组安全活动;⑭安全设施与职业病防护设施"三同时"管理;	12	查规章制度文本： 未以正式文件发布,每项扣 2 分； 制度内容不符合有关规定,每项扣 1 分		

续附表 3-2

二级评审项目	三级评审项目	标准分值	评审方法及评分标准	评审描述	实际得分
2.2 规章制度（16 分）	⑮特种作业人员管理；⑯设备设施管理；⑰交通安全管理；⑱消防安全管理；⑲防洪度汛安全管理；⑳施工用电安全管理；㉑危险物品和重大危险源管理；㉒危险性较大的单项工程管理；㉓安全警示标志管理；㉔安全预测预警；㉕安全生产考核奖惩管理；㉖相关方安全管理（包括工程分包方安全管理）；㉗变更管理；㉘劳动防护用品（具）管理；㉙文明施工、环境保护管理；㉚应急管理；㉛事故管理；㉜绩效评定管理		查规章制度文本： 未以正式文件发布，每项扣 2 分； 制度内容不符合有关规定，每项扣 1 分		
	2.2.2 及时将安全生产规章制度发放到相关工作岗位，并组织培训	4	查相关记录： 工作岗位发放不全，每缺一个扣 1 分； 规章制度发放不全，每缺一项扣 1 分		
2.3 操作规程（18 分）	2.3.1 引用或编制安全操作规程，确保从业人员参与安全操作规程的编制和修订工作	8	查规程文本和记录： 未以正式文件发布，每项扣 2 分； 规程内容不符合有关规定，每项扣 1 分； 规程的编制和修订工作无从业人员参与，每项扣 1 分		
	2.3.2 新技术、新材料、新工艺、新设备设施投入使用前，组织编制或修订相应的安全操作规程，并确保其适宜性和有效性	4	查规程文本和记录： “四新”投入使用前，未组织编制或修订安全操作规程，每项扣 2 分		
	2.3.3 安全操作规程应发放到相关作业人员	6	查相关记录并现场抽查： 未及时发放到相关作业人员，每缺一人扣 1 分		

续附表 3-2

二级评审项目	三级评审项目	标准分值	评审方法及评分标准	评审描述	实际得分
2.4 文档管理（16 分）	2.4.1 文件管理制度应明确文件的编制、审批、标识、收发、使用、评审、修订、保管、废止等内容，并严格执行	3	查制度文本和记录： 未以正式文件发布，扣 2 分； 制度内容不全，每缺一项扣 1 分； 制度内容不符合有关规定，每项扣 1 分； 未按规定执行，每项扣 1 分		
	2.4.2 记录管理制度应明确记录管理职责及记录的填写、收集、标识、保管和处置等内容，并严格执行	3	查制度文本和记录： 未以正式文件发布，扣 2 分； 制度内容不全，每缺一项扣 1 分； 制度内容不符合有关规定，每项扣 1 分； 未按规定执行，每项扣 1 分		
	2.4.3 档案管理制度应明确档案管理职责及档案的收集、整理、标识、保管、使用和处置等内容，并严格执行	3	查制度文本和记录： 未以正式文件发布，扣 2 分； 制度内容不全，每缺一项扣 1 分； 制度内容不符合有关规定，每项扣 1 分； 未按规定执行，每项扣 1 分		
	2.4.4 每年至少评估一次安全生产法律法规、标准规范、规范性文件、规章制度、操作规程的适用性、有效性和执行情况	4	查相关记录： 未按时进行评估或无评估结论，扣 4 分； 评估结果与实际不符，扣 2 分		
	2.4.5 根据评估、检查、自评、评审、事故调查等发现的相关问题，及时修订安全生产规章制度、操作规程	3	查相关记录： 未及时修订，每项扣 1 分		
小计		60	得分小计		

附表 3-3 教育培训(60 分)

二级评审项目	三级评审项目	标准分值	评审方法及评分标准	评审描述	实际得分
3.1 教育培训管理(10 分)	3.1.1 安全教育培训制度应明确归口管理部门、培训的对象与内容、组织与管理、检查和考核等要求	2	查制度文本： 未以正式文件发布,扣 2 分； 制度内容不全,每缺一项扣 1 分； 制度内容不符合有关规定,每项扣 1 分		
	3.1.2 定期识别安全教育培训需求,编制培训计划,按计划进行培训,对培训效果进行评价,并根据评价结论进行改进,建立教育培训记录、档案	8	查相关文件和记录： 未编制年度培训计划,扣 8 分； 培训计划不合理,扣 3 分； 未进行培训效果评价,每次扣 1 分； 未根据评价结论进行改进,每次扣 1 分； 记录、档案资料不完整,每项扣 1 分		
3.2 人员教育培训(50 分)	3.2.1 应对各级管理人员进行教育培训,每年按规定进行再培训。主要负责人、项目负责人、专职安全生产管理人员按规定经水行政主管部门考核合格并持证上岗	8	查相关文件和记录并现场抽查： 培训不全,每少一人扣 1 分； 未按规定持证上岗,每人扣 2 分； 对岗位安全生产职责不熟悉,每人扣 1 分		
	3.2.2 新员工上岗前应接受三级安全教育培训,培训时间满足规定学时要求;在新工艺、新技术、新材料、新设备设施投入使用前,应根据技术说明书、使用说明书、操作技术要求等,对有关管理、操作人员进行培训;作业人员转岗、离岗一年以上重新上岗前,均应进行项目部(队、车间)、班组安全教育培训,经考核合格后上岗	15	查相关记录并现场抽查： 新员工未经培训考核合格上岗,每人扣 2 分； “四新”投入使用前,未按规定进行培训,每人扣 2 分； 转岗、离岗复工人员未经培训考核合格上岗,每人扣 2 分		

续附表 3-3

二级评审项目	三级评审项目	标准分值	评审方法及评分标准	评审描述	实际得分
3.2 人员教育培训（50 分）	3.2.3 特种作业人员接受规定的安全作业培训,并取得特种作业操作资格证书后上岗作业;特种作业人员离岗 6 个月以上重新上岗,应经实际操作考核合格后上岗工作;建立健全特种作业人员档案	10	查相关文件和记录并现场抽查: 未按规定持证上岗,每人扣 2 分; 离岗 6 个月以上,未经考核合格上岗,每人扣 2 分; 特种作业人员档案资料不全,每少一人扣 2 分		
	3.2.4 每年对在岗作业人员进行安全生产教育和培训,培训时间和内容应符合有关规定	5	查相关记录: 未按规定进行培训,每人扣 1 分		
	3.2.5 监督检查分包单位对员工进行安全生产教育培训及持证上岗情况	9	查相关记录: 未监督检查,扣 9 分; 监督检查不全,每缺一个单位扣 2 分		
	3.2.6 对外来人员进行安全教育,主要内容应包括安全规定、可能接触到的危险有害因素、职业病危害防护措施、应急知识等。由专人带领做好相关监护工作	3	查相关记录: 未进行安全教育,扣 3 分; 安全教育内容不符合要求,扣 2 分; 无专人带领,扣 3 分		
小计		60	得分小计		

附表 3-4 现场管理(450 分)

二级评审项目	三级评审项目	标准分值	评审方法及评分标准	评审描述	实际得分
4.1 设备设施管理(130 分)	4.1.1 设备设施管理制度 设备设施管理制度应明确购置(租赁)、安装(拆除)、验收、检测、使用、检查、保养、维修、改造、报废等内容	2	查制度文本: 未以正式文件发布,扣 2 分; 制度内容不全,每缺一项扣 1 分; 制度内容不符合有关规定,每项扣 1 分		
	4.1.2 设备设施管理机构及人员 设置设备设施管理部门,配备管理人员,明确管理职责,形成设备设施安全管理网络	4	查相关文件: 无设备设施管理机构,扣 4 分; 未配备设备设施管理人员,扣 4 分		
	4.1.3 设备设施采购及验收 严格执行设备设施管理制度,购置合格的设备设施	5	查相关文件、记录并查看现场: 设备设施无产品质量合格证,扣 5 分; 购置未取得生产许可的单位生产的特种设备,扣 5 分; 设备设施采购合同无验收质量标准,每项扣 2 分; 设备设施未进行验收,每台扣 2 分		
	4.1.4 特种设备安装(拆除) 特种设备安装(拆除)单位具备相应资质;安装(拆除)人员具备相应的能力和资格;安装(拆除)特种设备应编制安装(拆除)专项方案,安排专人现场监督,安装完成后组织验收,委托具有专业资质的检测、检验机构检测合格后投入使用;按规定办理使用登记	15	查相关文件、记录并查看现场: 安装(拆除)单位不具备相应资质,每个扣 5 分; 安装(拆除)人员不具备相应的能力和资格,每人扣 2 分; 安装(拆除)无专项方案,每台扣 3 分; 安装(拆除)过程无专人现场监督,每次扣 3 分; 未经验收或未取得检定合格证书投入使用,每台扣 3 分; 未按规定办理使用登记,每台扣 3 分		

续附表 3-4

二级评审项目	三级评审项目	标准分值	评审方法及评分标准	评审描述	实际得分
4.1 设备设施管理（130 分）	4.1.5 设备设施台账 建立设备设施台账并及时更新；设备设施管理档案资料齐全、清晰，管理规范	3	查相关记录并查看现场： 未建立设备设施台账，扣 3 分； 台账信息未及时更新，扣 1 分； 档案资料不符合要求，扣 1 分		
	4.1.6 设备设施检查 设备设施运行前应进行全面检查；运行过程中应按规定进行自检、巡检、旁站监督、专项检查、周期性检查，确保性能完好	10	查相关记录并查看现场： 未按要求进行检查，每台扣 2 分； 设备设施性能不满足安全要求，每台扣 2 分		
	4.1.7 设备性能及运行环境 设备结构、运转机构、电气及控制系统无缺陷，各部位润滑良好；基础稳固，行走面平整，轨道铺设规范；制动、限位等安全装置齐全、可靠、灵敏；仪表、信号、灯光等齐全、可靠、灵敏；防护罩、盖板、爬梯、护栏等防护设施完备可靠；设备醒目的位置悬挂有标识牌、检验合格证及安全操作规程；设备干净整洁，无跑、冒、滴、漏；作业区域无影响安全运行的障碍物；同一区域有两台以上设备运行可能发生碰撞时，制订安全运行方案	15	查相关文件、记录并查看现场： 设备结构、运转机构、电气控制系统或重要零部件不符合安全要求，每项扣 3 分； 设备基础不稳固，每台扣 3 分； 安全装置不符合要求，每项扣 3 分； 作业区域存在影响安全的障碍物，每处扣 3 分； 设备运行可能发生碰撞的，未制订安全运行方案，每处扣 3 分		
	4.1.8 设备运行 设备操作人员严格按照操作规程运行设备，运行记录齐全	15	查相关记录并查看现场： 未按操作规程运行设备，每人扣 3 分； 设备带病运行，每台扣 3 分； 设备运行记录不齐全，每台扣 1 分		

续附表 3-4

二级评审项目	三级评审项目	标准分值	评审方法及评分标准	评审描述	实际得分
4.1 设备设施管理（130分）	4.1.9 租赁设备和分包单位的设备 设备租赁合同或工程分包合同应明确双方的设备管理安全责任和设备技术状况要求等内容；租赁设备或分包单位的设备进入施工现场验收合格后投入使用；租赁设备或分包单位的设备应纳入本单位管理范围	10	查相关文件、记录并查看现场： 合同未明确双方安全责任，扣10分； 设备进场未组织验收，每台扣2分； 租赁设备或分包单位的设备未纳入本单位设备安全管理范围，每台扣2分		
	4.1.10 安全设施管理 建设项目安全设施必须执行“三同时”制度；临边、沟、坑、孔洞、交通梯道等危险部位的栏杆、盖板等设施齐全、牢固可靠；高处作业等危险作业部位按规定设置安全网等设施；施工通道稳固、畅通；垂直交叉作业等危险作业场所设置安全隔离棚；机械、传送装置等的转动部位安装可靠的防护栏、罩等安全防护设施；临水和水上作业有可靠的救生设施；暴雨、台风、暴风雪等极端天气前后组织有关人员对安全设施进行检查或重新验收	15	查相关文件、记录并查看现场： 未执行安全设施“三同时”制度，扣15分； 安全设施不符合规定，每项扣2分； 极端天气前后未对安全设施进行检查验收，每次扣5分		
	4.1.11 设备设施维修保养 根据设备安全状况编制设备维修保养计划或方案，对设备进行维修保养；维修保养作业应落实安全措施，并明确专人监护；维修结束后应组织验收；记录规范	10	查相关文件、记录并查看现场： 未制订或未落实维修保养计划或方案，扣10分； 未落实安全措施，每次扣2分； 无专人监护，每次扣3分； 维修结束后未组织验收，每次扣2分； 记录不规范，每次扣2分		

续附表 3-4

二级评审项目	三级评审项目	标准分值	评审方法及评分标准	评审描述	实际得分
4.1 设备设施管理（130 分）	4.1.12 特种设备管理 按规定进行登记、建档、使用、维护保养、自检、定期检验以及报废；有关记录规范；制订特种设备事故应急措施和救援预案；达到报废条件的及时向有关部门申请办理注销；建立特种设备技术档案（包括设计文件、制造单位、产品质量合格证明、使用维护说明等文件以及安装技术文件和资料；定期检验和定期自行检查的记录；日常使用状况记录；特种设备及其安全附件、安全保护装置、测量调控装置及有关附属仪器仪表的日常维护保养记录；运行故障和事故记录；高耗能特种设备的能效测试报告、能耗状况记录以及节能改造技术资料）；安全附件、安全保护装置、安全距离、安全防护措施以及与特种设备安全相关的建筑物、附属设施，应当符合有关规定	10	查相关文件、记录并查看现场： 未经检验或检验不合格使用，扣 10 分； 检验周期超过规定时间，扣 10 分； 记录不规范，每次扣 2 分； 未制订应急措施或预案，扣 5 分； 设备报废未按程序办理，每台扣 2 分； 未建立特种设备技术档案，每台扣 5 分； 档案资料不全，每缺一项扣 1 分； 安全附件、安全保护装置、安全距离、安全防护措施以及与特种设备安全相关的建筑物、附属设施不符合有关规定，每项扣 2 分		
	4.1.13 设备报废 设备设施存在严重安全隐患，无改造、维修价值，或者超过规定使用年限，应当及时报废	8	查相关记录并查看现场： 达到报废条件的设备未报废，每台扣 3 分； 已报废的设备未及时撤出施工现场，每台扣 2 分		
	4.1.14 设备设施拆除 设备设施拆除前应制订方案，办理作业许可，作业前进行安全技术交底，现场设置警示标志并采取隔离措施，按方案组织拆除	8	查相关记录并查看现场： 未制订方案，扣 8 分； 未按规定办理作业许可，每次扣 2 分； 未交底或交底不符合规定，每人扣 2 分； 未设置警示标志或采取隔离措施，每次扣 2 分； 未按方案组织拆除，扣 8 分		

续附表 3-4

二级评审项目	三级评审项目	标准分值	评审方法及评分标准	评审描述	实际得分
4.2 作业安全（245 分）	4.2.1　施工布置与现场管理 施工总体布局与分区合理，规范有序，符合安全文明施工、交通、消防、职业健康、环境保护等有关规定	10	查相关图纸并查看现场： 施工总体布局与分区不合理，每项扣 2 分		
	4.2.2　施工技术管理 设置施工技术管理机构，配足施工技术管理人员，建立施工技术管理制度，明确职责、程序及要求；工程开工前，应参加设计交底，并进行施工图会审；对施工现场安全管理和施工过程的安全控制进行全面策划，编制安全技术措施，并进行动态管理；达到一定规模的危险性较大单项工程应编制专项施工方案，超过一定规模的危险性较大单项工程的专项施工方案，应组织专家论证；施工组织设计、施工方案等技术文件的编制、审核、批准、备案规范；施工前按规定分层次进行交底，并在交底书上签字确认；专项施工方案实施时安排专人现场监护，方案编制人员、技术负责人应现场检查指导	25	查相关文件、记录并查看现场： 无管理机构或管理人员配备不足，扣 5 分； 未建立技术管理制度或制度不符合要求，扣 2 分； 未参加设计交底，每次扣 2 分； 未按规定进行施工图会审，每次扣 2 分； 无安全技术措施，扣 25 分； 达到一定规模的危险性较大单项工程未编制专项施工方案，扣 25 分； 超过一定规模的危险性较大单项工程的专项施工方案，未组织专家论证，每项扣 10 分； 技术文件的编制、审核、批准、备案不符合规定，每项扣 2 分； 未交底或交底不符合规定，每项扣 5 分； 专项施工方案实施无专人现场监护，每项扣 2 分； 方案编制人员、技术负责人未现场检查指导，每项扣 2 分		

续附表 3-4

二级评审项目	三级评审项目	标准分值	评审方法及评分标准	评审描述	实际得分
4.2 作业安全（245 分）	4.2.3 施工用电管理 按照有关法律法规、技术标准做好施工用电管理。建立施工用电管理制度；按规定编制用电组织设计或制定安全用电和电气防火措施；外电线路及电气设备防护满足要求；配电系统、配电室、配电箱、配电线路等符合相关规定；自备电源与网供电源的连锁装置安全可靠；接地与防雷满足要求；电动工器具使用管理符合规定；照明满足安全要求；施工用电应经验收合格后投入使用，并定期组织检查	15	查相关文件、记录并查看现场： 未建立施工用电管理制度，扣 2 分； 未按规定编制用电组织设计或制定安全用电和电气防火措施，每项扣 5 分； 外电线路及电气设备防护不满足要求，每项扣 5 分； 配电系统、配电室、配电箱、配电线路等不符合相关规定，每项扣 2 分； 自备电源与网供电源的连锁装置不可靠，每项扣 5 分； 接地与防雷不满足要求，每处扣 2 分； 电动工器具使用管理不符合规定，每项扣 5 分； 照明不满足安全要求，每处扣 2 分； 施工用电未经验收合格投入使用，扣 15 分； 未定期组织检查，每少一次扣 2 分		
	4.2.4 施工脚手架管理 按照有关法律法规、技术标准做好脚手架管理。建立脚手架安全管理制度；脚手架搭拆前，应编制施工作业指导书或专项施工方案，超过一定规模的危险性较大脚手架工程应经专门设计、方案论证，并严格执行审批程序；脚手架的基础、材料应符合规范要求；脚手架搭设（拆除）应按审批的方案进行交底、签字确认后方可实施；按审批的方案和规程规范搭设（拆除）脚手架，过程中安排专人现场监护；脚手架经验收合格后挂牌使用；在用的脚手架应定期检查和维护，并不得附加设计以外的荷载和用途；在暴雨、台风、暴风雪等极端天气前后组织有关人员对脚手架进行检查或重新验收	10	查相关文件、记录并查看现场： 未建立脚手架安全管理制度，扣 2 分； 未编制专项施工方案或作业指导书，扣 10 分； 超过一定规模的危险性较大脚手架工程，未组织专家论证，扣 10 分； 专项施工方案审批手续不符合要求，每项扣 2 分； 脚手架的基础、材料不符合规定，每处扣 2 分； 未交底或交底不符合规定，每人扣 2 分； 未按审批的方案和规程规范实施，扣 10 分； 专项施工方案实施无专人现场监护，每项扣 2 分； 脚手架未经验收合格或未挂牌使用，扣 10 分； 检查和维护不到位，每次扣 2 分； 脚手架使用过程中附加设计以外的荷载和用途，扣 10 分； 极端天气未按规定组织检查验收，每次扣 2 分		

续附表 3-4

二级评审项目	三级评审项目	标准分值	评审方法及评分标准	评审描述	实际得分
4.2 作业安全（245 分）	4.2.5 防洪度汛管理 按照有关法律法规、技术标准做好防洪度汛管理。有防洪度汛要求的工程应编制防洪度汛方案和超标准洪水应急预案；成立防洪度汛的组织机构和防洪度汛抢险队伍，配置足够的防洪度汛物资，并组织演练；施工进度应满足安全度汛要求；施工围堰、导流明渠、涵管及隧洞等导流建筑物应满足安全要求；开展防洪度汛专项检查；建立畅通的水文气象信息渠道；做好汛期值班	15	查相关文件、记录并查看现场： 未制订防洪度汛方案和超标准洪水应急预案，扣 15 分； 未按规定成立防洪度汛的组织机构，或未落实防汛抢险队伍及物资，扣 15 分； 未定期组织演练，每少一次扣 3 分； 施工进度不满足安全度汛要求，每个项目扣 5 分； 导流建筑物不满足安全要求，每处扣 5 分； 未开展防洪度汛专项检查，每个项目扣 5 分； 水文气象信息渠道不畅通，每个项目扣 5 分； 汛期值班不符合要求，每个项目扣 5 分		
	4.2.6 交通安全管理 按照有关法律法规、技术标准做好交通安全管理。建立交通安全管理制度；施工现场道路（桥梁）符合规范要求，交通安全防护设施齐全可靠，警示标志齐全完好；定期对车船进行检测和检验，保证安全技术状态良好；车船不得违规载人；车辆在施工区内应限速行驶；定期组织驾驶人员培训，严格驾驶行为管理，严禁无证驾驶、酒后驾驶、疲劳驾驶、超载驾驶；大型设备运输或搬运应制订专项方案	10	查相关文件、记录并查看现场： 未建立交通安全管理制度，扣 2 分； 施工现场道路（桥梁）不符合规范要求，每项扣 5 分； 交通安全防护设施不符合要求，每处扣 2 分； 交通警示标志设置不符合要求，每处扣 2 分； 未按规定对车船进行检测和检验，每台扣 2 分； 车船违规载人，每次扣 2 分； 违规驾驶，每次扣 2 分； 使用不符合规定的车船，每台扣 5 分； 大型设备运输或搬运未制订专项方案，每次扣 5 分		

续附表 3-4

二级评审项目	三级评审项目	标准分值	评审方法及评分标准	评审描述	实际得分
4.2 作业安全(245分)	4.2.7 消防安全管理 按照有关法律法规、技术标准做好消防安全管理。建立消防管理制度,建立健全消防安全组织机构,落实消防安全责任制,建立重点防火部位或场所档案;临建设施之间的安全距离、消防通道等均符合消防安全规定;仓库、宿舍、加工场地及重要设备配有足够的消防设施、器材,并建立台账;消防设施、器材应有防雨、防冻措施,并定期检验、维修,确保完好有效;严格执行动火审批制度;组织开展消防培训和演练	10	查相关文件、记录并查看现场: 未建立消防安全管理制度,扣2分; 未建立健全消防安全组织机构,扣10分; 防火重点部位或场所档案不全,每少一项扣2分; 安全距离、消防通道等不符合规定,每处扣2分; 防火重点部位未按规定配备消防设施、器材,每处扣2分; 未建立消防设施、器材台账,扣3分; 消防设施、器材无防雨、防冻措施,每处扣1分; 未定期进行检验、维修,每台(具)扣1分; 未严格执行动火审批制度,每次扣2分; 未定期组织消防培训和演练,每少一次扣2分		
	4.2.8 易燃易爆危险品管理 按照有关法律法规、技术标准做好易燃易爆危险品管理。建立易燃易爆危险品管理制度;易燃易爆危险品运输应按规定办理相关手续并符合安全规定;现场存放炸药、雷管等,得到当地公安部门的许可,并分别存放在专用仓库内,指派专人保管,严格执行领退料制度;氧气、乙炔、液氨、油品等危险品仓库屋面采用轻型结构,并设置气窗及底窗,门、窗向外开启;有避雷及防静电接地设施,并选用防爆电器;氧气瓶、乙炔瓶存放、使用应符合规定;带有放射源的仪器的使用管理,应满足相关规定	10	查相关文件、记录并查看现场: 未建立易燃易爆危险品管理制度,扣2分; 易燃易爆危险品运输不符合规定,每次扣5分; 现场存放炸药、雷管等未按规定办理许可,扣10分; 炸药、雷管等未分别存放,扣10分; 炸药、雷管等未指派专人保管,扣10分; 炸药、雷管等未严格执行领退料制度,扣10分; 仓库结构或通风条件不满足要求,扣10分; 仓库未安装避雷及防静电接地设施,扣10分; 仓库未选用防爆电器,扣10分; 氧气瓶、乙炔瓶存放、使用不符合规定,每处扣2分; 带有放射源的仪器使用管理不符合规定,每次扣5分		

续附表 3-4

二级评审项目	三级评审项目	标准分值	评审方法及评分标准	评审描述	实际得分
4.2　作业安全（245 分）	4.2.9　高边坡、基坑作业 按照有关法律法规、技术标准进行高边坡、基坑作业。根据施工现场实际编制专项施工方案或作业指导书，经过审批后实施；施工前，在地面外围设置截、排水沟，并在开挖开口线外设置防护栏，危险部位应设置警示标志；排架、作业平台搭设稳固，底部生根，杆件绑扎牢固，脚手板应满铺，临空面设置防护栏杆和防护网；自上而下清理坡顶和坡面松渣、危石、不稳定体，不在松渣、危石、不稳定体上方或下方作业；垂直交叉作业应设隔离防护棚，或错开作业时间；对断层、裂隙、破碎带等不良地质构造的高边坡，按设计要求采取支护措施，并在危险部位设置警示标志；严格按要求放坡，作业时随时注意边坡的稳定情况，发现问题及时加固处理；人员上下高边坡、基坑走专用爬梯；安排专人监护、巡视检查，并及时进行分析、反馈监护信息；高处作业人员同时系挂安全带和安全绳	15	查相关文件、记录并查看现场： 未根据施工现场实际编制专项施工方案或作业指导书，扣 15 分； 排水设施、防护设施、警示标志不符合要求，每处扣 2 分； 排架、作业平台不符合要求，每处扣 2 分； 松渣、危石、不稳定体未清理，每处扣 2 分； 未自上而下清理，或在松渣、危石、不稳定体上方或下方作业，每次扣 2 分； 垂直交叉作业安全管理不到位，每处扣 2 分； 未按设计要求采取支护措施，扣 15 分； 未按要求放坡，每处扣 5 分； 发现问题未及时处置，扣 15 分； 未设置专用爬梯，每处扣 2 分； 作业时现场无专人监护，扣 5 分； 未按规定进行检查，扣 5 分； 未按要求进行监测、分析，扣 5 分； 高处作业人员未系挂安全带或安全绳，每人扣 2 分		

续附表 3-4

二级评审项目	三级评审项目	标准分值	评审方法及评分标准	评审描述	实际得分
4.2 作业安全（245 分）	4.2.10 洞室作业 按照有关法律法规、技术标准进行洞室作业。根据现场实际制订专项施工方案；进洞前，做好坡顶坡面的截水排水系统；Ⅲ、Ⅳ、Ⅴ类围岩开挖除对洞口进行加固外，应在洞口设置防护棚；洞口边坡上和洞室的浮石、危石应及时处理，并按要求及时支护；交叉洞室在贯通前优先安排锁口锚杆的施工；位于河水位以下的隧洞进、出口，应设置围堰或预留岩坎等防止水淹洞室的措施；洞内渗漏水应集中引排处理，排水通畅；有瓦斯等有害气体的防治措施；按要求布置安全监测系统，及时进行监测、分析、反馈观测资料，并按规定进行检查；遇到不良地质地段开挖时，采取浅钻孔、弱爆破、多循环，尽量减少对围岩的扰动，并及时进行支护。遇不良地质构造或易塌方地段，有害气体逸出及地下涌水等突发事件，立即停工，并撤至安全地点；洞内照明、通风、除尘满足规范要求	10	查相关文件、记录并查看现场： 未根据现场实际制订专项施工方案，每处扣 2 分； 未按规定对洞口进行加固，或未按规定在洞口设置防护棚，每处扣 2 分； 浮石、危石未及时处理，每处扣 2 分； 交叉洞室贯通前未进行锁口锚杆施工，扣 10 分； 无防止水淹洞室的措施，扣 10 分； 排水不通畅，每处扣 2 分； 无瓦斯等有害气体的防治措施，扣 10 分； 未按要求进行监测、分析，扣 10 分； 未按规定进行检查，扣 5 分； 遇突发事件未及时处置，扣 10 分； 照明、通风、除尘不满足规范要求，每处扣 2 分		
	4.2.11 爆破、拆除作业 按照有关法律法规、技术标准进行爆破、拆除作业。爆破、拆除作业单位必须持有相应的资质，建立爆破、拆除安全管理制度；作业前编制方案，进行爆破、拆除设计，履行审批程序，并严格安全交底；装药、堵塞、网路联结以及起爆，由爆破负责人统一指挥，爆破员按爆破设计和爆破安全规程作业；影响区采取相应安全警戒和防护措施，作业时有专人现场监护；爆破工程技术人员、爆破员、安全员、保管员和押运员等应持证上岗	10	查相关文件、记录并查看现场： 作业单位不具备相应资质，扣 10 分； 未建立爆破、拆除作业安全管理制度，扣 2 分； 未编制方案，未进行爆破、拆除设计或未履行审批程序，扣 10 分； 未交底或交底不符合规定，每人扣 2 分； 未严格执行爆破、拆除设计和安全规程，扣 10 分； 影响区未采取相应安全警戒和防护措施，扣 10 分； 作业时现场无专人监护，扣 5 分； 未按规定持证上岗，每人扣 2 分		

续附表 3-4

二级评审项目	三级评审项目	标准分值	评审方法及评分标准	评审描述	实际得分
4.2 作业安全（245 分）	4.2.12 水上水下作业 按照有关法律法规、技术标准进行水上水下作业。建立水上水下作业安全管理制度；从事可能影响通航安全的水上水下活动应按照有关规定办理《中华人民共和国水上水下活动许可证》；施工船舶应按规定取得合法的船舶证书和适航证书，在适航水域作业；编制专项施工方案，制订应急预案，对作业人员进行安全技术交底，作业时安排专人进行监护；水上作业有稳固的施工平台和梯道，平台不得超负荷使用；临水、临边设置牢固可靠的栏杆和安全网；平台上的设备固定牢固，作业用具应随手放入工具袋；作业平台上配齐救生衣、救生圈、救生绳和通信工具；施工平台、船舶设置明显标识和夜间警示灯；建立畅通的水文气象信息渠道；作业人员正确穿戴救生衣、安全帽、防滑鞋、安全带；作业人员按规定经培训考核合格后持证上岗，并定期进行体检；雨雪天气进行水上作业，采取防滑、防寒和防冻措施，水、冰、霜、雪及时清除；遇到 6 级以上强风等恶劣天气不进行水上作业，暴风雪和强台风等恶劣天气后全面检查，消除隐患	10	查相关文件、记录并查看现场： 未建立水上水下作业安全管理制度，扣 2 分； 未按规定办理作业许可，扣 10 分； 未取得合法的船舶证书或适航证书，每艘扣 5 分； 未编制专项施工方案或应急预案，扣 5 分； 未交底或交底不符合规定，每人扣 2 分； 作业时现场无专人监护，扣 5 分； 无施工平台、梯道，每处扣 5 分； 平台、梯道不稳固或超负荷使用，每处扣 3 分； 防护栏杆和安全网不符合要求，每处扣 2 分； 施工平台上的设备固定不牢固，每处扣 2 分； 救援用品、器具配备不足，扣 3 分； 未设置明显标识和夜间警示灯，扣 3 分； 未建立畅通的水文气象信息渠道，扣 5 分； 作业人员未正确穿戴劳动防护用品，每人扣 2 分； 作业人员未按规定持证上岗，每人扣 2 分； 作业人员未定期进行体检，每人扣 2 分； 未采取可靠的防滑、防寒和防冻措施，扣 3 分； 恶劣天气进行作业，扣 10 分； 恶劣天气后未全面检查并消除隐患，每次扣 3 分		

续附表 3-4

二级评审项目	三级评审项目	标准分值	评审方法及评分标准	评审描述	实际得分
4.2 作业安全（245 分）	4.2.13 高处作业 按照有关法律法规、技术标准进行高处作业。建立高处作业安全管理制度；高处作业人员体检合格后上岗作业，登高架设作业人员持证上岗；坝顶、陡坡、悬崖、杆塔、吊桥、脚手架、屋顶以及其他危险边沿进行悬空高处作业时，临空面搭设安全网或防护栏杆，且安全网随着建筑物升高而提高；登高作业人员正确佩戴和使用劳动防护用品、用具，作业前应检查作业场所安全措施落实情况；有坠落危险的物件应固定牢固，无法固定的应先行清除或放置在安全处；雨天、雪天高处作业，应采取可靠的防滑、防寒和防冻措施；遇有 6 级及以上大风或恶劣天气时，应停止露天高处作业；高处作业应现场监护	10	查相关文件、记录并查看现场： 未建立高处作业安全管理制度，扣 2 分； 高处作业人员未经体检合格上岗，每人扣 2 分； 登高架设人员未按规定持证上岗，每人扣 2 分； 防护栏杆和安全网不符合要求，每处扣 2 分； 存在坠落危险的物件，每处扣 2 分； 未采取可靠防滑、防寒和防冻措施，扣 3 分； 未正确佩戴和使用劳动防护用品、用具，每人扣 2 分； 恶劣天气进行露天作业，扣 10 分； 作业时现场无专人监护，扣 5 分		
	4.2.14 起重吊装作业 按照有关法律法规、技术标准进行起重吊装作业。作业前应编制起重吊装方案或作业指导书，向作业人员进行安全技术交底；作业前对设备、安全装置、工器具进行检查，确保满足安全要求；起重吊装作业区域应设置警戒线，并安排专人进行监护；司机、信号司索工应持证上岗，按操作规程作业，信号传递畅通；吊装按规定办理审批手续；严禁以运行的设备、管道以及脚手架、平台等作为起吊重物的承力点；利用构筑物或设备的构件作为起吊重物的承力点时，应经核算；恶劣天气不得进行室外起吊作业	10	查相关文件、记录并查看现场： 未编制起重吊装方案或作业指导书，扣 10 分； 未交底或交底不符合规定，每人扣 2 分； 设备、安全装置、工器具不满足安全要求，每项扣 2 分； 作业区域未设置警戒线，每处扣 3 分； 作业时现场无专人监护，扣 5 分； 作业人员未按规定持证上岗，每人扣 2 分； 作业人员未严格按操作规程作业，每次扣 2 分； 信号传递不畅通，扣 5 分； 吊装未按规定办理审批手续，每次扣 5 分； 违规起吊，每次扣 5 分； 恶劣天气进行室外起吊作业，扣 10 分		

续附表 3-4

二级评审项目	三级评审项目	标准分值	评审方法及评分标准	评审描述	实际得分
4.2　作业安全（245 分）	4.2.15　临近带电体作业 按照有关法律法规、技术标准进行临近带电体作业。建立临近带电体作业安全管理制度；作业前编制专项施工方案或安全防护措施，向作业人员进行安全技术交底，并办理安全施工作业票，安排专人现场监护；电气作业人员应持证上岗并按操作规程作业；作业时施工人员、机械与带电线路和设备的距离应大于最小安全距离，并有防感应电措施；当小于最小安全距离时，应采取绝缘隔离的防护措施，并悬挂醒目的警告标志，当防护措施无法实现时，应采取停电等措施	10	查相关文件、记录并查看现场： 未建立临近带电体作业安全管理制度，扣 2 分； 未编制专项施工方案或安全防护措施，扣 10 分； 未交底或交底不符合规定，每人扣 2 分； 电气作业人员未按规定持证上岗，每人扣 2 分； 作业时现场无专人监护，扣 5 分； 违规作业，每人扣 2 分； 安全距离不足时未采取安全措施，扣 10 分		

续附表 3-4

二级评审项目	三级评审项目	标准分值	评审方法及评分标准	评审描述	实际得分
4.2 作业安全（245分）	4.2.16 焊接作业 按照有关法律法规、技术标准进行焊接作业。建立焊接作业安全管理制度；焊接前对设备进行检查，确保性能良好，符合安全要求；焊接作业人员持证上岗，按规定正确佩戴个人防护用品，严格按操作规程作业；进行焊接、切割作业时，有防止触电、灼伤、爆炸和引起火灾的措施，并严格遵守消防安全管理规定；焊接作业结束后，作业人员清理场地、消除焊件余热、切断电源，仔细检查工作场所周围及防护设施，确认无起火危险后离开	10	查相关记录并查看现场： 未建立焊接作业安全管理制度，扣2分； 焊接设备不符合安全要求，扣10分； 作业人员未按规定持证上岗，每人扣2分； 作业人员未按规定佩戴防护用品，每人扣2分； 作业人员违反操作规程，每人扣2分； 焊接、切割作业无安全措施，每次扣2分； 作业结束后未仔细检查并确保安全，每次扣2分		
	4.2.17 交叉作业 按照有关法律法规、技术标准进行交叉作业。建立交叉作业安全管理制度；制定协调一致的安全措施，进行充分的沟通和交底，且应有专人现场检查与协调、监护；两个以上不同作业队伍在同一作业区域内进行作业活动时，应签订安全管理协议，明确各自的管理职责和采取的措施；垂直交叉作业应搭设严密、牢固的防护隔离设施；交叉作业时，严禁上下投掷材料、边角余料；工具应随手放入工具袋，严禁在吊物下方接料或逗留	10	查相关文件、记录并查看现场： 未建立交叉作业安全管理制度，扣2分； 未制定安全措施，扣10分； 未交底或交底不符合规定，每人扣2分； 作业时现场无专人监护，扣5分； 两个以上作业队伍交叉作业时，未签订安全管理协议，扣5分； 垂直交叉作业时，安全防护措施落实不到位，扣5分； 违规作业，每人扣2分		

续附表 3-4

二级评审项目	三级评审项目	标准分值	评审方法及评分标准	评审描述	实际得分
4.2 作业安全(245 分)	4.2.18 有(受)限空间作业 按照有关法律法规、技术标准进行有(受)限空间作业。建立有(受)限空间作业安全管理制度;实行有(受)限空间作业审批制度;有(受)限空间作业应当严格遵守“先通风、再检测、后作业”的原则;作业人员必须经安全培训合格方能上岗作业;向作业人员进行安全技术交底;必须配备个人防中毒窒息等防护装备,严禁无防护监护措施作业;作业现场应设置安全警示标识,应有监护人员;制定应急措施,现场必须配备应急装备,科学施救	10	查相关文件、记录并查看现场: 未建立有(受)限空间作业安全管理制度,扣 2 分; 未落实审批制度,扣 10 分; 作业前,未按规定进行通风、检测,扣 10 分; 未交底或交底不符合规定,每人扣 2 分; 未落实防护措施,扣 10 分; 未制定应急措施,扣 5 分; 缺少安全警示标识,每处扣 2 分; 作业时现场无专人监护,扣 5 分; 现场应急装备配备不足,扣 5 分		
	4.2.19 岗位达标 建立班组安全活动管理制度,明确岗位达标的内容和要求,开展安全生产和职业卫生教育培训、安全操作技能训练、岗位作业危险预知、作业现场隐患排查、事故分析等岗位达标活动,并做好记录。从业人员应熟练掌握本岗位安全职责、安全生产和职业卫生操作规程、安全风险及管控措施、防护用品使用、自救互救及应急处置措施	15	查相关记录并现场问询: 未建立班组安全活动管理制度,扣 2 分; 制度内容不符合要求,扣 1 分; 未按规定开展岗位达标活动,每少一项扣 3 分; 从业人员对相关安全知识不熟悉,每人扣 2 分; 记录不完整,每缺一项扣 2 分		
	4.2.20 分包管理制度 工程分包、劳务分包、设备物资采购、设备租赁管理制度应明确各管理层次和部门管理职责和权限,包括分包方的评价和选择、分包招标合同谈判和签约、分包项目实施阶段的管理、分包实施过程中或结束后的再评价等	2	查制度文本: 未以正式文件发布,扣 2 分; 制度内容不全,每缺一项扣 1 分; 制度内容不符合有关规定,每项扣 1 分		

续附表 3-4

二级评审项目	三级评审项目	标准分值	评审方法及评分标准	评审描述	实际得分
4.2 作业安全（245 分）	4.2.21 分包方评价 对分包方进行全面评价和定期再评价，包括经营许可和资质证明，专业能力，人员结构和素质，机具装备，技术、质量、安全、施工管理的保证能力，工程业绩和信誉等，建立并及时更新合格分包方名录和档案	4	查相关文件和记录： 未对分包方进行评价，扣 4 分； 评价对象不全，每少一个扣 1 分； 未定期评价，每少一次扣 1 分； 评价内容不全，每少一项扣 1 分； 未建立或未及时更新合格分包方名录和档案，扣 4 分		
	4.2.22 分包方选择 确认分包方具备相应资质和能力，按规定选择分包方；依法与分包方签订分包合同和安全生产协议，明确双方安全生产责任和义务	6	查相关文件和记录： 违法分包或转包，扣 6 分； 未明确双方安全责任和义务，扣 6 分		
	4.2.23 分包方管理 对分包方进场人员和设备进行验证；督促分包方对进场作业人员进行安全教育，考核合格后进入现场作业；对分包方人员进行安全交底；审查分包方编制的安全施工措施，并督促落实；定期识别分包方的作业风险，督促落实安全措施	8	查相关记录并查看现场： 人员或设备验证不全，每少一项扣 1 分； 未经培训合格，每人扣 1 分； 未交底或交底不符合规定，每人扣 2 分； 未定期识别分包方的作业风险，督促落实安全措施，扣 8 分		

续附表 3-4

二级评审项目	三级评审项目	标准分值	评审方法及评分标准	评审描述	实际得分
4.3 职业健康（50 分）	4.3.1 建立职业健康管理制度，明确职业危害的管理职责、作业环境、“三同时”、劳动防护品及职业病防护设施、职业健康检查与档案管理、职业危害告知、职业病申报、职业病治疗和康复、职业危害因素的辨识、监测、评价和控制的职责和要求	2	查制度文本： 未以正式文件发布，扣 2 分； 制度内容不全，每缺一项扣 1 分； 制度内容不符合有关规定，每项扣 1 分		
	4.3.2 结合工程施工作业及其采用的工艺方法，按照有关规定开展职业危害因素辨识工作，并评估职业危害因素的种类、浓度、强度及其对人体危害的途径，策划并明确相应的控制措施	4	查相关记录： 职业危害因素辨识、评估不全，每缺一项扣 1 分； 未制定控制措施，每项扣 1 分		
	4.3.3 为从业人员提供符合职业健康要求的工作环境和条件，配备相适应的职业健康防护用品。在产生职业病危害的工作场所应设置相应的职业病防护设施。砂石料生产系统、混凝土生产系统、钻孔作业、洞室作业等产生职业病危害的工作场所的粉尘、噪声、毒物等指标应符合有关标准的规定	6	查相关记录并查看现场： 未配备相适应的劳动防护用品，每人扣 1 分； 未按规定正确佩戴劳动防护用品，每人扣 1 分； 产生职业病危害的工作场所未设置职业病防护设施，每处扣 2 分； 工作场所的粉尘、噪声、毒物等指标超标，每处扣 2 分		
	4.3.4 施工布置应确保使用有毒、有害物品的作业场所与生活区、辅助生产区分开，作业场所不应住人；将有害作业与无害作业分开，高毒工作场所与其他工作场所隔离	3	查相关记录并查看现场： 布置不合理，扣 3 分； 作业场所住人，扣 3 分； 高毒场所与其他场所未有效隔离，扣 3 分		

续附表 3-4

二级评审项目	三级评审项目	标准分值	评审方法及评分标准	评审描述	实际得分
4.3 职业健康（50分）	4.3.5 在可能发生急性职业危害的有毒、有害工作场所，设置报警装置，制订应急处置方案，现场配置急救用品、设备，并设置应急撤离通道	4	查相关记录和查看现场： 报警装置设置不全，每少一处扣2分； 报警装置不能正常工作，每处扣2分； 无应急处置方案，扣4分； 无急救用品、设备、应急撤离通道，扣4分		
	4.3.6 各种防护用品、器具定点存放在安全、便于取用的地方，建立台账，并指定专人负责保管防护器具，并定期校验和维护，确保其处于正常状态	3	查相关记录和查看现场： 防护用品、器具存放不符合规定，每处扣1分； 未建立台账，扣3分； 未指定专人保管，扣3分； 未定期校验和维护，每项扣1分		
	4.3.7 对从事接触职业病危害的作业人员应按规定组织上岗前、在岗期间和离岗时职业健康检查，建立健全职业卫生档案和员工健康监护档案	4	查相关记录： 职业健康检查不全，每少一人扣1分； 职业卫生档案和健康监护档案不全，每少一人扣1分		
	4.3.8 按规定给予职业病患者及时的治疗、疗养；患有职业禁忌症的员工，应及时调整到合适岗位	3	查相关记录和档案： 职业病患者未得到及时治疗、疗养，每人扣1分； 患有职业禁忌症的员工未及时调整到合适岗位，每人扣1分		
	4.3.9 与从业人员订立劳动合同时，如实告知作业过程中可能产生的职业危害及其后果、防护措施等	4	查相关记录： 未如实告知，每人扣1分		

续附表 3-4

二级评审项目	三级评审项目	标准分值	评审方法及评分标准	评审描述	实际得分
4.3 职业健康(50 分)	4.3.10　对接触严重职业危害的作业人员进行警示教育，使其了解施工过程中的职业危害、预防和应急处理措施；在严重职业危害的作业岗位，设置警示标识和警示说明，警示说明应载明职业危害的种类、后果、预防以及应急救治措施	4	查相关记录、查看现场并问询： 培训不全，每少一人扣 1 分； 作业人员不清楚职业危害、预防和应急处理措施，每人扣 1 分； 未设置警示标识和警示说明，每处扣 1 分； 警示标识和警示说明不符合要求，每处扣 1 分		
	4.3.11　工作场所存在职业病目录所列职业病的危害因素的，按照有关规定，通过“职业病危害项目申报系统”及时、如实向所在地有关部门申报危害项目，发生变化后及时补报	3	查相关记录： 未按规定申报，扣 3 分； 申报材料内容不全，每缺一类扣 1 分； 发生变化未及时补报，每缺一类扣 1 分		
	4.3.12　按照规定制订职业危害场所检测计划，定期对职业危害场所进行检测，并将检测结果存档	6	查相关记录和档案： 未制订职业危害场所检测计划，扣 6 分； 未定期检测，每少一次扣 1 分； 检测结果未存档，每少一次扣 1 分		
	4.3.13　职业病危害因素浓度或强度超过职业接触限值的，制订切实有效的整改方案，立即进行整改	4	查相关记录： 未制订有效的整改方案，扣 2 分； 未整改，扣 2 分		

续附表 3-4

二级评审项目	三级评审项目	标准分值	评审方法及评分标准	评审描述	实际得分
4.4 警示标志（25 分）	4.4.1 制定包括施工现场安全和职业病危害警示标志、标牌的采购、制作、安装和维护等内容的管理制度	2	查制度文本： 未以正式文件发布，扣 2 分； 制度内容不全，每缺一项扣 1 分； 制度内容不符合有关规定，每项扣 1 分		
	4.4.2 按照规定和场所的安全风险特点，在有重大危险源、较大危险因素和严重职业病危害因素的场所（包括施工起重机械、临时供用电设施、脚手架、出入通道口、楼梯口、电梯井口、孔洞口、桥梁口、隧道口、陡坡边缘、变压器配电房、爆破物品库、油品库、危险有害气体和液体存放处等）及危险作业现场（包括爆破作业、大型设备设施安装或拆除作业、起重吊装作业、高处作业、水上作业、设备设施维修作业等），应设置明显的安全警示标志和职业病危害警示标识，告知危险的种类、后果及应急措施等，危险处所夜间应设红灯示警；在危险作业现场设置警戒区、安全隔离设施，并安排专人现场监护	18	查相关记录和查看现场： 未按规定设置警示标志标识，每处扣 2 分； 危险作业现场未按规定设置安全警戒区或安全隔离设施，每处扣 2 分； 危险作业现场无专人监护，扣 5 分		
	4.4.3 定期对警示标志进行检查维护，确保其完好有效	5	查相关记录和查看现场： 未定期进行检查维护，扣 5 分； 警示标志损坏，每处扣 1 分		
小计		450	得分小计		

附表 3-5　安全风险管控及隐患排查治理(170 分)

二级评审项目	三级评审项目	标准分值	评审方法及评分标准	评审描述	实际得分
5.1　安全风险管理(40 分)	5.1.1　安全风险管理制度应明确风险辨识与评估的职责、范围、方法、准则和工作程序等内容	2	查制度文本： 未以正式文件发布,扣 2 分; 制度内容不全,每缺一项扣 1 分; 制度内容不符合有关规定,每项扣 1 分		
	5.1.2　组织对安全风险进行全面、系统的辨识,对辨识资料进行统计、分析、整理和归档	10	查相关记录并查看现场： 未实施安全风险辨识,扣 10 分; 辨识内容不全或与实际不符,每项扣 2 分; 统计、分析、整理和归档资料不全,每缺一项扣 2 分		
	5.1.3　选择合适的方法,定期对所辨识出的存在安全风险的作业活动、设备设施、物料等进行评估。风险评估时,至少从影响人、财产和环境三个方面的可能性和严重程度进行分析	7	查相关记录： 未实施风险评估,扣 7 分; 风险评估对象不全,每缺一项扣 1 分; 风险评估内容不全,每缺一项扣 1 分		
	5.1.4　根据评估结果,确定安全风险等级,实施分级分类差异化动态管理,制定并落实相应的安全风险控制措施(包括工程技术措施、管理控制措施、个体防护措施等),对安全风险进行控制	8	查相关记录并查看现场： 未确定安全风险等级,每项扣 2 分; 未实施分级分类差异化动态管理,每项扣 2 分; 控制措施制定或落实不到位,每项扣 2 分		
	5.1.5　将评估结果及所采取的控制措施告知从业人员,使其熟悉工作岗位和作业环境中存在的安全风险	3	查相关记录并现场问询： 告知不全,每少一人扣 1 分; 不熟悉安全风险有关内容,每人扣 1 分		

续附表 3-5

二级评审项目	三级评审项目	标准分值	评审方法及评分标准	评审描述	实际得分
5.1 安全风险管理（40分）	5.1.6 变更管理制度应明确组织机构、施工人员、施工方案、设备设施、作业过程及环境发生变化时的审批程序及相关要求	2	查制度文本： 未以正式文件发布，扣2分； 制度内容不全，每缺一项扣1分； 制度内容不符合有关规定，每项扣1分		
	5.1.7 变更前，应对变更过程及变更后可能产生的风险进行分析，制定控制措施，履行审批及验收程序，并告知和培训相关从业人员	8	查相关记录： 变更前未进行风险分析，每项扣2分； 未制定控制措施，每项扣2分； 未履行审批或验收程序，每项扣2分； 未告知或培训，每项扣2分		
5.2 重大危险源辨识和管理（55分）	5.2.1 重大危险源管理制度应明确重大危险源辨识、评价和控制的职责、方法、范围、流程等要求	2	查制度文本： 未以正式文件发布，扣2分； 制度内容不全，每缺一项扣1分； 制度内容不符合有关规定，每项扣1分		
	5.2.2 开工前，进行重大危险源辨识、评估，确定危险等级，并将辨识、评估成果及时报监理单位和项目法人	10	查相关记录： 未进行重大危险源辨识，扣10分； 辨识或评估不全，每缺一项扣2分； 未确定危险等级，每项扣2分； 未及时报备，每项扣2分		
	5.2.3 针对重大危险源制定防控措施，明确责任部门和责任人，并登记建档	6	查相关记录： 未制定防控措施，每项扣1分； 未明确责任部门和责任人，每项扣1分		

续附表 3-5

二级评审项目	三级评审项目	标准分值	评审方法及评分标准	评审描述	实际得分
5.2 重大危险源辨识和管理（55 分）	5.2.4 按照国家有关规定，定期对重大危险源的安全设施和安全监测监控系统进行检测、检验，并进行经常性维护、保养，保证安全设施和安全监测监控系统有效、可靠运行。维护、保养、检测应当做好记录，并由有关人员签字	15	查相关记录并查看现场： 未定期检测、检验，每项扣 1 分； 未维护、保养，每项扣 1 分		
	5.2.5 对重大危险源的管理人员进行培训，使其了解重大危险源的危险特性，熟悉重大危险源安全管理规章制度，掌握安全操作技能和应急措施	5	查相关记录并现场问询： 培训不全，每少一人扣 2 分； 不熟悉重大危险源相关知识，每人扣 1 分		
	5.2.6 在重大危险源现场设置明显的安全警示标志和警示牌。警示牌内容应包括危险源名称、地点、责任人员、可能的事故类型、控制措施等	5	查看现场： 未设置警示标志和警示牌，每处扣 2 分； 警示牌内容不符合要求，每处扣 1 分		
	5.2.7 制订重大危险源事故应急预案，建立应急救援组织或配备应急救援人员、必要的防护装备及应急救援器材、设备、物资，并保障其完好和方便使用	6	查相关记录并查看现场： 未制定应急预案，每项扣 1 分； 保障措施不到位，每项扣 1 分		
	5.2.8 根据施工进展加强重大危险源的日常监督检查，对危险源实施动态的辨识、评价和控制	3	查相关记录： 日常监督检查不到位，每项扣 1 分； 未进行动态管理，每项扣 1 分		
	5.2.9 按规定将重大危险源向主管部门备案	3	查相关记录： 未按规定备案，每项扣 1 分		

续附表 3-5

二级评审项目	三级评审项目	标准分值	评审方法及评分标准	评审描述	实际得分
5.3 隐患排查治理（60分）	5.3.1 事故隐患排查制度应包括隐患排查目的、内容、方法、频次和要求等	2	查制度文本： 未以正式文件发布，扣2分； 制度内容不全，每缺一项扣1分； 制度内容不符合有关规定，每项扣1分		
	5.3.2 根据事故隐患排查制度开展事故隐患排查，排查前应制订排查方案，明确排查的目的、范围和方法；排查方式主要包括定期综合检查、专项检查、季节性检查、节假日检查和日常检查等；对排查出的事故隐患，应及时书面通知有关责任部门，定人、定时、定措施进行整改，并按照事故隐患的等级建立事故隐患信息台账。相关方排查出的隐患统一纳入本单位隐患管理。至少每两月自行组织一次安全生产综合检查	10	查相关记录并查看现场： 未制订排查方案，每次扣1分； 排查方式不全，每缺一项扣2分； 排查结果与现场实际不符，每次扣1分； 未书面通知有关部门，每次扣1分； 隐患信息台账不全，每缺一项扣1分； 未将相关方隐患纳入本单位隐患管理，扣5分； 安全生产综合检查频次不够，每少一次扣1分； 按照《水利工程生产安全重大事故隐患判定标准（试行）》，存在重大事故隐患的，不得评定为安全生产标准化达标单位		
	5.3.3 建立事故隐患报告和举报奖励制度，鼓励、发动职工发现和排除事故隐患，鼓励社会公众举报。对发现、排除和举报事故隐患的有功人员，应给予物质奖励和表彰	5	查制度文本和相关记录： 未建立事故隐患报告和举报奖励制度，扣2分； 制度内容不全，每缺一项扣1分； 制度内容不符合有关规定，每项扣1分； 无物质奖励和表彰记录，扣5分		

续附表 3-5

二级评审项目	三级评审项目	标准分值	评审方法及评分标准	评审描述	实际得分
5.3 隐患排查治理（60分）	5.3.4 单位主要负责人组织制订重大事故隐患治理方案，经监理单位审核，报项目法人同意后实施。治理方案应包括下列内容：重大事故隐患描述；治理的目标和任务；采取的方法和措施；经费和物资的落实；负责治理的机构和人员；治理的时限和要求；安全措施和应急预案等	5	查相关记录并查看现场： 未制订治理方案，扣5分； 治理方案内容不符合要求，每项扣1分； 审批程序不符合要求，扣5分； 未按治理方案实施，扣5分		
	5.3.5 建立事故隐患治理和建档监控制度，逐级建立并落实隐患治理和监控责任制	2	查制度文本： 未以正式文件发布，扣2分； 制度内容不全，每缺一项扣1分； 制度内容不符合有关规定，每项扣1分		
	5.3.6 一般事故隐患应立即组织整改	6	查相关记录： 一般事故隐患未立即组织整改，每项扣1分		
	5.3.7 事故隐患整改到位前，应采取相应的安全防范措施，防止事故发生	5	查相关记录并查看现场： 未采取安全防范措施，每项扣1分		
	5.3.8 重大事故隐患治理完成后，对治理情况进行验证和效果评估，经监理单位审核，报项目法人。一般事故隐患治理完成后，对治理情况进行复查，并在隐患整改通知单上签署明确意见	10	查相关记录并查看现场： 对于重大事故隐患，未进行验证、效果评估，扣10分； 对于一般事故隐患，未复查或未签署意见，每项扣2分		
	5.3.9 按月、季、年对隐患排查治理情况进行统计分析，形成书面报告，经单位主要负责人签字后，报项目法人，并向从业人员通报	5	查相关记录： 未按规定进行统计分析和报告，每次扣1分； 未向从业人员通报，每次扣1分		

续附表 3-5

二级评审项目	三级评审项目	标准分值	评审方法及评分标准	评审描述	实际得分
5.3 隐患排查治理（60分）	5.3.10 地方人民政府或有关部门挂牌督办并责令全部或者局部停止施工的重大事故隐患，治理工作结束后，应组织本单位的技术人员和专家对治理情况进行评估。经治理后符合安全生产条件的，由项目法人向有关部门提出恢复施工的书面申请，经审查同意后，方可恢复施工	5	查相关记录并查看现场： 未按规定进行评估，扣5分； 未经审查同意恢复施工，扣5分		
	5.3.11 运用隐患自查、自改、自报信息系统，通过信息系统对隐患排查、报告、治理、销账等过程进行管理和统计分析，并按照有关要求报送隐患排查治理情况	5	查相关文件和记录： 未应用信息系统进行隐患管理和统计分析，扣5分； 隐患管理和统计分析内容不完整，每缺一项扣1分； 未按照要求报送隐患排查治理情况，每次扣1分		
5.4 预测预警（15分）	5.4.1 根据施工企业特点，结合安全风险管理、隐患排查治理及事故等情况，运用定量或定性的安全生产预测预警技术，建立体现安全生产状况及发展趋势的安全生产预测预警体系	5	查相关文件和记录资料： 未建立安全生产预测预警体系，扣5分； 预测预警体系内容不全，每缺一项扣1分		
	5.4.2 采取多种途径及时获取水文、气象等信息，在接到有关自然灾害预报时，应及时发出预警通知；发生可能危及安全的情况时，应采取撤离人员、停止作业、加强监测等安全措施，并及时向项目主管部门和有关部门报告	5	查相关文件和记录： 获取信息不及时，每次扣2分； 未及时发出预警通知，扣5分； 未采取安全措施，扣5分； 未及时报告，每次扣2分		
	5.4.3 根据安全风险管理、隐患排查治理及事故等统计分析结果，每月至少进行一次安全生产预测预警	5	查相关记录： 未定期进行预测预警，每少一次扣1分		
小计		170	得分小计		

附表 3-6 应急管理(50 分)

二级评审项目	三级评审项目	标准分值	评审方法及评分标准	评审描述	实际得分
6.1 应急准备(38 分)	6.1.1 建立安全生产应急管理机构,指定专人负责安全生产应急管理工作	6	查相关文件和记录: 未设置管理机构或未指定专人负责,扣 6 分		
	6.1.2 在安全风险分析、评估和应急资源调查的基础上,建立健全生产安全事故应急预案体系,包括综合预案、专项预案、现场处置方案,经监理单位审核,报项目法人备案。针对工作场所、岗位的特点,编制简明、实用、有效的应急处置卡。项目部的应急预案体系应与项目法人和地方政府的应急预案体系相衔接。按照有关规定通报应急救援队伍、周边企业等有关应急协作单位	8	查相关文件和记录: 应急预案未以正式文件发布,扣 8 分; 应急预案不全,每缺一项扣 1 分; 应急预案内容不完善、操作性差,每项扣 1 分; 未按有关规定审核、报备,扣 5 分; 应急处置卡不全,每缺一项扣 1 分; 应急处置卡内容不完善、操作性差,每项扣 1 分; 未通报有关应急协作单位,扣 1 分		
	6.1.3 应按照应急预案建立应急救援组织,组建应急救援队伍,配备应急救援人员。必要时与当地具备能力的应急救援队伍签订应急支援协议	6	查相关文件和记录: 未建立应急救援队伍或配备应急救援人员,扣 6 分; 应急救援队伍不满足要求,扣 6 分		
	6.1.4 根据可能发生的事故种类特点,设置应急设施,配备应急装备,储备应急物资,建立管理台账,安排专人管理,并定期检查、维护、保养,确保其完好、可靠	10	查相关记录并查看现场: 应急物资、装备不满足要求,每项扣 2 分; 未建立台账,扣 3 分; 未安排专人管理,扣 3 分; 未定期检查、维护、保养,扣 3 分		

续附表 3-6

二级评审项目	三级评审项目	标准分值	评审方法及评分标准	评审描述	实际得分
6.1 应急准备（38 分）	6.1.5 根据本单位的事故风险特点，每年至少组织一次综合应急预案演练或者专项应急预案演练，每半年至少组织一次现场处置方案演练，做到一线从业人员参与应急演练全覆盖，掌握相关的应急知识。对演练进行总结和评估，根据评估结论和演练发现的问题，修订、完善应急预案，改进应急准备工作	5	查相关记录并现场问询： 未按规定进行演练，每次扣 2 分； 不熟悉相关应急知识，每人扣 1 分； 未进行总结和评估，每次扣 1 分； 未根据评估意见修订完善预案，每次扣 1 分； 未根据修订完善后的预案改进工作，每次扣 1 分		
	6.1.6 定期评估应急预案，根据评估结果及时进行修订和完善，并及时报备	3	查相关文件和应急预案文本： 未定期评估，扣 3 分； 评估对象不全，每缺一项扣 1 分； 评估内容不全，每缺一项扣 1 分； 未及时修订完善，每项扣 1 分； 未及时报备，每项扣 1 分		
6.2 应急处置（8 分）	6.2.1 发生事故后，启动相关应急预案，采取应急处置措施，开展事故救援，必要时寻求社会支援	5	查相关记录： 发生事故未及时启动应急预案，扣 5 分； 未及时采取应急处置措施，扣 5 分		
	6.2.2 应急救援结束后，应尽快完成善后处理、环境清理、监测等工作	3	查相关记录： 善后处理不到位，扣 3 分		
6.3 应急评估（4 分）	6.3.1 每年应进行一次应急准备工作的总结评估。完成险情或事故应急处置结束后，应对应急处置工作进行总结评估	4	查相关记录： 未按规定进行总结评估，每次扣 1 分		
小计		50	得分小计		

附表 3-7　事故管理(30 分)

二级评审项目	三级评审项目	标准分值	评审方法及评分标准	评审描述	实际得分
7.1　事故报告(6 分)	7.1.1　事故报告、调查和处理制度应明确事故报告(包括程序、责任人、时限、内容等)、调查和处理内容(包括事故调查、原因分析、纠正和预防措施、责任追究、统计与分析等),应将造成人员伤亡(轻伤、重伤、死亡等人身伤害和急性中毒)、财产损失(含未遂事故)和较大涉险事故纳入事故调查和处理范畴	2	查制度文本: 未以正式文件发布,扣 2 分; 制度内容不全,每缺一项扣 1 分; 制度内容不符合有关规定,每项扣 1 分		
	7.1.2　发生事故后按照有关规定及时、准确、完整地向有关部门报告,事故报告后出现新情况时,应当及时补报	4	查相关记录: 未按规定及时补报,扣 4 分; 存在迟报、漏报、谎报、瞒报事故等行为,不得评定为安全生产标准化达标单位		
7.2　事故调查和处理(21 分)	7.2.1　发生事故后,采取有效措施,防止事故扩大,并保护事故现场及有关证据	4	查相关记录: 抢救措施不力,导致事故扩大,扣 4 分; 未有效保护现场及有关证据,扣 4 分		
	7.2.2　事故发生后按照有关规定,组织事故调查组对事故进行调查,查明事故发生的时间、经过、原因、波及范围、人员伤亡情况及直接经济损失等。事故调查组应根据有关证据、资料,分析事故的直接原因、间接原因和事故责任,提出应吸取的教训、整改措施和处理建议,编制事故调查报告	7	查相关文件和记录: 无事故调查报告,扣 7 分; 报告内容不符合规定,每项扣 2 分		
	7.2.3　事故发生后,由有关人民政府组织事故调查的,应积极配合开展事故调查	3	查相关文件和记录: 未积极配合开展事故调查,扣 3 分		

附表 3-7　事故管理(30 分)

二级评审项目	三级评审项目	标准分值	评审方法及评分标准	评审描述	实际得分
7.2　事故调查和处理(21 分)	7.2.4　按照“四不放过”的原则进行事故处理	4	查相关文件和记录： 未按“四不放过”的原则处理,扣 4 分		
	7.2.5　做好事故善后工作	3	查相关文件和记录： 善后处理不到位,扣 3 分		
7.3　事故档案管理(3 分)	7.3.1　建立完善的事故档案和事故管理台账,并定期按照有关规定对事故进行统计分析	3	查相关文件和记录： 未建立事故档案和管理台账,扣 3 分; 事故档案或管理台账不全,每缺一项扣 2 分; 事故档案或管理台账与实际不符,每项扣 1 分; 未统计分析,扣 3 分		
小计		30	得分小计		

附表 3-8　持续改进(30 分)

二级评审项目	三级评审项目	标准分值	评审方法及评分标准	评审描述	实际得分
8.1　绩效评定(15 分)	8.1.1　安全生产标准化绩效评定制度应明确评定的组织、时间、人员、内容与范围、方法与技术、报告与分析等要求	2	查制度文本： 未以正式文件发布,扣 2 分; 制度内容不全,每缺一项扣 1 分; 制度内容不符合有关规定,每项扣 1 分		

续附表 3-8

二级评审项目	三级评审项目	标准分值	评审方法及评分标准	评审描述	实际得分
8.1 绩效评定（15分）	8.1.2 每年至少组织一次安全标准化实施情况的检查评定，验证各项安全生产制度措施的适宜性、充分性和有效性，检查安全生产目标、指标的完成情况，提出改进意见，形成评定报告。发生生产安全责任死亡事故，应重新进行评定，全面查找安全生产标准化管理体系中存在的缺陷	6	查相关文件和记录： 主要负责人未组织评定，扣6分； 检查评定每年少于一次，扣6分； 无评定报告，扣6分； 检查评定内容不符合规定，每项扣2分； 发生死亡事故后未重新进行评定，扣6分		
	8.1.3 评定报告以正式文件印发，向所有部门、所属单位通报安全标准化工作评定结果	2	查相关文件和记录： 未以正式文件发布，扣2分； 评定结果未通报，扣2分		
	8.1.4 将安全生产标准化自评结果，纳入单位年度绩效考评	3	查相关文件和记录： 未纳入年度绩效考评，扣3分； 绩效考评不全，每少一个部门或单位扣1分； 考评结果未兑现，每个部门或单位扣1分		
	8.1.5 落实安全生产报告制度，定期向有关部门报告安全生产情况，并公示	2	查相关文件和记录： 未报告或公示，扣2分		
8.2 持续改进（15分）	8.2.1 根据安全生产标准化绩效评定结果和安全生产预测预警系统所反映的趋势，客观分析本单位安全生产标准化管理体系的运行质量，及时调整完善相关规章制度、操作规程和过程管控，不断提高安全生产绩效	15	查相关文件和记录： 未及时调整完善，每项扣2分		
小计		30	得分小计		

附录四　主要工种安全操作规程

一、空压机工

(1)作业人员应经过专业培训考试合格后,方可上岗作业。

(2)空压机房应保持清洁和干燥。

(3)不应将汽油、油棉纱等易燃易爆物品存放在机房内和储气罐附近,并定期检查消防设施。

(4)储气罐放置应通风良好。距储气罐 15 m 以内不应进行焊接或热加工作业。

(5)空压机在运行过程中不应对其进行维护保养及检修作业。

(6)安装或检修后的空压机,应进行试运转,应在确认性能可靠后方可带负荷运行。

(7)操作高压开关柜,应站在绝缘胶皮垫上,并戴上绝缘手套。

(8)严禁使用汽油或煤油清洗空压机的空气滤清器、气缸和其他压缩空气管路等零件。不应用燃烧方法清除管道油污。

(9)用压缩空气吹洗零件时,严禁将管口对着人体或其他设备。

(10)内燃机冷却水温过高需要打开水箱盖时,应戴手套或用厚布衬垫,人的面部应避开水箱口。

(11)加油时严禁吸烟和接近明火源。

二、外线电工

(1)作业人员应经过专业培训,并经考试合格取得特种作业人员操作证书后,方可上岗操作。

(2)作业人员应符合国家安监总局 2010 年 30 号令《特种作业人员安全技术培训考核管理规定》的规定,并应掌握触电急救的基本知识。

(3)外线电工应有两人以上共同作业,其中由一人进行监护,严禁独自一人带电作业。

(4)地面立杆作业前应检查作业工器具(如锹、镐、撬棍、抬杠、绳索等),作业工具应齐全可靠。

(5)进行换杆作业时,应先用临时拉线将该电杆稳固,方可挖掘电杆基脚,严禁任何人立于电杆倒下的方向。在交通要道上进行换杆时,应选择人车来往稀少的时间进行。

(6)起立电杆时,基坑内不应有人停留。拆除撑杆及拉绳的作业,应在电杆基脚充分埋好夯实牢固后进行。

(7)登杆人员在登杆前,应对杆上情况和上杆后的作业顺序了解清楚,做好准备。

(8)登杆前,应检查所用的工器具,如踩板或脚扣、绳索、滑轮、紧线器、工具袋等紧固适用。安全带应完好可靠。

(9)外线电工应穿长袖长裤工作服,登杆前应将衣袖裤腿扣好扎紧。

(10)电杆根部腐朽或未夯埋牢固、电杆倾斜、拉线不妥时严禁登杆。

(11)登杆前应检查杆根埋土深浅,应无晃动现象;若有晃动,采取措施后方可登杆;登杆后,应拴好安全带方可开始作业。

(12)5 级以上大风、大雪、雷雨、大雾天气时严禁登杆作业；体力不佳、精神恍惚者严禁登杆作业。

(13)在地面作业的人员应戴安全帽，不应在杆下逗留。杆下人员应离开电杆 3 ~5 m。

(14)杆上作业人员应站在踩板、脚扣、固定牢固的踩脚木或牢固的杆构件上。严禁将安全带拴在横担上或瓷瓶柱上。

(15)在转角杆上作业时，应有防止电线滑出击伤的安全措施。

(16)杆上作业时，严禁上下抛丢任何工器具或材料，应用绳索系吊。

(17)杆上作业应带工具袋，暂时不用的工具和零星材料应放在工具袋内。

(18)上下电杆应使用专用登杆工具(如脚扣、踩板)，严禁攀缘拉线或抱杆滑下，不应用绳索代替安全带。

(19)冬季作业水泥杆上挂霜时，不应使用脚扣登杆。

(20)登杆带电作业，应经有关技术负责人批准后方可执行。

(21)登杆带电作业时，作业人员应穿束袖工作衣、长裤，穿绝缘鞋，戴安全帽，必要时加戴绝缘手套、护目镜。

(22)未受过单独带电作业训练的电工，严禁登杆进行带电作业。

(23)带电作业电工在登杆前，应详细了解作业性质、顺序、杆顶装置和电流方向，并应将上杆后的作业程序告诉监护人，征得其同意后，方可登杆。

(24)作业时，应以一线工作为原则，不应同时接触两线。

(25)杆顶同时有两个电工作业时，不应身体互相接触或直接传递工具、材料。

(26)在元件或线路较多的电杆上作业时，应先用橡皮布或其他绝缘物体，将电工可能接触的导线遮盖。

(27)不应直接割断带负荷的线路，因作业需要应割断时，应将割断处前后另用导线短接好后，方可割断。

(28)带电导线断开后，不应同时接触两端的线头。

(29)高空紧线时，操作人员应闪开紧线器，并将夹紧螺丝拧紧。

(30)高压线路未切断电源前不应登杆。

(31)高压线路登杆作业，当接到线路已经停电的命令后，登杆前应检查高压试电器安全可靠，并准备好接地线和绝缘手套。

(32)登杆到适当高处(安全距离)后，拴好安全带，进行下列作业后方可开始作业。

①验电：以高压试电器验证线路确无电压。当高压试电器接触不到时，可用令克棒试验，应无火花及放电声。

②放电：先将地线一端接于地线网上，再以地线另一端绕在绝缘棒上与高压线接触数次以消除静电。

③接地：将地线分别接于高压电线三相上。

(33)变(配)电站内，应在检修线路的高压断路开关上悬挂警示标志，必要时用安全锁或在站内接地。

(34)作业完毕合闸前，应确保一切器材、工具、人员全部撤离，线路上及站内接地线全部拆除。

三、维护电工

(1)作业人员应经过专业培训,并经考试合格取得特种作业人员操作证书后,方可上岗作业。

(2)作业人员应服装整齐,扎紧袖口,头戴安全帽,脚穿绝缘胶鞋,手戴干燥线手套,不应赤脚赤膊作业,不应戴金属丝的眼镜,不应用金属制的腰带和金属制的工具套。

(3)作业前,应检查安全防护用具,如试电器、绝缘手套、短路地线、绝缘靴等,并应符合规定。

(4)维护电工作业时,应由两人一起参加,其中一人操作,另一人监护。

(5)常用小工具(如验电笔、钳子、电工刀、螺丝刀、扳手等)应放置于电工专用工具袋中并经常检查,使用时应遵守下列规定:

①随身佩带,注意保护。

②按功能正确使用工具;钳子、扳手不应当榔头用。

③使用电工刀时,刀口不应对人;螺丝刀不应用铁柄的或穿心柄的。

④对工具的绝缘部分应经常进行检查,当有损伤,不能保证其绝缘性能时,不应用于带电操作,应及时修理或更换。

(6)使用梯子时,倾斜角应不小于20°,但也应不大于60°,底脚应有防滑设施;严禁两人同登一个梯子。

(7)工具袋应合适,背带应牢固,漏孔处应及时缝补好。

(8)使用人字梯时,夹角应保持在45°左右,梯脚应用软橡皮包住,两平梯间应用链子拉住。必要时派人扶住。

(9)室内修换灯头或开关时,应将电源断开,单极拉线开关应控制“火线”。若用螺口灯头,“火线”应接螺口灯头的中心。

(10)设备安装完毕,应对设备及接线仔细检查,确认无问题后方可合闸试运转。

(11)安装电动机时,应检查绝缘电阻合格,转动灵活,零部件齐全,同时应安装接地线。

(12)拖拉电缆应在停电情况下进行。

(13)进行停电作业时,应首先拉开刀闸开关,取走熔断器(管),挂上“有人作业,严禁合闸!”的警示标志,并留人监护。

(14)在有灰尘或潮湿低洼的地方敷设电线,应采用电缆,若用橡皮线则必须装于胶管中或铁管内。

(15)拆除不用的电气设备,不应放在露天或潮湿的地方,应拆洗干净入库保管,以保证绝缘良好。

(16)带熔断器的开关,其熔丝(片)应按负荷电流配装。更换后熔丝(片)的容量,不应过大或过小。更换低压刀闸开关上的熔丝(片),应先拉开闸刀。

(17)进户线或屋内电线穿墙时应用瓷管、塑料管。在干燥的地方或竹席墙处,可用胶皮管或缠4层以上胶布,且应与易燃物保持可靠的防火距离。

(18)敷设在电线管或木线槽内的电线,不应有接头。

(19)在经常移动和潮湿的地方(如廊道)使用的电灯软线应采用双芯橡皮绝缘或塑料绝缘软线,并应经常检查绝缘情况。

(20)临时炸药库、油库的电线,应用没有接头的电线,严禁把架空明线直接引进库房。库内不应装设开关或熔断丝等易发生火花的电气元件;库内照明应用防爆灯。

(21)熔丝或熔片不应削细削窄使用,也不应随意组合和多股使用,更不应使用铜(铝)导线代替熔丝或者熔片。

(22)操作刀闸开关及油开关时,应戴绝缘手套,并设专人监护。

(23)40 kW 以上电动机进行试运转时,应配有测量仪表和保护装置。一个电源开关不应同时试验两台以上的电气设备。

(24)电气设备试验时,应有接地。电气耐压作业时,应穿绝缘靴,戴绝缘手套,并设专人监护。

(25)试验电气设备或器具时,应设围栏并挂上"高压危险！止步!"的警示标志,并设专人看守。

(26)耐压结束,断开试验电源后,应先对地放电,然后方可拆除接线。

(27)准备试验的电气设备,在未做耐压试验前,应先用摇表测量绝缘电阻,绝缘电阻不合格者严禁试验。

(28)不应将易燃物和其他物品堆放在干燥室。

(29)施工机械设备的电气部分,应由专职电工维护管理,非电气作业人员不应任意拆、卸、装、修。

四、塔式起重机司机

(1)塔式起重机司机应经过专业培训,并经考试合格取得特种作业人员操作证书后,方可上岗操作。

(2)司机应年满 18 周岁,视力(包括矫正视力)在 1.0 以上,辨色能力、听力良好,身体健康,无心脏病、高血压和精神不正常等疾病,符合高处作业的身体条件。

(3)每个运行台班应配备专职司机。实习学员应在司机的监护下进行操作;监护时,司机不应从事其他的作业。

(4)司机应穿工作服,应将长发塞入工作帽内。

(5)新安装、搬迁或修复后投入运行前,应按规定进行该塔吊的负荷试验,应经有关部门检验合格后,方可正式使用。

(6)严禁进行斜吊、拉吊和起吊埋在地下或与地面冻结以及被其他重物卡压的物件。

(7)在气温低于 -15 ℃、雷雨、大雾和 6 级以上大风等恶劣天气时,严禁作业。大风时,起重臂应转至顺风方向,小车应移至安全位置,吊钩应升至极限位置,大车应锁紧夹轨器。

(8)司机酒后或非本机人员严禁登机操作。

(9)学员不应擅自进行设备调整工作。

(10)机上严禁明火取暖、严禁吸烟。废油及擦拭材料不应乱泼乱扔。

(11)机上应配备相应灭火器,并放置于明显、易于摘取的位置。当电气装置失火时,应立即切断电源,用灭火器进行灭火。

(12)电气部分发生故障,应由专职电工进行检修。各种保险元件的额定容量不应超过规定。

(13)司机应做到"十不吊",即在有下列情况之一发生时,操作人员应拒绝吊运:

①捆绑不牢、不稳的货物。
②吊运物品上有人。
③起吊作业需要超过起重机的规定范围。
④斜拉重物。
⑤物体重量不明或被埋压。
⑥吊物下方有人。
⑦指挥信号不明或没有统一指挥。
⑧作业场所不安全,可能触及输电线路、建筑物或其他物体。
⑨吊运易燃易爆品没有安全措施。
⑩起吊重要大件或采用双机抬吊,没有安全措施,未经批准。
(14)司机在操作中遇下列情况应鸣铃:
①起升、落下物件,开动大小车时。
②起吊物件从视界不清处通过时,应连续鸣铃。
③门机在同一层或另一层接近跨内另一台门机时。
④吊运货物接近人时。
⑤在其他紧急情况时。

五、轮胎式起重机司机

(1)操作人员属特种作业人员,应进行安全知识和操作技能培训,经理论、实际操作考试合格,持证上岗。起重机司机应取得公安机关颁发的“机动车驾驶证”后方可进行道路驾驶。

(2)操作人员应身体健康,年满 18 周岁,无色盲,视力良好,身体健康,无精神病、高血压、心脏病、痫症、视力听力不正常等病史。

(3)每台起重机应配备专职司机。

(4)操作人员应穿戴整齐,应将长发塞入帽内。

(5)严禁酒后操作。与本机无关人员严禁上机。

(6)应保持起重机内外零部件完整,若有丢损,应及时补齐、修复。

(7)起重机上配备的变幅指示器、重量限制器及各种行程限位开关等安全保护装置,不应拆封,要求保证动作灵敏可靠,不应以安全装置代替操作机构进行停机。

(8)起重机吊有重物时,司机不应离开操作室;作业时,司机不应从事与操作无关的事情。

(9)夜间作业时,机上及作业地点应有足够的照明。

(10)遇 6 级以上大风或雷雨、大雾时,应停止作业。

(11)汽车式、轮胎式起重机在公路上行驶时,应执行汽车安全技术操作规程和道路交通管理部门的有关规定。

(12)起重机上应设置足够的消防器材,并布置于易于摘取的明显部位,操作人员都应掌握其使用方法,并应定期检查,更换过期剂料。

(13)用汽油、酒精清洗机件时,严禁烟火,清洗完毕后,应及时处理干净。擦拭后的破布、棉纱等不应乱放,废油不应乱泼,应集中妥善保管并处理。

(14)启动前应检查冷却水、润滑油、燃油、液压油充足,各轮胎气压达到规定标准,各连接部位的螺栓应牢固可靠。

(15)拉紧手制动器,将变速杆、取力器(PTO 杆)都置于空挡位置,踩下离合器踏板,并适度踏下加速踏板,连通启动开关,进行启动。每次启动时间不得超过 10 s,一次启动未成,约停 30 s 后,方可再次启动。如果 3 次均未成功启动,则应检查原因,并排除故障。

(16)低温启动时,应使用预热装置,用启动机驱动发动机空转几转后,方可给油启动。无论在任何情况下,都不得用明火烤油底壳。

(17)发动机启动后,应缓慢放松离合器踏板,观察各仪表的指针是否正常,机电压力应达到本机要求的压力。怠速运转 3 ~5 min,使发动机水温上升到 50 ~60 ℃(正常工作水温 75 ~90 ℃),然后经中、高速运转,观察发动机应无异声、焦臭气味,应无漏油、漏水、漏气等现象。在机油压力和水温未达到规定要求的最低标准之前,不应高速运转。无论何时,发动机都不应在无负荷的情况下长时间高速运转。

(18)轮胎式起重机司机应做到"十不吊"。

(19)作业前的准备应符合下列要求:

①应熟悉所使用的起重机的主要技术参数,掌握起重机特性曲线的使用方法,根据特性曲线允许的工作范围来起吊物品,根据现场条件(物品重量、作业半径、起升高度)选择滑轮组倍率,起重臂长及仰角。

②作业前,应检查起重机各部位的安全装置灵敏、齐全、可靠,未经允许不应任意拆除或调整安全装置。

③各操纵杆应置于空挡位置,并锁住制动器踏板。

④发动机应在中速下接合输出动力,使液压油及各齿轮箱的润滑油预热 15 ~20 min,寒冷季节可适当延长预热时间。

⑤起重机进入现场应检查作业区域周围的环境条件,起重机应在平坦坚实的基础上放支腿作业,并应全部伸出水平支腿,严禁在未伸出状态下从事起吊作业。支腿不应支撑在有暗沟涵洞及地下不明构筑物上面和松软泥土地面。

⑥汽车式起重机支腿时应使机身处于水平状态,轮胎不可接触地面。放支腿时,应先放后支腿,后放前支腿;收支腿时,应先收前支腿,后收后支腿。

⑦作业时,不应扳动支腿操作机构。当需调整支腿时,应将重物放至地面,臂杆转至正前方或正后方,再进行调整。

(20)主臂操作应符合下列要求:

①变幅应平稳,严禁猛然起落臂杆。

②作业时,臂杆可变倾角不应超过制造厂规定;当制造厂无规定时,最大倾角不应超过 78°。

③作业时,不应在起吊负荷时进行伸缩臂作业(除厂家另有规定外)。

④变幅角度或回转半径应与起重量相适应。

⑤回转前应观察周围情况,回转前方和吊车尾部不应有人和障碍物。

⑥应在被吊物体停止晃动后,方可改变转向。当不再做回转时,应锁紧回转制动器。

⑦起吊作业应在起重机的侧向和后向进行,向前回转时,臂杆中心线不应越过前支腿中心。

⑧臂杆向外伸时,第二、第三节应同步,若其中一节发生迟缓现象,应给予调整。第四节臂杆只有在第二、第三节全部伸出后才允许伸到需要的长度。

⑨臂杆向外延伸时,应充分下降吊钩。

⑩臂杆向外延伸,当限制器发生报警时,应立即停止,不应强行继续外伸。

⑪当臂杆外伸或降到最大作业位置时,应防止超负荷。

⑫在缩回时,臂杆的仰角不得太小,应先缩回第四节,然后将第二、第三节缩回。

(21)副杆延伸与收存应符合下列要求:

①延伸副杆时,工作范围内应无任何障碍物。

②延伸或收副杆时,各支腿应完全伸出。

③副杆需外伸时,应将第一节臂杆稍低于水平,插入副杆根部与第四节相连的旋转轴销后,取出与第一节相连的拴挂轴销,由人工旋转副杆与第四节相对接并插入另一侧连接的固定销。

④收存时,应根据指挥信号拆卸或存放副吊钩。在操作中,力矩限制器可能会使起重机停止动作。此时,应操作力矩限制器释放扭矩,以便收存工作继续进行。

⑤收存时应特别注意不可将钢丝绳绞得太紧。

(22)提升和降落应符合下列要求:

①起吊前,应根据该起重机特性曲线表来确定臂杆长度、臂杆倾角、回转半径及允许负荷间的相互关系,每一数据都应在规定的范围以内。

②应定期检查起吊钢丝绳及吊钩的完好情况,保证有足够的强度。

③起吊前,检查力矩限制器、上升极限位置限制器、过卷扬警报器、断路装置、幅度指示器等应灵敏可靠。

④为防止作业时离合器突然脱开,应将离合器操纵杆加以锁紧。

⑤正式起吊时,应先将重物吊离地面 20～30 cm,然后停机检查重物绑扎的牢固性和平稳性、制动的可靠性、起重机的稳定性,确认正常后,方可继续操作。

⑥作业中若突然发生故障,应立即卸载,停止作业,进行检查和修理。严禁在作业时,对运转部位进行修理、调整、保养等工作。

⑦当重物悬在空中时,司机不应离开操作室。

⑧起吊钢丝绳从卷筒上放出时,剩余量不应少于 3 圈。

(23)应避免双机抬吊。确因工作需要双机抬吊时,应编制相应的安全作业指导书和施工实施方案,并且两机性能应相同,负荷分配均匀,荷重不应超过两机总起重量的 75%,单机所分担的负荷不应超过该机额定重量的 80%。起吊时动作应一致,服从统一指挥,严禁回转臂杆。

(24)行驶前,应先将稳定器上的调整螺丝松开,收回支腿,插好销轴。

(25)行驶前,应将起重机回转制动器锁住,各操纵杆放在中间位置,关闭上盘操作室车门。

(26)行驶前,应用钢索将吊钩拉挂在保险杠拉钩上,但应保持一定的松动量,不应过紧。

(27)行驶时起重机架上严禁乘人。

(28)应注意行驶路线上的驾空电线、桥梁与涵洞的高度和允许载重吨位,不得冒险通过。

(29)行驶时,制动气压应大于490 kPa。

(30)起重机收班时应停在指定的停车库房(场)位置。路途应停靠在安全平坦、不妨碍交通的地方或指定的停车位置,应拉紧手刹车,挂入低速挡。在坡道停车,车头向上坡时应挂1挡,车头向下坡时应挂倒挡,并用三角木把车轮塞死。

(31)停车时应低速运转几分钟后再熄火,寒冷季节应放净未加防冻液的冷却水。

(32)作业终了停车,应按规定进行保养。

(33)应根据气温变化情况,选用合适的液压油、润滑油(脂)和燃油。

(34)液压油、润滑油(脂)和燃油应十分清洁。添加时,加油口应擦净,加油口有滤网时,不应取下滤网加油。

(35)应减少液压系统的拆卸工作。

(36)燃油箱应在每日作业终了后加满。

(37)放泄液压油和润滑油,应在作业终了,油温尚未完全冷却以前进行。

(38)检查加注油时,均应将起重机停在平坦的地方进行。

(39)冷却水应用洁净的软水。加入冷却水时应先加入总量的80%,然后启动发动机,待冷却水温暖后,再加注满。

(40)放泄冷却水,应待水温降到60 ℃以下进行。

(41)寒冷季节,冷却水渗入防冻液的比例,应依据所在地区最低气温再降10 ℃的温度来决定。

(42)发动机在更换冷却水、油料和附件后,应先空转5~10 min,排除回路中气体,经检查后再补充油、水。

(43)蓄电池的电解液的比重应依据不同气温进行调整,添加蒸馏水应在当班作业前进行。

(44)对传动部分进行保养时,应切断动力。

(45)应检查钢丝绳断丝根数、磨损量或其他损坏是否达到或超过报废标准,卷筒上应无窜槽或叠压现象,固定位置应牢固可靠。

(46)日常保养工作,应按各保修工作中的例保项目执行。

六、信号工

(1)指挥人员应由技术熟练、懂得起重机械性能的人员担任;指挥人员应佩戴鲜明的标志,如标有"指挥"字样的臂章、特殊颜色的安全帽、工作服等。

(2)对起重机司机和指挥人员,必须由有关部门进行标准的安全技术培训;经考试合格,取得合格证后方能操作指挥。

(3)指挥时应站在能够照顾到全面工作的地点,所发信号应事先统一,并做到准确、洪亮和清楚。指挥信号要事先向起重机司机交代清楚,若遇操作过程中看不清指挥信号,应设中转助手,准确传递信号;当发现错误信号时,应立即发出停止信号。

(4)指挥人员使用手势信号以本人的手心、手指或手臂表示吊钩、吊臂和机械移动的运动方向;指挥手势要清晰,信号要明确,不准戴手套指挥。

(5)司机必须听从指挥人员指挥,当指挥信号不明时,司机应发出"重复"信号询问,明确指挥意图后，方可开车。

(6)起吊物件时，应先检查捆缚是否牢固，绳索经过有棱角、缺口处应设衬垫，吊位重心要准确，不许物件在受力后产生扭曲、沉斜等现象。

(7)在所吊物件就位固定前，起重机司机不得离开工作岗位，不准在索具受力或起吊物悬空的情况下中断工作。

(8)在开始起吊负载时，应先用“微动”信号指挥，待负载离开地面 100 ~ 200 mm 稳妥后，再用正常速度指挥；必要时在负载降落前，也应使用“微动”信号指挥。

(9)指挥人员应站在司机能看清信号的位置上，当跟随负载运行指挥时，应随时指挥负载避开人员和障碍物。

(10)当起重机司机因物件超重拒绝起吊时，指挥人员应采取措施，设法减轻起重机超重负荷，严禁强化指挥起重机超负荷作业。

(11)负载降落前，指挥人员必须确认降落的安全区域，方可发出降落信号。

七、司索工

(1)对使用的吊索、吊链、卡扣等工器具进行检查，合格后方可使用。

(2)应按照施工技术措施规定的吊点、吊运方案司索。

(3)严禁人员乘坐吊车、吊钩进行升降。

(4)严禁对埋在地下的重物司索、起吊。

(5)在吊运零碎散件物品时，应使用吊筐，不应使用无栏杆的平板散装。

(6)捆绑边、棱、角锋利的物体，应用软物包垫。

(7)严禁将锚固在地上的附着物和其他杂物与重物捆绑在一起。

(8)重物应绑扎牢固，吊索夹角不应大于 60°。

(9)吊钩应在重物的重心线上，严禁在倾斜状态下拖拉重物。

(10)起吊大件或体形不规则的重物时，应在重物上拴牵引绳。

(11)起吊重物离地面 10 cm 时，应停机检查绳扣、吊具和绑扎的可靠性，确认无问题后，方可继续起吊。

(12)重物吊至指定位置后，应放置平稳，确认无误后，方可松钩解索。

八、卷扬机工

(1)作业前，应检查：卷扬系统中的钢丝绳两端固定接头连接牢固；制动装置、离合器、保险轮和滑轮、限位装置、转向滑轮、地锚等应灵活可靠；钢丝绳损伤、保养状况。

(2)操作时，司机应集中精力，注意指挥人员所发出的信号，不应与他人交谈。

(3)严禁卷扬机超过额定功率进行作业，卷扬机启动或停止时，速度应逐渐增大或减小。

(4)钢丝绳在卷筒上应排列整齐，作业中卷出时不应全部放完，在卷筒上至少应保留 3 圈。收绕钢丝绳时严禁用手引导。

(5)钢丝绳应经常观察检查，不应有结节、扭拱现象。

(6)电动卷扬机在工作中应经常注意电动机的温度，如发现超过 60 ℃，应停车检修。

(7)严禁任何人跨越正在工作的卷扬钢丝绳，施工现场运送人员的卷扬设备和装置应符合《水电水利工程施工安全防护设施技术规范》（DL 5162—2013）第10.5节的规定。

（8）制动带不应受潮和沾染油污，当因打滑制动失灵时，应立即停止工作，进行清洗和调整。

（9）卷扬机在运转时不应进行任何修理、调整或保养清洁工作。

（10）作业时司机不应擅自离开卷扬机，需离开时应经现场施工主管人员同意，并指派有操作资质证书的人员现场接替后方可离开。

（11）卷扬机、卷扬塔四周应用围栏围住，严禁无关人员进入工作区域内。

（12）电动卷扬机在工作中，当遇停电或检查保养时，应将操作手柄置于停止位置上，并立即将电源开关切断。

（13）在吊运零碎散件物品时，应使用吊筐，不应使用无栏杆的平板散装。

（14）司机应按指挥人员的信号进行操作，当指挥人员所发信号不够清楚或察觉有安全隐患时，司机可拒绝执行，并通知指挥人员。

（15）司机对任何人发出的危险信号均应听从。

（16）重物提升过程中，需在空中停留时，除制动器制动外，应使用棘轮保险。

（17）工作停工后应切断电源，锁上开关箱。

（18）工作完毕或中间休息时，重物应停放在地面，不应悬在空中。

九、潜孔钻司机

（1）潜孔钻司机应经过专业技术培训，经考试合格，持证后方可单独操作。

（2）钻机的工作地面应平坦，当在倾斜地面作业时，履带板下方应用楔形块塞紧。严禁在斜坡上横向钻孔作业。

（3）开机前应充分做好下列各项准备工作：

①应对钻机的滑架滑板、连接螺丝、拉杆连接、回转机构、齿轮传动、轴承压盖、空心主轴、提升推进机构、钢丝绳、制动器、离合器、行走机构、传动皮带、链条、履带板、钻杆接头、冲击器、钻头、除尘装置、电缆及其他电气元部件等部位的操作机构进行全面仔细的检查。使操作系统灵敏、完好，运转系统牢固可靠、工作有效。

②润滑部位应加注润滑油（脂）。

③接通电源，电压变动范围应不超过额定值的 $-5\% \sim +10\%$。

④接好风管，风压应满足设备操作规定。

⑤进行湿式作业时，应接好水管，其压力应大于或等于风压。管路无渗漏现象。

⑥安全用具、工具、易损部件和辅助材料应准备齐全。

（4）凿岩作业时，应先开动吸尘机。随时观察冲击器的声响及机械运转情况，若发现异常，应立即停机检查，并排除故障。

（5）开钻时，应有充足的水量，减少粉尘飞扬和对环境的污染。作业中，应随时观察排粉情况，尤其是向下钻孔时，应加强吹洗，必要时应提钻强吹。有收尘装置的集尘袋应及时清理，破损时应更新。作业人员应该佩戴口罩、面罩等劳保防护用具。

（6）钻进中，不应反转电动机或回转减速器，应避免钻杆突然脱扣。

（7）应经常注意调整推进机构钢丝绳的松紧程度，排列整齐，无挤压现象，绳头牢固。注意检查提升滑轮组和提升推进器上、下行程开关工作的可靠程度。滑架摆动严重时，应减小轴压。

(8)应经常检查风水管接头,接头应坚固可靠,无跑风、漏水现象。当风压低于 392 kPa 时,应停止钻孔。

(9)夜间作业中,若发生照明故障,应立即停机,并切断工作电源,待修复后方可继续工作。

(10)孔口有人作业时,严禁向冲击器送风。拆装钻头时,应关闭回转,提升机构。

(11)对传动部位的清扫、注油修理等工作,都应在停机的状态下才能进行。

(12)爆破时应将设备撤退到指定的安全地点避炮,必要时加以遮盖进行防护。爆破后应及时对设备进行全面检查。

(13)钻机行走应符合下列规定:

①行走机构各部传动应灵活可靠,履带板、履带销应连接完好。

②查看供电线路,及时排除故障,路面宽度不应小于 3.5 m,弯道半径不应小于 4 m。最大爬行坡度不应超过 15°。

③行走距离超过 300 m 或横跨道路上空的障碍物有碍通行时,应放平滑架和钻臂,保持机体平稳。

④在未放平滑架而做较长距离行走时,应拆掉风管、水管,接通行走电机电源。钻头球面离地不小于 30 cm,冲击器应用卡瓦固持。

⑤行走时应由专人指挥,做好上下联络,车后人员应拉好电缆和风、水管路。

⑥转向时,不应急转向,尤其在松软路面做大角度转向时,应事先铺垫木板;遇转向困难时,不应强行转弯。

(14)严禁乘坐回转机构上下滑架。遇到 6 级以上大风时,不应上滑架。

(15)不应将钻机电缆敷设在水中或在金属管道上通过。当钻机整机移位时,随机移动的电缆确需穿越车行过道的,应将电缆穿套绝缘皮套管后嵌入槽沟内进行保护。

十、钻探灌浆工

(1)拆、装钻架时应分工明确,应由专人指挥。

(2)安装钻架前应对架腿、滑轮、钢丝绳等进行检查,架腿、滑轮、钢丝绳等应符合安全要求;上架时,作业人员不应穿容易滑跌的硬底鞋,应系好安全带。工具、螺丝等应放在工具袋中。

(3)拆、装钻架时,严禁架上、架下同时作业,钻架及所有机械设备的各部位螺丝应上紧,铁线、绳子应捆绑结实。

(4)机械传动的皮带或链条应配备防护罩,机械的安装应平稳可靠。

(5)钻架整体移动时,移动前应清除移动范围内的障碍物,用人抬起钻架时,离地面不应超过 30 cm。应做到同起同落。

(6)开动钻机时应对各机件进行检查,各机件的状态应正常,离合器应灵敏可靠;在确认机器转动部位无人靠近后,方可开机。

(7)操作离合器应平稳,严禁离合器处于似离不离的状态。

(8)钻机需要变速时,应先确认机械正常运转,再拉开离合器,切断动力再变速。

(9)机械转动时不应拆装零件和擦洗运转着的部位。

(10)对机械各部位应经常检查,发现异常现象应及时采取措施处理。

(11)升降钻具、灌浆机具过程中应符合下列要求:

①钻具升降过程中,操作人员应注意天车、卷扬和孔口部位。

②提升的最大高度,以提引器距天车不应小于1 m为准;遇特殊情况时,应采取可靠安全措施。

③操作卷扬机,不应猛刹猛放;任何情况下都不应用手或脚直接触动钢丝绳,当缠绕不规则时,可用木棒拨动。

④孔口操作人员,应站在钻具起落范围以外,以防摘挂提引器时回绳碰打。

⑤起放各种钻具,手指不应伸入下管口提拉,不应用手去试探岩芯,应用一根有足够拉力的麻绳将钻具拉开。

⑥孔口人员抽插垫叉时,不应手扶垫叉底面,跑钻时严禁抢插垫叉。

(12)灌浆作业应符合下列要求:

①灌浆前,应对机械、管路系统进行认真检查;检查栓塞卡,其位置应正确,应卡牢,管路连接应可靠。

②高压调节阀应设置防护设施。

③处理搅浆机机内故障时,传动皮带应卸下。

④灌浆中应由专人控制高压阀门并监视压力指针摆动。

⑤在运转中,安全阀应确保在规定压力时动作;经校正后不应随意调节。

⑥对曲轴箱和缸体进行检修时,不应一手伸进试探,另一手同时转动工作轴,更不得两人同时进行操作。

十一、支模工

(1)用手锯锯开小木料时,应用脚踏牢木料的一端,当锯近末端时应轻拉。

(2)凿眼时,凿把不应过度倾斜,凿柄和木料之间的角度不应太大。

(3)斧头劈削木料时,应防止木料上硬节弹出。

(4)使用斧头或铁锤时应检查木柄,木柄应牢固装紧。

(5)有钉子的木板,应将钉子砸弯或拔出。

(6)工作室内严禁吸烟。

(7)操作电刨、电锯等电动机具前,应先对绝缘进行检查,绝缘应良好,防护装置应齐备、有效,机件连接应牢固可靠,冷却水管应通畅。应经检查试车合格后,方可正式操作。

(8)使用电刨、电锯等电动木工机具时应遵守电动机具的安全操作规定。

(9)模板及材料运输应符合下列要求:

①搬运前,应根据实际情况选择合适的交通路线,并检查沿路路况,沿路应无障碍物。

②搬运模板及模板构件,应放在指定的地点并码放整齐,在脚手架上放料应均匀摆开,且不应超过负荷。

③使用平(拖)车搬运大(特种定型)模板时,应对模板进行可靠的固定,若有“三超”,应事先检查交通线路,做好沿线的安全工作。

(10)模板安装应符合下列要求:

①作业前应检查模板、支撑等构件,模板、支撑等构件应符合安全要求,钢模板应无严重

锈蚀和变形，木模板及支撑材质应合格。

②模板工程作业高度在 2 m 及以上时应设置安全防护设施，高空作业应挂好安全带。

③登高作业应遵守《水利水电工程施工通用安全技术规程》(SL 398—2007)的有关规定。

④支模应按工序进行，模板没有固定前，不应进行下一道工序。

⑤作业时，木工工具应放在工具袋或工具套中，上下传递时应用绳子吊送，不应抛掷。

⑥起吊模板前，应检查模板结构，模板结构应牢固。起吊时，应由专人指挥。

⑦严禁在悬吊式模板和高空独木上行走；不应在模板拉杆和支撑上攀爬。

⑧应使用合格的材料。顶撑应垂直，底端应平整坚实，并加垫木。木楔应钉牢，模板应用横顺拉杆和剪刀撑固定。

⑨基础及地下工程模板安装时，应检查基坑边坡的稳定情况，应无裂缝或塌方的危险，基坑上口边沿 1 m 以内不得堆放模板及材料；向槽(坑)内运送模板等构件时，严禁抛掷。使用起重机械运送时，起重构件下方不得站人。上下平台应设梯子，模板材料应平放，不应靠立在槽(坑)边上，分段支模时，应随时加固。

⑩模板的立柱顶撑应设牢固的拉杆，应与牢靠的临时物件相连接，模板安装过程中不应间歇，柱头、搭头、立柱顶撑、拉杆等应安装牢固成整体后，作业人员才可离开。

⑪立柱支模，每根立柱接头以及斜拉杆及水平拉杆的接头不应超过两个。采用双层支柱时，应先将下层固定后再支上层，上下应垂直对正，并加斜撑。

⑫支立柱子模板，应随立随用，双面斜撑固定；组装立柱模板时，四周应设牢固支撑，若柱模在 6 m 以上，应将几个柱模连成整体；支设独立梁模应搭设临时操作平台，不应站在柱模上操作和在主梁底模上行走和立侧模。

⑬支立圈梁、阳台、挑檐、雨罩模板时，其支柱斜撑均应支实，拉杆应牢固，应设立脚手架和作业平台，操作人员应挂牢安全带。

⑭楼板顶留孔洞应加盖板，或挂安全网，并设警示标志。

⑮使用桁架支模和吊模时应严格检查，发现严重变形、螺栓松动等应及时修复。

(11)模板拆除应符合下列要求：

①模板的拆除，应按分段分层从一端退拆。

②模板拆除时，应先拆非承重模板，后拆承重的模板及支撑；在拆除小钢模板组成的顶板模板时不应将支柱全部拆除后，一次性拉拽拆除。已拆活动的模板应一次性连续拆完，方可停歇，完工前，不应留下松动和悬挂的模板。

③拆支柱时应先拆板柱，后拆梁的支柱。拆除时不得硬撬、硬砸，不应采用大面积同时撬落。

④拆模作业时，应设警戒区，严禁下方有人进入。拆模作业人员应站在平稳牢固的地方，保持自身平衡，不应猛撬。

⑤拆除梁、桁架等预制构件模板时，应随拆随加顶撑支牢。

⑥拆下的模板应用溜槽或拉绳徐徐溜放，并及时清理。

⑦吊运大型整体模板时，应拴结牢固，且吊点平衡，吊装、运输大型模板时，应用卡环连接，就位后应拉接牢固稳定可靠后，方可拆除吊环。

⑧拆电梯井及大型孔洞模板时，下层应设置安全网等防坠落措施，并设警戒人员。

⑨大模板拆除时应遵守《水利水电工程土建施工安全技术规程》(SL 399—2007)第6.2.3条的有关规定。

十二、混凝土工(含清基工)

(1)混凝土工进仓操作时,应戴安全帽,穿胶靴并使用必要防护用品。

(2)高处作业时,首先检查脚手架、马道平台、栏杆应安全可靠。铺设的脚手板应固定,不应悬空探头。

(3)手推车向料斗倒料时,应有挡车措施,不应用力过猛和撒把。

(4)用井架运输时,小车把不应伸出笼外,车轮前后应挡牢,稳起稳落。

(5)下料口应钉挡板,根据实际情况架设护身栏杆。

(6)机动自卸斗车,作业前先检查斗车装置应完好,刹车应灵活可靠,斗车应清扫干净。

(7)电瓶机车拖拉斗车运行中,应服从统一指挥、统一信号,跟车人员严禁站在两斗车之间。

(8)在卸混凝土料前,应将斗车刹住,脚应站稳,两手握紧车斗倒料。

(9)每班工作结束时,使用的斗车应全部洗刷干净。

(10)使用卷扬机运输混凝土时,卷扬机道应由专人负责斗车挂钩及指挥信号工作。严防跑车伤人。

(11)料斗垂直提升混凝土时,卸料人员的操作部位应搭设工作平台,周围应设护身栏杆,操作时不应站在溜槽帮上。使用拦载料斗的顶棍,应准确地顶在料斗边的中间。

(12)多层垂直运输,应装设灯、铃等联系信号。料斗运行时,不应向井筒内伸头看望或伸手招呼。

(13)使用溜槽、溜筒,应连接牢固,操作平台应有防护栏杆,不应站在溜槽、溜筒边上操作。溜槽、溜筒、出料口处不应站人。

(14)指挥机动自卸斗车、混凝土搅拌车就位卸料时,指挥人员应站在车辆的后侧面指挥,不应直接站在车辆后面。

(15)用混凝土泵输送混凝土时,管道接头应完好,管道的脚手架应牢固,且不应直接与钢筋或模板相连。

(16)使用立式、卧式吊罐,应在两只吊耳完全挂妥,卸料口关闭后才能起吊。

(17)卸料应规定联系信号和方式,吊罐下方严禁站人,吊罐就位时,不应用手或绳硬拉。

(18)混凝土工除应遵守本规定外,还应遵守《水利水电工程土建施工安全技术规程》(SL 399—2007)第6.5节的有关规定。

(19)平仓振捣应符合下列要求:

①人工平仓时,作业人员动作应协调一致,使用的铁锹和拉绳应牢固。

②机械平仓时,操作人员应经专业培训合格后上岗作业,作业前应检查设备,确认完好后作业。平仓时应安排专人指挥和监护,与模板应保持相应的安全距离。

③浇筑较高或特殊仓面时,不应随意更改和调整拉杆及支撑的位置。

④浇筑无板框架结构梁柱混凝土时,应搭设临时脚手架、作业平台,并设防护栏杆,不应站在模板上或支撑上操作。

⑤浇筑梁板时，应搭设临时浇筑平台，不应乱踩钢筋，并防止钢筋钩挂住拌倒。

⑥浇筑圈梁、挑檐、阳台、雨罩等混凝土时，外部应设安全网或其他防护措施。

⑦浇筑拱形结构，应自两边拱脚处对称下料振捣。

⑧凡现支模板浇筑混凝土时，应派专人监看承重支撑杆件，发现异常时，应立即停止浇筑，撤离人员，采取措施处理。

(20)振动器的使用应符合下列要求：

①电动插入式振动器使用应符合下列要求：

A. 操作人员应经过必要的用电安全教育，作业人员应穿绝缘鞋(胶鞋)，戴绝缘手套。

B. 使用振动器前，应经电工检验确认安全后方可使用，开关箱内应装设触漏电保护器，插座插头应完好无损，电源线不应破皮漏电。

C. 电缆线应满足操作所需的长度，电缆线上不应堆压物品和让车辆碾轧，不应用电缆线拖拉或吊挂振动器。

D. 使用前应检查各部并确认连接牢固，旋转方向正确。

E. 振动器不应在初凝的混凝土、地板、脚手架和干硬的地面上进行试振。在检修或作业间断时应断开电源。

F. 作业时，振动棒软管的弯曲半径不应小于 50 cm，操作时，应将振动棒垂直地沉入混凝土，不应用力硬插、斜推或让钢筋夹住棒头，也不应全部插入混凝土中，插入深度不应超过棒长的 3/4，不宜触及钢筋、芯管、预埋件和模板。

G. 振动棒软管不出现断裂，当软管使用过久、长度增长时，应及时修复或更换。

H. 作业停止需移动振动器时，应先关闭电动机，再切断电源，不应用软管拖拉电机。

I. 作业完毕应将电机(含变频机组)软管振动棒清理干净，并应按规定要求进行保养作业。振动器存放时不应堆压，软管应平直放好，并应对电机(含变频机组)采取防潮措施。

②风动插入式振捣器应符合下列要求：

A. 使用风动振捣器前，应先检查风管及接头，风管接头应牢固，风管本身应无破损，若有问题应及时处理；风管中的水分，应事先吹净；风压应满足要求。

B. 接上振捣器，应拧紧丝套，再将开关慢慢打开，使振捣器转动起来。振捣器使用间断时，应及时关上风门。

C. 使用振捣器时，振捣棒不得插入过深，应防止振捣器与岩石、钢筋、模板、预埋件等碰撞。

③附着式、平板式振动器应符合下列要求：

A. 附着式、平板式振动器轴承不应承受轴向力，在使用时电动机应保持水平状态。

B. 在一个模板上同时使用多个附着式振动器时，各振动器的频率应保持一致，相对面的振动器应错开安装。

C. 安装时，振动器底板安装螺孔的位置应准确，应防止底脚螺栓安装扭斜而使机壳受损，地脚螺栓应紧固，各螺栓孔的紧固程度应一致。

D. 作业前，应对附着式振动器进行检查和试振，试振不应在干硬或硬质物体上进行。

E. 使用时，引出电缆线不应拉得过紧，更不应断裂。作业时应随时观察电气设备的漏电保护器和接地或接零装置并确认合格。

F. 附着式振动器安装在混凝土模板上时，每次振动时间不应超过 1 min，当混凝土在模内泛浆流动或呈水平状即可停振，不应在混凝土初凝状态时再振。

G. 装置振动器的构件模板应坚固牢靠，其面积应与振动器额定振动面积相适应。

H. 平板式振动器作业时，应使平板与混凝土保持接触，使振波有效地振实混凝土，待表面泛浆，不再下沉后，即可缓慢向前移动，移动速度应能保证混凝土振实出浆。在振的振动器，不应搁置在已凝或初凝的混凝土上。

（21）凿毛清理养护应符合下列要求：

①混凝土手工凿毛，应先检查锤头柄安装牢固可靠，作业人员应戴防护眼镜。

②在较高垂直面上凿毛时，应搭设脚手架和马道板，并拴好安全带；严禁站在预埋件上作业，垂直面凿毛时，作业面不得重叠。

③风镐凿毛作业时，应遵守风镐的安全操作规程。

④采用混凝土表面处理剂处理毛面时，作业人员应穿戴好工作服、口罩、乳胶手套和防护眼镜，并用低压水冲洗毛面。

⑤在高处作业时，使用工具应放到工具袋内。作业人员应做到双保险并派专人监护。

⑥用风枪清理混凝土面时，应一人握紧风枪一人辅助，不应单人操作；作业人员应穿戴工作服、口罩和防护眼镜。在风枪作业范围内，不应有与本作业无关人员。风枪口不应正对人。

⑦冲毛机冲毛和清理仓面作业时，应遵守冲毛机的安全操作规程。

⑧使用覆盖物养护混凝土时，对所有的沟、孔、井等应按规定设牢固盖板或围栏，并设警示标志，不应随便挪动。

⑨电热法养护作业时，应设警示标志、围栏，无关人员不应进入养护区域。

⑩用软管洒水养护时，应将水管接头连接牢固，移动水管不应猛拽，不应边倒退行走边拉移皮管。电气设备应做防护，不应将养护用水喷洒到电闸、灯泡等电气设备上。

⑪蒸汽养护时，作业人员应注意脚下孔洞、磕绊物和防止烫伤。

⑫喷涂化学养护剂养护作业时，喷涂人员应穿戴好工作服、口罩、乳胶手套和防护眼镜。

⑬覆盖物养护材料使用完毕后，应及时清理并存放到指定地点，码放整齐。

（22）料台配料应符合下列要求：

①作业前，应检查所使用的工具牢固可靠。

②作业前应校正磅秤，根据混凝土配料单定好磅秤。

③使用机械推送砂石料时，应由专人指挥，卸料口应设相应的挡坎或警戒线。

④料堆上不得站人。

⑤地弄、料口、料斗、磅秤等发生故障时，应立即停止作业进行处理。

⑥料口、称料口下料应匀速，非作业人员不应停留。

⑦带式输送机运料作业时，应遵守带式输送机运行安全操作规程，并应经常清扫撒落的砂石料。

⑧应定期检查地垄、拌和机台架等建筑的结构稳定情况，发现问题及时处理。

（23）混凝土搅拌应符合下列要求：

①拌和机工应经过专业培训，并经考试合格后方可上岗操作。

②拌和机安装应牢固，机身应平稳，确保安全才可使用。

③拌和机的齿轮及皮带盘等传动部分，应设置防护罩，电动机应接地良好。

④作业前，应进行空车运转，检查拌和机的运转方向和各部件工作应正常，检查操作部分应灵活，并应加清水使拌和筒内壁湿润。

⑤作业前，应检查传动离合器、制动器、气泵等灵活可靠，钢丝绳应无断丝受损。

⑥在机械运转中，严禁用铁锹、木棒等物伸入拌和机内。

⑦拌和机的运转部分，应定期加润滑油进行保养。

⑧应经常检查拌和机的运行转数，其转数应和规定的转数一致。

⑨每次拌和量不应超过机械铭牌规定的允许范围。

⑩作业结束后，应对拌和机进行清洗，然后切断电源。

⑪混凝土施工所产生的废水排放，固体废弃物的收集、临时存放、处置等应符合环境保护的要求。

十三、钢筋工

(1)钢筋机械调直应符合下列要求：

①操作人员应熟悉钢筋调直机的构造、性能、操作和保养方法。

②作业前应检查主要结合部分的牢固性和转动部分的润滑情况，机械上不应有其他物件和工具。

③料架、料槽应安装平直，应对准导向筒、调直筒和下切刀的中心线。

④应用手转动飞轮，检查传动机构和工作装置，调整间隙，紧固螺栓，确认正常后，启动空运转，并应检查轴承无异响，齿轮啮合良好，运转正常后方可作业。

⑤应按调直钢筋的直径，选用适当的调直块及传动速度。调直块的孔径应比钢筋直径大2～5 mm，传动速度应根据钢筋直径选用，直径大的宜选用慢速，经调整合格，方可送料。

⑥在调直块未固定，防护罩未盖好前不应送料；作业中，严禁打开各部防护罩并调整间隙。

⑦当钢筋送入后，手与曳轮应保持一定距离，不应接近。

⑧送料前，应将不直的钢筋端头切除。导向筒前应安装一根1 m长的钢管，钢筋应先穿过钢管再送入调直前端的导孔内。

⑨经过调直后的钢筋若仍有慢弯，可逐渐加大调直块的偏移量，直到调直。

⑩钢筋调直到末端时，人员应躲开。

⑪作业中若发现传动部分有不正常的声音等情况，应立即停车检查，不应使用。

⑫应经常注意轴承的温度，当温升超过60 ℃时，应停机检查原因。

⑬机械作业时，操作人员不应离开工作岗位。

(2)钢筋切断应符合下列要求：

①安放切断机时，应选择较坚实的地面，安装平稳，固定式切断机应有可靠的基础，移动式切断机作业时应楔紧行走轮。

②接送料的工作台面应和切刀下部保持水平，工作台的长度可根据加工材料的长度确定。

③启动前，应检查并确认切刀无裂纹，刀架螺栓紧固，防护罩牢靠，然后用手转动皮带轮，检查齿轮啮合间隙，调整切刀间隙。

④启动后，应先空转，检查各传动部分及轴承运转正常后，方可作业。

⑤机械未达到正常转速时不得切除。切料时应使用切刀的中下部位，紧握钢筋对准刃口迅速投入，操作者应站在固定刀片一侧用力压住钢筋。严禁用两手握住钢筋俯身送料。

⑥不得剪切直径及强度超过机械铭牌规定的钢筋和烧红的钢筋；一次切断多根钢筋时，其总面积应在规定范围内。

⑦剪切低合金钢时，应更换高硬度的切刀，剪切直径应符合铭牌规定。

⑧切断短料时，手与切刀之间的距离应保持在15 cm以上，若手握端小于40 cm，应采用套管或夹具将钢筋短头压住和夹牢。

⑨运转中，严禁用手直接清除切刀附近的断头和杂物。钢筋摆动周围和切刀周围，不应停留非作业人员。

⑩当发现机械运转不正常、有异常响声或切刀歪斜时应立即停机检修。

⑪作业后，应切断电源，用钢筋清除切刀间的杂物，进行整机清洁润滑。

⑫液压传动式切断机作业前，应检查并确认液压油位及电动机旋转方向符合要求；启动后，应空载运转，松开放油阀，排净液压缸体内的空气，方可进行切筋。

⑬手动液压式切断机使用前，应将放油阀按顺时针方向旋紧，切割完毕后，应立即按逆时针方向旋松；作业中，手应持稳切断机，并戴好绝缘手套。

⑭操作机器，应由专人负责，严禁其他人员擅自开动。

(3)钢筋人工弯曲应符合下列要求：

①作业前应先对扳子等工具进行检查，工具应良好。

②拉扳子的人，应在扳口卡好后才能用劲拉，不应用力过猛。

③在同一工作台上，两头弯钢筋时应互相配合。

④工作区四周，不应随便堆放材料和站人。

(4)钢筋机械弯曲应符合下列要求：

①安置钢筋弯曲机时，应选择较坚实的地面，安装平稳，铁轮应用三角木块塞好，四周应有足够搬动钢筋的场地。

②作业前，应对各部机件进行检查，其运行情况应正常。

③导线应绝缘良好，并应装好触漏电保护器装置。

④机器的使用应由专人负责，作业时应精神集中。

⑤作业前先试车检查回转方向，作业时先将钢筋插好，然后开车回转。

⑥应根据钢筋直径大小选择快慢速，并随时注意电动机的温度，必要时应停机冷却。

⑦检查修理或清洁保养工作，均应在停机、切断电源后进行。

⑧钢筋应贴紧挡板，注意放入插头的位置和回转方向，不应开错。

⑨弯曲长钢筋时，应有专人扶住，并站在钢筋弯曲方向的外面，互相配合，不应拖拉。

⑩调头弯曲，应防止碰撞人和物。更换插头、加油和清理，均应停机后进行。

⑪工作台和弯曲机台面应保持水平，作业前应准备好各种芯轴及工具。

⑫应按钢筋加工的直径和弯曲半径的要求装好相应规格的芯轴和成型挡铁轴，芯轴直径应为钢筋直径的2.5倍，挡铁轴应有轴套。

⑬挡铁轴的直径和强度不应小于被弯钢筋的直径和强度。不直的钢筋，不应在弯曲机上弯曲。

⑭应检查并确认芯轴、挡铁轴、铁盘等无裂纹和损伤，防护罩坚固可靠，空载运转正常

后，方可作业。

⑮作业时应将钢筋需弯一端插入转盘固定销的间隙内，另一端紧靠机身固定销，并用手压紧，应检查机身固定销并确认安放在挡住钢筋的一侧，方可开动。

⑯作业中，严禁更换芯轴、销子和变换角度以及调速，也不应进行清扫和加油。

⑰对超过机械铭牌规定直径的钢筋严禁弯曲。在弯曲未经冷拉或带有锈皮的钢筋时，应戴防护镜。

⑱弯曲高强度或低合金钢筋时，应按机械铭牌规定换算最大允许直径并应调换相应的芯轴。

⑲在弯曲钢筋的作业半径内和机身不设固定销的一侧严禁站人；弯曲好的半成品，应堆放整齐，弯钩不应朝上。

⑳转盘换向时，应待停稳后进行。

㉑作业后，应及时清除转盘及插入座孔内的铁锈杂物。

(5)钢筋连接应遵守以下规定：

①焊接与气压焊连接应遵守《水利水电工程土建施工安全技术规程》(SL 399—2007)第6.3.2第1款与《水利水电工程施工通用安全技术规程》(SL 398—2007)的有关规定。

②机械连接应遵守《水利水电工程土建施工安全技术规程》(SL 399—2007)第6.3.2条第3款的有关规定。

(6)钢筋绑扎应遵守以下规定：

①高处绑扎钢筋，应搭有稳固的脚手架和工作平台。

②进出仓面应使用相应的爬梯，严禁任何人在钢筋上行走或站人。

③在脚手架或平台上放置钢筋时严禁超过规定重量，并应使钢筋分散放置。

④在低处向上传递钢筋时，每次只能传递一根，当用绳索往上吊时，其绳索应有足够的强度。绑扎应牢固。

⑤与电焊工配合作业时，不应正视电焊弧光。

⑥钢筋严禁和电线接触，夜晚照明线应架高走边。

⑦使用的工器具、零星材料等不应放在钢筋上。

⑧在起吊预制的钢筋和骨架前，应对其进行检查，其本身的结构和各部件的连接应牢固可靠。

⑨在洞内绑扎顶拱钢筋时，应在拱模两头外侧搭设脚手架，并铺好脚手板。

⑩钢筋往顶拱运送时，不应强往里推。

十四、混凝土喷射工

(1)喷射混凝土和加速凝剂的作业人员，应穿戴工作服、防尘口罩和必要的防护用品，方可进行操作。

(2)喷射混凝土的机械设备，应安设在基础牢固、岩石稳定或已有支护的安全地点。

(3)喷射混凝土的工作面应有足够的照明设备。

(4)操作人员在操作前应仔细检查各机件、电气设备完好可靠。

(5)喷射边墙和顶拱使用的台架，应严实坚固，木板厚度不应小于5 cm，不应有悬空探头板。

(6)喷射混凝土地段的松动岩石,应撬挖干净,在进行撬挖时,在工作区域应做好安全警戒工作。

(7)喷射混凝土的现场,应按规定的专门联系信号进行作业。

(8)喷射混凝土时,应互相协作,加强联系,保持各环节的正常运行。

(9)对喷射作业面,应采取综合性防尘措施降低空气中的含尘量,使粉尘浓度达到或接近国家规定的标准。

(10)使用带式输送机或机动车辆运输水泥、骨料或混凝土时,应遵守带式输送机或机动车辆的安全操作规程。

(11)强制式混凝土拌和机操作人员,除遵守普通混凝土拌和机的安全操作规程外,还应符合下列要求:

①作业时,进料坑及进料槽钢导轨上,不应站人或放其他物件。

②牵引时,进料斗除锁住滚轮外,还应用安全钩扣住。

③出料门的启闭操作全系手动,操作中运行人员的手不可离开手柄,人也不应站在手柄甩动的半径内。

④当出料门关闭后,应用箱盖上的安全钩将手柄钩牢,方可进行下一盘混凝土的搅拌。

⑤非作业时,进料斗应提高到适当的高度,用销钩将料斗滚轮锁住。

(12)混凝土喷射作业应遵守下列要求:

①作业前,应先检查喷射机各部件管路和喷嘴完好通畅,应无堵塞、漏气。

②作业时,应先开进气阀,待压力上升到 98 ~ 196 kPa 时,再开电机。

③旋转体与固定机座结合应紧密,若运转中接合板磨损出槽,深度大于 2 mm,应及时更换。

④旋转孔发生堵塞,应停机拆除检修,不应用榔头敲打旋转体,不应用风钻清除旋转孔。

⑤联轴节的瓦楞形夹盘中两旁所放的钢珠,不应任意增加。

⑥风水稳压阀,不应任意拆卸和调整。

⑦风水箱应在允许的压力下工作,排气时不应对着人,应保护玻璃指示管。

⑧作业前应检查喷射机、水箱、稳压阀和油水分离器上的压力表和安全阀,应灵敏可靠。

⑨喷射机的喂料筛网,不应任意取下,严禁用手或棍棒伸入喂料口。

⑩作业完毕后,应先停止供料,待机器中余料喷完后,依次停风停水,机件拆除清洗干净。

⑪喷射混凝土的风压,应根据输送距离确定,不大于 392 kPa;喷头出料中断,应立即停机。排除故障时,严禁把喷嘴对人。

⑫每次喷射厚度不应太厚。

⑬喷射时,应一人握紧喷枪一人辅助,不应单人操作;喷嘴应保持与喷砌面垂直,距离宜为 1 ~ 1.5 m。

⑭喷射机的电动机工作温度应低于 50 ℃。

⑮喷射料以 50 ~ 70 m/s 高速喷出,喷嘴不应对向人,喷射区严禁有人。

⑯喷射平台距喷射机的间距小于 10 m 时,喷射机周围应采取防护措施。

⑰喷射作业区域应设专人监护做好安全警戒,在喷射作业结束前不应有行人、车辆通过。

十五、电焊工

(1)电焊工(含从事焊接、热切割及碳弧气刨作业的人员)应遵守《水利水电工程施工通用安全技术规程》(SL 398—2007)的相关规定。

(2)焊接及切割作业人员应符合下列规定：

①身体健康,经专业培训考试合格,取得操作证后方可上岗作业。

②熟练掌握焊、割机具的性能和有关电气、防火安全知识以及触电急救常识。

③遵守各项安全管理制度,并应按规定穿戴劳动防护用品。

(3)焊机设备的外壳以及金属开关外壳应按说明书要求采取可靠的接地保护措施,露天作业时,应采取防雨、防潮措施,输入、输出接线端子应可靠紧固,保证良好的导电性能。

(4)使用质量合格的电焊钳(把),且电焊钳(把)及导线的绝缘应良好,不应有损坏现象。

(5)焊接及切割作业应符合下列要求：

①作业前应了解焊接与热切割工艺技术以及周围环境情况,并应对焊、割机具做工前检查,严禁盲目施工。

②工作面应设置防弧光和电火花的挡板或围屏。

③严禁在易燃易爆场所和盛装有可燃液体或可燃气体的容器上进行焊、割作业。

④焊、割盛装过可燃液体或气体的容器时,应事先将容器清洗干净,并打开容器孔盖,确认容器内无易燃液体或易燃气体后,方可作业。

⑤在密闭或半密闭的工件内焊、割作业,宜有 2 个以上通风口,并应设专人监护。

⑥焊、割作业燃气瓶、氧气瓶之间的距离应不小于 5 m,气瓶与火源(火点)的距离应不小于 10 m。

⑦焊、割后的灼热工件不应堆放在电焊钳(把)线、焊枪软管旁,也不应将电焊钳(把)线与焊枪软管绞在一起。

⑧作业过程中不应将焊接电缆、气带等缠绕在自己的身上或踩在脚下。

⑨作业完成后,应切断电源和气源,盘收电焊钳(把)线和焊枪软管,清扫工作场地,做到工完场清。

十六、爆破工

(1)爆破作业人员应经过专业培训,掌握操作技能,并应经当地设区的市级公安部门考核合格取得相应类别和作业范围、级别的“爆破作业人员许可证”后,方可从事爆破作业。

(2)爆破工的职责应符合下列要求：

①保管所领取的爆破器材,不应遗失或转交他人,不应擅自销毁和挪作他用。

②按照爆破指令单和爆破设计规定进行爆破作业。

③严格遵守爆破安全规程。

④爆破后检查工作面,发现盲炮和其他不安全因素应及时上报或处理。

⑤爆破结束后,应将剩余的爆破器材如数、及时交回爆破器材库。

⑥定期接受爆破知识和安全操作的培训教育。

(3)爆破作业应符合下列要求：

①在火炮作业点炮前，爆破工应记清分管炮位上的导火索数量，清点炮孔数目，并应事先选好进入避炮地点的线路。

②爆破人员在起爆前，应迅速撤离至安全坚固的避炮掩蔽体处，所撤退道路上不应有障碍物。

③对于火炮作业进行炮孔分组爆破或一次点燃数目超过5个时，点炮应明确分工，并应指定专人负责指挥。

④严禁用明火点燃导火索，应使用香或专用点火器来进行点火。

⑤用于潮湿工作面的起爆药包，在放入雷管的药卷端口部，应涂防潮剂。在潮湿地点采用电力方法起爆时，应使用防水绝缘材料的雷管起爆。

⑥爆破5 min后，方可进入爆破作业地点检查，若不能确认有无盲炮，应经过15 min后才可进入爆区检查。

⑦所有装好的电炮，应一次合闸同时起爆。

⑧电力起爆宜使用闸刀开关，装置盒均应装箱上锁，从进入现场装药至起爆的全部时间内，应指定专人看管。应听从统一信号来控制合闸时间。

⑨如果通上电流而未起爆，则应将母线从电源上解下连成短路，锁上电闸箱，待母线断5 min后，沿母线进入工地，检查拒爆原因。

⑩爆破工在爆后应检查：确认有无盲炮；有无危坡、坠石；地下爆破有无冒顶、危石存在，支撑是否被破坏，炮烟是否排除。

(4)当隧洞倾斜角大于30°时，严禁采用火花起爆，应采用电力起爆方式。

(5)严禁用导爆索、导火索当绳子上下吊东西、捆绑炸药和代替安全绳使用。导爆索装好或联网后，应指定专人看守，严禁无关人员进入现场。在爆破作业现场工作面的周边50 m范围内严禁有其他施工机械作业。

(6)在水下或潮湿的条件下使用导爆索时，应将索端涂以防潮剂或戴防潮帽进行密封处理。防水炸药使用前，应对药卷的防水性进行检查。

(7)电爆网装药前，首先检查工作面的电源，当杂散电流达到30 mA以上时，严禁装药联网。

(8)装药前，爆破工应察看爆破影响范围内施工现场的情况，特别是永久建筑物及设备、机械距离远近，若存在安全隐患，应及时采取措施。

(9)装药和堵塞应使用竹、木制作的炮棍，不应用力猛捣，严禁用金属棍棒装填。

(10)起爆前，应将剩余爆破器材撤出现场，运回仓库，不应藏放于工地。

(11)爆破工在从事不同级别的洞室、深孔、拆除等各种爆破作业和在深井、含有瓦斯和粉尘，高温等特殊环境下进行上述工程爆破作业时，应遵守《爆破安全规程》(GB 6722—2014)有关条款规定和进行分级管理的要求，应按爆破设计施工方案和警戒措施要求做好相应的安全防护。

附录五　主要施工设备操作规程

一、塔式起重机安全操作规程

为防止塔吊重大事故发生，有资料管理、拆装管理、塔机基础、塔吊间的安全距离、安全装置、稳定性、电气安全、附墙装置、安全操作、安全检查10大注意事项，确保塔吊的安全使用与管理。

（一）资料管理

施工企业或塔机机主应将塔机的生产许可证、产品合格证、拆装许可证、使用说明书、电气原理图、液压系统图、司机操作证、塔机基础图、地质勘查资料、塔机拆装方案、安全技术交底、主要零部件质保书（钢丝绳、高强连接螺栓、地脚螺栓及主要电气元件等）报给塔机检测中心，经塔机检测中心检测合格后，获得安全使用证，以及安装好以后同项目经理部的交接记录，同时在日常使用中要加强对塔机的动态跟踪管理，做好台班记录、检查记录和维修保养记录（包括小修、中修、大修）并由相关责任人签字，在维修的过程中所更换的材料及易损件要有合格证或质量保证书，并将上述材料及时整理归档，建立一机一档台账。

（二）拆装管理

塔机的拆装是事故的多发阶段。因拆装不当和安装质量不合格而引起的安全事故占有很大的比例。塔机拆装必须要具有资质的拆装单位进行作业，而且要在资质范围内从事安装、拆卸。拆装人员要经过专门的业务培训，有一定的拆装经验并持证上岗，同时要各工种人员齐全，岗位明确，各司其职，听从统一指挥，在调试的过程中，专业电工的技术水平和责任心很重要，电工要持电工证和起重工证。拆装要编制专项的拆装方案，方案要有安装单位技术负责人审核签字，并向拆装单位参与拆装的人员进行安全技术交底，并设立警戒区和警戒线，安排专人指挥，无关人员禁止入场，严格按照拆装程序和说明书的要求进行作业，当遇风力超过4级要停止拆装，风力超过6级塔机要停止起重作业。特殊情况确实需要在夜间作业的要有足够的照明，要与吊车司机就有关拆装的程序和注意事项进行充分的协商并达成共识。

（三）塔机基础

塔机基础是塔机的根本，实践证明有不少重大安全事故都是由塔吊基础存在问题而引起的，它是影响塔吊整体稳定性的一个重要因素。有的事故是由于工地为了抢工期，在混凝土强度不够的情况下而草率安装，有的事故是由于地耐力不够，有的是由于在基础附近开挖而导致甚至滑坡产生位移，或是由于积水而产生不均匀的沉降等，诸如此类，都会造成严重的安全事故，必须引起我们的高度重视，来不得半点含糊，塔吊的稳定性就是塔吊抗倾覆的能力，塔吊最大的事故就是倾翻倒塌。做塔吊基础时，一定要确保地耐力符合设计要求，钢筋混凝土的强度至少达到设计值的80%。有地下室工程的塔吊基础要采取特别的处理措施：有的要在基础下打桩，并将桩端的钢筋与基础地脚螺栓牢固地焊接在一起。混凝土基础底面要平整夯实，基础底部不能做成锅底状。基础的地脚螺栓尺寸误差必须严格按照基础图的要求施工，地脚螺栓要保持足够的露出地面的长度，每个地脚螺栓要双螺帽旋紧。在安装前要对基础表面进行处理，保证基础的水平度不能超过1/1 000。同时，塔吊基础不得积水，积水会造成塔吊基础的不均匀沉降。在塔吊基础附近内不得随意挖坑或开沟。

（四）塔吊间的安全距离

塔吊在平面布置时要绘制平面图，尤其是房地产开发小区，住宅楼多，塔吊如林，更要考虑相邻塔吊的安全距离，在水平和垂直两个方向上都要保证不少于2 m的安全距离，相邻塔机的塔身和起重臂不能发生干涉，尽量保证塔机在风力过大时能自由旋转（群塔作业原则：低塔让高塔；动塔让静塔；后塔让先塔；轻车让重车）。塔机后臂与相邻建筑物之间的安全距离不少于50 cm。塔机与输电线之间的安全距离符合要求。塔机与输电线的安全距离达不到要求的要搭设防护架，防护架搭设原则上要停电搭设，不得使用金属材料，可使用竹竿等材料。竹竿与输电线的距离不得小于1 m，还要有一定稳定性的强度，防止大风吹倒。

（五）安全装置

为了保证塔机的正常与安全使用，要求塔机在安装时必须具备规定的安全装置，主要有起重力矩限制器、起重量限制器、高度限位装置、幅度限位器、回转限位器、吊钩保险装置、卷筒保险装置、风向风速仪、钢丝绳脱槽保险、小车防断绳装置、小车防断轴装置和缓冲器等。这些安全装置要确保它的完好与灵敏可靠。在使用中若发现损坏应及时维修更换，不得私自解除或任意调节。

（六）稳定性

塔式起重机高度与底部支承尺寸比值较大，且塔身的重心高、扭矩大、启制动频繁、冲击力大，为了增加它的稳定性，我们就要分析塔机倾翻的主要原因，有以下几条：

（1）超载。不同型号的起重机通常采用起重力矩为主控制，当工作幅度加大或重物超过相应的额定荷载时，重物的倾覆力矩超过它的稳定力矩，就有可能造成塔机倒塌。

（2）斜吊。斜吊重物时会加大它的倾覆力矩，在起吊点处会产生水平分力和垂直分力，在塔吊底部支承点会产生一个附加的倾覆力矩，从而减小了稳定系数，造成塔吊倒塌。

（3）塔吊基础不平，地耐力不够，垂直度误差过大也会造成塔吊的倾覆力矩增大，使塔吊稳定性减弱。

因此，我们要从这些关键性的因素出发来严格检查、检测、把关，预防重大的设备人身安全事故。

（七）电气安全

按照《建筑施工安全检查标准》（JGJ 59—2011）的要求，塔吊的专用开关箱也要满足“一机、一闸、一漏、一箱”的要求，漏电保护器的脱扣额定动作电流应不大于30 mA，额定动作时间不超过0.1 s。司机室里的配电盘不得裸露在外。电气柜应完好，关闭严密，门锁齐全，柜内电气元件应完好，线路清晰，操作控制机构灵敏可靠，各限位开关性能良好，定期安排专业电工进行检查维修。

（八）附墙装置

当塔机超过它的独立高度时要架设附墙装置，以增加塔机的稳定性。附墙装置要按照塔机说明书的要求架设，附墙间距和附墙点以上的自由高度不能任意超长，超长的附墙支撑应另外设计并有计算书，进行强度和稳定性的验算。附着框架保持水平、固定牢靠，与附着杆在同一水平面上，与建筑物之间连接牢固，附着后附着点以下塔身的垂直度不大于2/1 000，附着点以上垂直度不大于3/1 000。与建筑物的连接点应选在混凝土柱上或混凝土圈梁上。用预埋件或过墙螺栓与建筑物结构有效连接。有些施工企业用膨胀螺栓代替预埋件，还有用缆风绳代替附着支撑，这些都是十分危险的。

（九）安全操作

塔式起重机管理的关键还是对司机的管理。操作人员必须身体健康，了解机械构造和工作原理，熟悉机械原理、保养规则，持证上岗。司机必须按规定对起重机做好保养工作，有高度的责任心，认真做好清洁、润滑、紧固、调整、防腐等工作，不得酒后作业，不得带病或疲劳作业，严格按照塔吊机械操作规程和塔吊“十不准、十不吊”进行操作，不得违章作业、野蛮操作，有权拒绝违章指挥，夜间作业要有足够的照明。塔机平时的安全使用关键在操作工的技术水平和责任心，检查维修关键在机械和电气维修工。起重机械“十不吊”：

（1）被吊物重量超过机械性能允许范围。

（2）信号不明。

（3）吊物下方有人。

（4）吊物上站人。

（5）埋在地下物。

（6）斜拉、斜牵、斜吊。

（7）散物捆扎不牢。

（8）零、散、小物件无容器。

（9）吊物重量不明，吊索具不符合规定。

（10）6级以上大风。

（十）安全检查

塔式起重机在安装前后和日常使用中都要对它进行检查。金属结构焊缝不得开裂，金属结构不得塑性变形，连接螺栓、销轴质量符合要求，在止退、防松的措施下，连接螺栓要定期安排人员预紧，钢丝绳润滑保养良好，断丝数不得超标，绝不允许断股，不得塑性变形，绳卡接头符合标准，减速箱和油缸不得漏油，液压系统压力正常，刹车制动和限位保险灵敏可靠，传动机构润滑良好，安全装置齐全可靠，电气控制线路绝缘良好。尤其要督促塔机司机、维修电工。

二、混凝土搅拌输送车安全操作规程

（1）混凝土搅拌输送车的汽车部分应执行汽车一般安全技术要求的规定。

（2）混凝土搅拌输送车的燃油、润滑油、液压油、制动液、冷却水等应添加充足，质量应符合要求。

（3）搅拌筒和滑槽的外观应无裂痕或损伤，滑槽止动器应无松弛和损坏，搅拌筒机架缓冲件应无裂痕或损伤，搅拌叶片磨损应正常。

（4）应检查动力输出装置并确认无螺栓松动及轴承漏油等现象。

（5）启动内燃机应进行预热运转，各仪表指示值正常，制定气压达到规定值，并应低速旋转搅拌筒3～5 min，确认一切正常后，方可装料。

（6）搅拌运输时，混凝土的装载量不得超过额定容积。

（7）按要求填写日常运转记录及加换油记录。

三、压路机安全操作规程

（1）在新开道路上进行碾压时，应从中间向两侧碾压，碾压不要太靠近路基边缘，以防塌方。

(2)上坡与下坡时,应事先选好挡位,禁止在坡上换挡与滑行。

(3)修筑山区道路时,必须由里侧压向外侧,碾压第二行时,需重叠半个轮以上的长度。

(4)禁止用牵引法强制发动内燃机,不要用压路机拖其他机械或物体。

(5)前后滚轮的刮泥板应经常检查与清理,保持刮泥板平整与良好的作用。

(6)压路机滚轮要填充黄沙增加重量时,应用干黄沙,在冬季不得用水增重,以防冻裂滚轮。

(7)新填路基松软时,必须先用羊足碾或用打夯机逐层碾压夯实后才能用压路机碾压。

(8)两台以上压路机在平道上行驶或碾压时,其间距要保持在 3 m 以上,坡道上禁止纵队行驶或溜坡,以免发生事故。

(9)机械发生故障需检修时,必须将发动机熄火,用制动器制动并用三角木对称揳紧滚轮。

(10)使用胶轮压路机时,应注意保持轮胎的正常气压,并注意是否有石块夹在轮胎之间。

(11)压路机应在不影响交通处停放,停放在平坦地,不准停放在斜坡上,若必须在斜坡上停放,须事先打好木桩,以防溜滑。冬季停车过夜必须用木板将滚轮垫离地面,防止与地面冻结在一起。

(12)振动压路机严禁在坚实道路上进行振动,以免造成机件损伤。

(13)振动压路机的起振或停振应在行驶中进行,以免损坏被压路面的平整。

四、平地机安全操作规程

(1)作业前必须将离合器、操纵杆、变速杆均放在空挡位置,检查并紧固各部连接螺栓及轮胎气压,油、水(电瓶水)应加足,全车线路各接头应牢固,液压系统油路、油缸、操纵阀等无泄漏、松脱现象,然后发动机器低速运转,各仪表均正常方可启动作业。

(2)机械起步前,应先将刮土铲刀或齿耙下降到接近地面,起步后方可切土。

(3)在陡坡上作业时应锁定铰接机架,在陡坡上往返作业时,铲刀应始终朝下坡方面伸出。

(4)平地机在行驶中,刮刀和耙齿离地面高度宜为 25 ~ 30 cm,随着铲土阻力变化,应随时调整刮土铲刀的升降。

(5)平地机刮地铲刀的回转与铲土角的调整以及向机外倾斜都必须在停机时进行,各类铲刮作业都应低速行驶,换挡应在停机时进行,遇到坚硬土质,需用齿耙翻松时应缓慢下齿,不得使用齿耙翻松石渣路及坚硬路面。

(6)平地机转弯或调头时,应用最低速度。下坡时严禁空挡滑行,行驶时必须将刮刀和齿耙升到最高位置,并将刮土铲刀斜放,铲刀两端不得超出后轮外侧。在高速挡行驶中,禁止急转弯。

(7)作业后平地机应放在平坦、安全的地方,并应拉上手制动器,不得停放在坑洼积水处。

(8)按要求填写日常运转记录及加换油记录。

五、推土机安全操作规程

(1)离合器接合应平稳,起步不得过猛,不要使离合器处于半结合状态下运转。

(2)推土机转向时,转向杆应一拉到底,放回时迅速;在转急弯时,先拉方向拉杆再踩同侧刹车脚踏板,转向后,先放松刹车脚踏板再放松方向拉杆。

(3)禁止在未经平整或崎岖不平的路上高速行驶,禁止在快速行驶中急刹车和急转弯。

(4)上下坡道前,应先试验制动和转向操纵的可靠性,根据坡道情况,换用低速挡位,在坡道上换挡应将车停稳。

(5)下坡时应压低油门,用发动机辅助制动,不准空挡溜放,下坡运行必须注意:

①转向操纵(不用刹车)应与平地相反,即向右转拉左边方向拉杆,向左转拉右边方向拉杆。

②使用方向操纵杆和脚刹车踏板转向时,操作顺序与平地行驶时相同。

③推土机下陡坡时,一般采用后退下行,以便观察前方情况,必要时可放下刀片帮助制动。

(6)推土机空车上、下坡运行时,最大坡度不得超过30°;横着斜坡运行,机身倾侧不得超过15°,禁止在陡坡上急转弯及掉头。

(7)摘卸推土刀片时,必须考虑下次挂装的方便,应选择平坦的地方,用木块垫起,卡销、螺丝等要与原安装位置对应,拧紧防止丢失。

(8)下坡推土的工作坡度以6°~10°为宜,最大不得超过15°,否则后退爬坡困难。

(9)在陡坡、高坎上向下推溜土方时,不得将履带压到溜土的虚土坡面上,必须用刀送土的方法以土拥土,防止机械溜下陡坡。

(10)地面横坡较陡时,应先将推土机放置平稳后再向前切坡扒土扩展工作面,作业中应保持两侧履带基本水平并都在坚实的地面上。

(11)两台或两台以上推土机并排推土时,两推土刀之间应保持20~30 cm间距,推土前进时必须以相同速度直线行驶,后退时应分先后,防止互相碰撞。

(12)推土机横向取土填筑路堤时,上坡送土的坡道坡度应保持1∶6左右,最大不能陡于1∶3。

(13)推土机顶推铲运机作业时,应遵守下列规则:

①进入助铲位置与顶推中,必须与铲运机保持同一直线行驶。

②刀片提升高度要适当,避免触及轮胎。

③顶推时应均匀用力,不得猛撞,防止将铲斗后轮胎顶离地面或使铲头吃土过深。

④铲斗满载提升时,应减小推力,待铲斗提离地面后即减速脱离接触。

⑤后退时,应先看清后方情况,当需绕过正后方驶来的铲运机倒向助铲位置时,一般应从来车的左侧绕行。

(14)推土机伐除直径30 cm以上大树时,应按以下程序作业:

①将大树周围树根用推土刀或松土齿切断。

②在未切根的对面一侧树干旁,推填坡度为1∶5的土堆。

③推土机停在土堆上抬起推土刀片将树推倒,要提高着力点,防止树身上部反方向倒向推土机。

④若树干高大、树冠枝叶茂盛,必须先将上部树枝截除一部分,使树冠重心移向被推倒的一侧,以策安全。

(15)推土机清除断垣残壁时,亦应在地面推筑土台,提高着力点,防止上部倒向推土机。

六、挖掘机安全操作规程

(1)作业前应进行检查,确认一切齐全完好,大臂和铲斗运动范围内无障碍物和其他人员,鸣笛示警后方可作业。

(2)挖掘机驾驶室内外露传动部分必须安装防护罩。

(3)电动的单斗挖掘机必须接地良好,油压传动的臂杆的油路和油缸确认完好。

(4)正铲作业时,作业面应不超过本机性能规定的最大开挖高度和深度,在拉铲或反铲作业时,挖掘机履带或轮胎与作业面边缘距离不得小于1.5 m。

(5)挖掘机在平地上作业,应用制动器将履带或轮胎刹住、揳牢。

(6)挖掘机适用于在黏土、砂砾土、泥炭岩等土壤的铲挖作业,对爆破掘松后的重岩石内铲挖作业时,只允许用正铲,岩石料径应小于斗口宽的1/2,禁止用挖掘机的任何部位去破碎石块、冻土等。

(7)取土、卸土不得有障碍物,在挖掘时任何人不得在铲斗作业回转半径范围内停留,装车作业时,应待运输车辆停稳后进行,铲斗应尽量放低,并不得砸撞车辆,严禁车厢内有人,严禁铲斗从汽车驾驶室顶上越过,卸土时铲斗应尽量放低,但不得撞击汽车任何部位。

(8)行走时臂杆应与履带平行,并制动回转机构,铲斗离地面宜为1 m。行走坡度不得超过机械允许最大坡度,下坡用慢速行驶,严禁空挡滑行。转弯不应过急,通过松软地时应进行铺垫加固。

(9)挖掘机回转制动时,应使用回转制动器,不得用转向离合器反转制动,满载时,禁止急剧回转猛刹车,作业时铲斗起落不得过猛,下落时不得冲击车架或履带及其他机件,不得放松提升钢丝绳。

(10)作业时,必须待机身停稳后再挖土,铲斗未离开作业面时,不得做回转行走等动作,机身回转或铲斗承载时不得起落吊臂。

(11)在崖边进行挖掘作业时,作业面不得留有散岩及松动的大块石,发现有坍塌危险时应立即处理或将挖掘机撤离至安全地带。

(12)拉铲作业时,铲斗满载后不得继续吃土,不得超载,拉铲做沟渠、河道等项作业时,应根据沟渠、河道的深度、坡度及土质确定距坡沿的安全距离,一般不得小于2 m,反铲作业时,必须待大臂停稳后再吃土,收斗,伸头不得过猛、过大。

(13)驾驶司机离开操作位置,不论时间长短,必须将铲斗落地并关闭发动机。

(14)不得用铲斗吊运物料。

(15)发现运转异常时应立即停机,排除故障后方可继续作业。

(16)轮胎式挖掘机在斜坡上移动时铲斗应向高坡一边。

(17)使用挖掘机拆除构筑物时,操作人员应分析构筑物倒塌方向,在挖掘机驾驶室与被拆除构筑物之间留有构筑物倒塌的空间。

(18)作业结束后,应将挖掘机开到安全地带,落下铲斗制动好回转机构,操纵杆放在空挡位置。

七、装载机安全操作规程

(1)作业前应检查发动机的油、水(包括电瓶水)是否加足,各操纵杆放在空挡位置,液压管路及接头无松脱或渗漏,液压油箱油量充足,制动灵敏可靠,灯光仪表齐全、有效方可起动。

(2)机械启动必须先鸣笛,将铲斗提升至离地面50 cm左右,行驶中可用高速挡,但不得进行升降和翻转铲斗动作,作业时应使用低速挡,铲斗下方严禁有人,严禁用铲斗载人。

(3)装载机不得在有倾斜度的场地上作业,作业区内不得有障碍物及无关人员,装卸作业应在平整地面进行。

(4)向汽车内卸料时,严禁将铲斗从驾驶室顶上越过,铲斗不得碰撞车厢,严禁车厢内有人,不得用铲斗运物料。

(5)在沟槽边卸料时,必须设专人指挥,装载机前轮应与沟槽边缘保持不少于2 m的安全距离,并放置挡木挡掩。

(6)装堆积的砂土时,铲斗宜用低速插入,将斗底置于地面,下降铲臂然后顺着地面,逐渐提高发动机转速向前推进。

(7)在松散不平的场地作业,应把铲臂放在浮动位置,使铲斗平稳地作业,若推进时阻力过大,可稍稍提升铲臂。

(8)将大臂升起进行维护、润滑时,必须将大臂支撑稳固,严禁利用铲斗做支撑提升底盘进行维修。

(9)坡应采用低速挡行进,不得空挡滑行。

(10)涉水后应立即进行连续制动,排除制动片内的水分。

(11)作业后应将装载机开至安全地区,不得停在坑洼积水处,必须将铲斗平放在地面上,将手柄放在空挡位置,拉好手制动器,关闭门窗加锁后,司机方可离开。

八、油槽汽车安全操作规程

(1)出车前,应检查油槽汽车油泵、油管、接头、阀门、油罐盖。

(2)必须配备专用灭火器,确认挂装牢靠。

(3)油罐加油口应密封严密,放油阀门、放油管均无渗漏,油罐通气孔应畅通,装、放油料时杜绝火种。

(4)内燃机的汽化器和排气管不得有回火,排气管必须安装在车辆前方。

(5)长途汽车运输时,每行驶50 km左右停车检查车辆各部。

(6)不得在油罐车附近吸烟,停放时应远离火源、火种,炎热季节要选择阴凉处停放,雷雨时不得停放在大树或高压线下方,不得穿钉子鞋上下油罐车。

(7)在检查过程中,工作人员需要进入油罐时,不得携带火种,并需采取安全措施。

(8)车上所有电器装置,必须绝缘良好,不得有火花产生,车用工作照明均须安装安全灯。

(9)装有燃油的油罐车,行驶中途停放时,应有专人看管。

九、自卸汽车安全操作规程

(1)装卸土地点的车辆调头及停止位置,地面必须及时整平;由高处向下填筑时,停卸地点必须平整坚实,车不得停在向下倾斜的地面上向下倾卸土石。

(2)装卸土应听从指挥,按先后次序在指定地点进行装卸,不许抢装抢卸。

(3)用挖掘机等机械装土时,若汽车驾驶室顶部无防扩板,汽车驾驶室内禁止留人,车门要关好。

(4)装片石、砖块等大粒料时,可将车厢后栏板水平悬置或支掉。

(5)司机要观察装料是否装偏,若装偏,行驶中应减速,以防翻车。

(6)卸料时应注意卸料地点上空和附近有无电线、障碍物,并有无行人走近。

(7)向坑洼地区卸料时,必须和坑边保持适当的安全距离,防止塌方引起翻车。

(8)卸土时,必须将车停稳,用发动机转速控制举升速度,当车厢快升到最高位置时,发动机应中速运转,防止车厢在顶点振动。

(9)卸土后应将车辆稍稍离开卸土位置,等车厢完全放下,然后才准行驶。在行驶中严禁操纵车厢举升机构。

(10)使用侧翻车厢时应注意:

①只准倾卸土及砂等细粒料,不准卸碎石、片石等大粒料。

②倾卸时必须将两只止动闩销插在倾卸方向一面的销座中,禁止只使用一只销子进行倾卸。

③卸土前应先打开侧栏板,用链条挂起,放到水平位置,不许将侧栏板放下,在自由状态进行倾卸。

④倾卸完毕应落下车厢,关闭栏板才准行驶。

(11)运输混凝土及黏性物料后,应将车厢内外清洗干净,以免凝结而损坏车厢。

(12)修理、保养、润滑倾卸装置时,应在车厢举升后,用撑杆撑住车厢,防止突然下落,作业完毕后随即去掉撑杆,放平车厢。

十、冲击钻机安全操作规程

(1)安装钻机的场地应平整、坚实,若在松软地层处安装钻机,应对地基进行处理,然后铺垫枕木,保证钻机在工作时的稳固性,以免钻机在钻进工作中发生局部下沉,影响钻孔精度。

(2)钻机安装时,必须保持机架水平,以免孔位偏斜。

(3)钻进就位确认安置正确后,采用一定的办法必须使桅杆立正以免倾斜。

(4)检查钻机所有机构的正确性,并向全部润滑点和油嘴加注润滑油。松开所有摩擦离合器,并清除钻机上的无关杂物,检查电缆、电线及其他机电设备的运转情况。

(5)按要求填写日常运转记录及加换油记录。

十一、旋挖钻机安全操作规程

(1)工作平台相对平整,场地密实且钻机能够回转正常。

(2)开机前检查发动机、液压系统、钻具、钢丝绳等的性能、状况,冬季施工时,钻机必须预热发动机0.5 h以上,当温度达到规定值后方可启动发动机。

(3)工作前先运转0.5 h,以保证各部分连接正确,油温正常。

(4)工作中必须时刻检查仪表显示状况,观察主钢丝绳工作状况,当有毛刺出现时必须停机更换,避免出现掉钻头事故发生,工作时必须保证钻杆的垂直度,以免影响成孔质量,必须经常检查土质状况,不同土质使用相适应的钻具,以保证钻孔进度,对磨损的钻具必须进行及时修补。

(5)钻孔时必须先选好弃土位置,以不影响钻机回转为好,经常检查钻具状况,对磨损严重的钻齿必须及时更换,以免损坏钻具,降低工作效率。

(6)每工作5 h必须加注一次润滑脂,同时检查机油、液压油、齿轮油油面,检查全车螺栓的松紧度,特别是钻桅上部钻杆连接处及钢丝绳连接处螺栓的松紧程度,工作中遇不正常响声时必须停机检查,以确保人机安全。

(7)钻机转移过程中必须保证钻桅放倒,且重心适当,同时道路足够宽,足够密实,倾斜度不允许超过规定值，以保证钻机安全，停工时必须把钻桅放倒，并进行全面的保养注油工作，同时表面要有覆盖。

(8)钻机运输过程中必须把履带收回到最小2 700 mm，工作中把履带伸出到4 300 mm的工作位置方可操作。

(9)钻孔桩施工中钻完的孔必须要有覆盖且有明显标识，以保证人员的安全。

十二、回转式钻机安全操作规程

(1)了解施钻处的地质条件，按照施工工艺，选择相应的钻头、压力和钻进速度。

(2)钻架与平台移位时，塔架与平台上不得有人和未捆绑的浮物；使用SPI－300型拖车钻、车装钻机移位时，应先放塔、后移位；移动平台、安拆钻架时应有人统一指挥。

(3)钻架与平台安装要平稳、周正、牢固，零部件要齐全；明齿轮、皮带传动以及裸露的旋转轴头均应配齐防护栏杆或防护罩。

(4)基台木轨道铺设要稳固、长度合适；平台板铺设要防滑、牢固；塔梯、工作台、栏杆安装必须牢固可靠；钻架上部要有便于高处作业的工作台；水上钻探台要坚固牢靠，不受水流的影响。

(5)每班应对平台、钻架、提引系统、机械设备等各部位的螺栓进行检查。

(6)钻架顶与供电高压线的距离符合安全规定或满足安全要求；配电箱要安装漏电保护器等安全设施，箱柜外有防雨措施，电器设备外壳装有保护接地或接零；电气开关要完好无损，熔断器、保险丝等按规定使用，不准超过额定标准或以铜丝、铁丝代替。

(7)所使用钢丝绳及绳卡必须安全可靠，且经常检查保养。

(8)按要求填写日常运转记录及加换油记录。

十三、汽车式起重机安全操作规程

(1)机械停放的地面应平整坚实，应按《汽车起重机安全操作规程》(DL/T 5250—2010)的要求与沟渠、基坑保持安全距离。

(2)作业前应伸出全部支腿，撑脚下必须垫方木，调整机体水平度，无荷载时水准气泡居中，支腿的定位销必须插上，底盘为弹性悬挂的起重机，放支腿前应先收紧稳定器。

(3)调整支腿作业必须在无载荷时进行，将已伸出的臂杆缩回并转至正前方或正后方，作业中严禁扳动支腿操纵阀。

(4)作业中变幅应平稳，严禁猛起猛落臂杆，起吊作业必须遵守《汽车起重机安全操作规程》(DL/T 5250—2010)的规定。

(5)伸缩臂式起重机在伸缩臂杆时，应按规定顺序进行，在伸臂的同时，应相应下放吊钩，当限位器发出警报时应立即停止伸臂，臂杆缩回时，仰角不宜过小。

(6)作业时，臂杆仰角必须符合说明书的规定，伸缩式臂杆伸出后，出现前节臂杆的长度大于后节伸出长度时，必须经过调整，消除不正常情况后，方可作业。

(7)作业中出现支腿沉陷、起重机倾斜等情况时，必须立即放下吊物，经调整、消除不安全因素后，方可继续作业。

(8)在进行装卸作业时，运输车驾驶室内不得有人，吊物不得从运输车驾驶室上方通过。

(9)两台起重机抬吊作业时，两台起重机性能应相近，单机载荷不得大于额定起重量的

80%。

(10)轮胎式起重机需短距离带载行走时,途经的道路必须平坦坚实,载荷必须符合使用说明书规定,吊物离地高度不得超过 50 cm,并必须缓慢行驶,严禁带载长距离行驶。

(11)行驶前,必须收回臂杆、吊钩及支腿,行驶时保持中速,避免紧急制动,通过铁路道口或不平道路时,必须减速慢行,下坡时严禁空挡滑行,倒车时必须有人监护。

(12)行驶时,在底盘走台上严禁有人或堆放物件。

(13)起重机通过临时性桥梁(管沟)等构筑物前,确认安全后方可通过,通过地面电缆时应铺设木板保护,通过时不得在上面转弯。

(14)作业后,伸缩臂式起重机的臂杆应全部缩回、放妥,并挂好吊钩,桁架式臂杆起重机应将臂杆转至起重机的前方,并降至 40°~60°,各机构的制动器必须制动牢固,操作室和机棚应关门上锁。

十四、盾构机安全操作规程

(1)盾构机入场时,应具有盾构机的质监机构检验合格证,司机持有特种作业操作证。

(2)严格按照安全技术操作规程操作设备,避免造成人身伤害与设备损坏。

(3)严格执行交班制度,认真填写设备运转记录。

(4)盾构机主机室、盾体内和皮带机设有紧急停止开关,以备出现异常事故时使用,盾构机上工作人员不得随意使用,避免造成设备的不正常停机而损坏设备。

(5)主司机启动顺序为:皮带机→刀盘→推进→螺旋输送机。

(6)两台盾构机同时掘进时,前后距离不得小于 100 m。

十五、地质钻机安全操作规程

(1)钻机安装必须牢固,各部分连接件紧固、可靠。

(2)检查液压油箱和变速箱油位是否合适。机架导轨面、立轴等运动摩擦部位应清洁、润滑。

(3)将离合器手柄拉在断开位置,其他运动手柄放在中间位置,用扳手扳动卷筒,将变速手柄放在高速位置,用管销旋转钻杆立轴,检查各旋转件是否灵活、有无阻力过大现象。

(4)检查油路系统各油管接头是否拧紧,对接是否正确。钻机启动后应检查油泵是否起压、各压力表是否正常。

(5)检查卡盘操作是否灵活。

(6)各操纵阀是否灵活可靠。

(7)检查提升制动闸带在制动和松开状态下的松紧程度是否合适。

(8)由值班电工检查其电气系统是否正常、可靠。

(9)电气控制箱操作程序如下:

①电机启动前,先拉开离合器,然后按“启动”按钮。

②停机时先拉开离合器,然后按“停止”按钮。

③下班或停止工作时,应切断电源,按“停止”按钮。

(10)加压钻进操作程序如下:

①操作阀手柄放在“通钻探机”和“钻机前进”位置。

②操作阀手柄放在“卡盘卡紧”位置。

③操作阀手柄放在“立轴上升”位置,转动给进压力调节手轮,使钻具提离孔底几厘米,然后放在“停止”位置。

④合上离合器使立轴旋转。

⑤操纵手柄放在“立轴下降”位置,转动给进压力调节手轮,使孔底压力达到规定值,进行正常钻进。

(11)减压钻进操作程序如下:

①操作阀手柄放在“通钻探机”和“钻进前进”位置。

②操作阀手柄放在“卡盘卡紧”位置。

③操作阀手柄放在“立轴上升”位置,转动给进压力调节手轮,使钻具提离孔底几厘米,然后放在“停止”位置。

④合上离合器使立轴旋转。

⑤操作手柄放在“立轴上升”位置,转动给进压力调节手轮,使压力达到规定值继续钻进。

(12)立轴倒杆操作程序如下:

①断开离合器,使立轴停止旋转。

②操作手柄放在“卡盘松开”位置,然后将操作手柄放在“立轴上升”位置,扳动快速增压手柄,使立轴快速上升一段行程(一般为 500 mm)。

③操纵手柄放在“卡盘卡紧”位置,卡盘卡紧后放开手柄。

④接合上离合器,使立轴旋转。

⑤操作手柄放在“立轴下降”位置,继续钻进。

(13)卷扬机操作程序如下:

①拉开离合器。

②将卡盘操纵阀放在“松开”位置。

③扳动分动手柄到“卷扬”位置,然后拧开主动钻杆。

④将卡盘操纵阀放在“卡紧”位置,操作手柄放在“立轴上升”位置,将主动钻杆拉高 100 ~ 200 mm。

⑤松开缩紧土机架前后压板上的紧固螺钉。

⑥将移动操纵阀手柄放在“钻机后退”位置,使上机架等后退到极限位置。

⑦拧紧上机架的前后压板上的锁紧螺钉。

⑧操纵卡盘阀到松开位置,把钻机拧管机切换手柄放在“油泵卸载”位置。

⑨进行卷扬机操作:左手操纵卷扬机刹车手柄,右手操纵卷扬提升手柄。

(14)操作注意事项如下:

①钻机操作必须由身体健康并具有相应的知识且具备操作上岗证的人员来完成。

②钻机不得在无人照顾的情况下运转。

③钻机不使用液压系统时,应将钻机拧管机切换阀放在“油泵卸载”位置。

④扳动变速手柄时,必须先切断离合器,待齿轮停止转动后,再进行变挡,以免打坏齿轮,并注意将手柄固定好。

⑤合离合器时应平稳操作,禁止猛开猛合,避免离合器处于半接合状态。

⑥卷扬机的提升闸带和下降闸带不可同时动作,在升降钻具时,两手柄同时握紧,以便

随时配合。

⑦起重卷扬时,不得超负荷工作。

⑧闸带摩擦片发热冒烟时,需冷却片刻再用。

⑨钻机移动至前面极限位置,拧紧前后压板的锁紧螺母后,才允许进行钻进或提升。

⑩因意外事故卡盘突然失压(如失去动力、油泵不工作或其他机械液压事故等)后,应及时将钻杆或钻具卡住。

⑪操作时应随时注意各压力表的工作情况,若有异常,应及时处理。

⑫经常注意各运动部位有无异常响声或高温,发现问题应立即处理。

十六、架桥机安全操作规程

(1)机组人员必须考试合格后持证上岗,严禁无证操作。

(2)机组人员必须体检合格,并经过架桥机操作运行的技术培训,熟悉和本岗位有关的操作要点,以及所有的安全注意事项。

(3)机组人员在作业前、中、后必须严格执行本岗位的所有安全技术措施,作业中应及时向其他同事发出安全警示信号,并随时注意同事的回答信号。

(4)机组人员在作业中必须集中精力,严禁在作业中聊天、阅读、饮食、嬉闹及其他与工作无关的事情。

(5)禁止串岗、擅离职守,班前禁止饮酒。

(6)机组人员必须穿工作服,佩戴安全帽,高空作业系安全带,穿防滑鞋,冬季施工应采取保暖防冻措施。

(7)机组人员必须有专人指挥,信号统一,多岗位人员分工必须明确,保持协调一致。

(8)机组人员必须保持相对稳定。

(9)禁止与工作无关人员进入起吊、架梁现场,禁止在架桥机主梁上方、导梁上往下抛物品。

(10)禁止对起吊程序进行修改,禁止随意改变或调整安全设备。

(11)禁止不按说明书要求随意修改设备,禁止对部件功能进行修改。

(12)禁止在超过规定的天气下使用架桥机,禁止在湿滑道路上运行架桥机,当现场实测风力达到6级或有中雨、雪天气应停止作业,并做好设备的防护工作。

(13)禁止在照明条件不具备、能见度低的情况下进行架梁作业。

(14)遵守现场设备和司机室上的所有安全警示。

(15)遵守所有装配、使用、保养手册的指令。

(16)吊具、钢丝绳、抽动装置、限位开关、防护栏和安全网等重要安全设备应有专人进行监控,定期填写报告表。

(17)架桥机作业前注意事项如下:

①作业必须严格认真交接班。

②交接班人员应共同对主要安全装置,如制动器、限位开关、紧急制动开关、墩台顶面的安全围栏及四周的安全网进行检查。

③操作者必须确定本人安全状态,设备也在良好状态。

④操作者必须确定没有其他人员处于危险状态中。

⑤操作者必须确定工作区无障碍物,确定起吊操作和进行具有足够的空间。

⑥检查泵站各项参数在正常范围内。

⑦检查钢丝绳处于张紧状态,卷筒滑轮内钢丝绳缠绕正常。

⑧检查发电机电气装置和所有机件处于完好状态后控抽柄处于“0”位,鸣铃后方可开机。

(18)架桥机作业中注意事项如下:

①禁止在载荷悬吊的情况下操作人员离开,禁止起吊荷载在空中长时间停留,禁止在悬吊的区域下穿行、停留。

②禁止触摸正在旋转的滑轮、移动的钢丝绳及起吊状态下的吊具。

③禁止用架桥机拖拉牵引翻转重物。

④禁止用架桥机吊装与地面连接的荷载。

⑤禁止用钢丝绳直接吊装重物。

⑥禁止将吊具放在地上或起吊重物上。

⑦禁止多部操作时快速变化步骤。

⑧严格按照操作程序进行操作。

⑨架设过程中必须保证主梁的水平度。

⑩工作人员一旦发现其他人有危险,必须紧急制动。

⑪发现架桥机异常或部件损坏必须停机。

⑫起吊时不允许超过额定速度。

⑬架桥机运行时避免和其他物体撞击。

⑭行驶过程中在接近桥梁或接近中止位置应减速。

(19)架桥机作业后注意事项如下:

①架桥机停止工作后必须将停机制动器处于工作状态。

②吊钩升起所有控制手柄处于“0”位。

③按规定进行保养。

④当停机时(无论是正常的工作结束,还是因为安全原因、紧急情况、故障),负责人和安全员应最后检查其他工作人员是否执行了所有的例行安全措施。

⑤派专人值班看护。

(20)架桥机发电机组使用注意事项如下:

①发电机司机必须经过专业培训,身体健康,熟悉发电机的操作使用说明书。

②检查线路连接和各部位情况,配备接地断路保护装置。

③启动电机时不允许连续启动,至少间隔 10 s,启动后预热 5 min。

④发电机组工作时监视仪表工作状态。

⑤停机时确认架桥机已经停止工作,晚上还要确认所有人员已经撤离现场,切断供电开关,并降至怠速,空载 5 min 再关闭柴油机。

十七、运梁车安全操作规程

(1)运梁车使用路面:在箱梁上平面、铁路路基及压实的级配石路面。

(2)车速在空载、平地时不得超过 10 km/h,在满载、平地时不得超过 5 km/h,在满载、爬坡时不得超过 2.5 km/h。在微动时不得超过 0.18 km/h。

(3)满载爬坡时纵坡不得大于3.0%,横坡不得大于4.0%。

(4)紧急停机装置必须严格按照工作顺序进行:按红色蘑菇形按钮→微电系统停电→整车停→发动机不停。

(5)驾驶室设灭火器。

(6)运梁车驾驶室设2套主前灯、室内顶灯,平台两端设方向指示灯、车辆故障报警灯,车架侧面设置2个黄色信号灯,工况警示灯必须良好。

(7)操作人员必须熟悉运梁车的结构及各项技术参数。开始作业前,要做好各项检查工作,例如:道路清障,机电、液各专项检查,结构的连接、通信、信号的检查等。各项检查通过后方可作业。

(8)装梁前,应仔细核对待架成品箱梁合格证,检查外观、梁长、编号等,核对无异后方可吊装。

(9)装梁时各支点对位要准确,纵向偏差为±20 mm,横向偏差为±10 mm,若位置偏差超标,须重新对位。

(10)启动前,应全面检查一遍箱梁的支垫及支承情况,检查运梁车的方向及制动等,确认无误后方可运行。

(11)在整个运梁过程中,操作人员应高度集中精力,密切注意运梁车及前方道路情况,发现异常,及早采取相应措施,非紧急情况,严禁高挡位急启急停。

(12)雨雪及大风等恶劣条件下,不得进行运梁作业。路面湿、滑及冰冻等要采取相应防护措施,降低运梁速度。

(13)架桥机后支腿后方箱梁面上在保持运梁车前端与支腿最小净距15 cm处设止轮器。

(14)梁前端接近架桥机尾部时应提前减速,慢速喂梁。必要时点动对位,严禁冲撞、挂碰架桥机任何部位。

(15)运梁车喂梁到位后,运梁车的前后支承油缸在梁端腹板处支承牢靠。

(16)当现场实测风力达到6级时,停止作业,并采取相应防护措施。

(17)运梁车驮运架桥机转场时,运梁车进入架桥机腹内后,应先将运梁车降低到最低高度,然后前后起重天车将驮运支架安装到指定位置,运梁车升高驮起架桥机使架桥机与地面脱空大于或等于25 cm。检查驮运支架与运梁车是否固定牢靠。

(18)运梁车应固定由正司机负责保养或指导保养,每班开始作业前,均须对电气、液压系统做全面检查,并在空车状态下试动作,确无异常后方可进行作业。

(19)液压润滑系统的油位,每班均需观察,并及时补充或更换。液压管线的接头应无任何渗漏现象,若有异常,及时更换或维修。

(20)所有制动器应固定由操作正司机一人负责调整,其他人不得擅动,以便操作人员对设备制动状态心中有数。

十八、卷扬机安全管理规定

(1)作业前应检查:卷扬系统中钢丝绳两端固定接头是否连接牢固;制动装置、离合器、保险轮和滑轮、限位装置、转向滑轮、地锚等应灵活可靠;钢丝绳有无损伤以及保养状况。若发现有问题,经处理完毕后,方可使用。

(2)操作时,司机应集中精力,注意指挥人员所发出的信号,不应与他人交谈。

(3)严禁卷扬机超过额定功率进行作业,卷扬机启动或停止时,速度应逐渐增大或减小。

(4)钢丝绳在卷筒上应排列整齐,作业中卷出时不应全部放完,在卷筒上至少应保留3圈。收绕钢丝绳时严禁用手引导。

(5)钢丝绳应经常观察检查,不应有结节、扭拱现象。

(6)电动卷扬机在工作中应经常注意电动机的温度,若发现超过60 ℃,应停车检修。

(7)严禁任何人跨越正在工作的卷扬钢丝绳,施工现场运送人员的卷扬设备和装置应符合《水电水利工程施工安全防护设施技术规范》(DL 5162—2013)第10.5节的规定。

(8)制动带不应受潮和沾染油污,当因打滑制动失灵时,应立即停止工作,进行清洗和调整。

(9)卷扬机在运转时不应进行任何修理、调整或保养清洁工作。

(10)作业时司机不应擅自离开卷扬机,需离开时应经现场施工主管人员同意,并指派有操作资质证书的人员现场接替后方可离开。

(11)卷扬机、卷扬塔四周应用围栏围住,严禁无关人员进入工作区域内。

(12)电动卷扬机在工作中,若遇停电或检查保养,应将操作手柄置于停止位置上,并立即将电源开关切断。

(13)在吊运零碎散件物品时,应使用吊筐,不应使用无栏杆的平板散装。

(14)司机应按指挥人员的信号进行操作,当指挥人员所发信号不够清楚或察觉有安全隐患时,司机可拒绝执行,并通知指挥人员。

(15)司机对任何人发出的危险信号均应听从。

(16)重物提升过程中,需在空中停留时,除制动器制动外,应使用棘轮保险。

(17)工作停工后应切断电源,锁上开关箱。

(18)工作完毕或中间休息时,重物应停放在地面,不应悬在空中。

十九、提梁机安全操作规程

(一)工作前

(1)操作者按点检卡片的要求对制动器、吊钩、钢丝绳和安全装置等部件进行检查,发现异常情况,应予以排除。

(2)松开夹轨器。

(二)工作中

(1)每班第一次起吊重物时或负荷达到最大重量时,应在吊离地面高度0.5 m后,重新将重物放下,以检查制动器性能,确认可靠后,再进行正常作业。

(2)操作者在作业中,应按规定对下列各项作业鸣铃报警:

①起升、降落重物开动大、小车行驶时。

②视线不清楚时,起重机行驶、通过要连续鸣铃报警。

③起重机行驶接近跨内另一起重机时。

④吊运重物接近人员时。

(3)操作运行中应按统一规定的指挥信号进行。

(4)工作中突然断电时,应将所有的控制器手柄置于“0”位,在重新工作前应检查起重机动作是否正常。

(5)起重机龙门架、起重小车在正常起吊过程中,严禁开反车制动停车;变换大、小车运动方向时,必须将手柄置于“0”位,使机构完全停止运转后,方能反向开车。

(6)有两个吊钩的起重机,在主、副钩换用时和两钩高度相近时,主、副钩必须单独作业,以免两钩相撞。

(7)两个吊钩的起重机不准两钩同时吊两个物件,不工作的吊钩必须升到接近极限位置高度,吊钩上不准挂钢丝绳。

(8)不准利用极限位置限制器停车,严禁在有负载的情况下调整起升机构制动器。

(9)严格执行“十不吊”的制度:

①指挥信号不明或乱指挥不吊。

②超过额定起重量时不吊。

③吊具使用不合理或物件捆挂不牢不吊。

④吊物上有人或有其他浮放物品不吊。

⑤行车吊挂重物直接进行加工时不吊。

⑥歪拉斜挂不吊。

⑦具有爆炸性物件不吊。

⑧埋在地下物件不拔吊。

⑨带棱角块口物件、未垫好不吊。

⑩干部违章指挥不吊。

(10)操作者应密切注视运行方向及其附近有无人或障碍物。

(11)露天作业的龙门式起重机,当工作结束后应将起重机锚碇住。当风力大于6级时,一般应停止工作,并将起重机用夹轨钳锁定。

(三)工作后

(1)将吊钩升高至一定高度,大车停靠在指定位置,控制器手柄置于“0”位;拉下保护箱刀开关手柄,切断电源,夹紧夹轨或其中机防风锚锁定。

(2)进行日常维护保养。

(3)做好交接班工作。

二十、衬砌台车安全操作规程

(1)台车的各层工作平台,应设防护栏杆,平台四周应设挡脚板,上下爬梯应有扶手,垂直爬梯应加设护圈。

(2)操作人员必须正确佩戴劳动防护用品。

(3)在有坡度的轨道上使用时,台车应配置灵敏、可靠的制动(刹车)装置,以防失控。

(4)台车行走前,应将轨道上及其近旁的障碍物全部清除,行车时应有人监护,防止电源线等被压断。

(5)台车工作前,应做好台车的检查和接地工作。检查电源相序和漏电保护装置,避免台车漏电和电机反转造成逆向行驶。

(6)检查钢轨间距必须符合要求,夹板和枕木应完好。台车前进方向无危岩和障碍物,机械制动系统完好,在确认各部完好无误时,再鸣号前进。

(7)台车行走时,应有专人指挥。台车前后左右顶部要设防护岗。操作人员要听从指挥,严守岗位。

二十一、注浆泵安全操作规程

(一)开泵前的准备和检查

(1)泵体应稳固地安装在基础上,并检查动力端零部件的紧固情况。

(2)根据现场情况,应尽可能缩短吸入管长度和吸程,并检查进浆阀、排水阀是否良好。

(3)检查离合器和变速装置工作是否可靠。

(4)检查活塞杆轴套、连杆轴承、十字头轴承和十字头滑套的配合间隙。

(5)检查曲轴箱内润滑油的油面,检查各油嘴是否有足够的润滑油,各部件润滑是否正常。

(6)检查安全阀是否可靠、压力表是否灵敏,并按要求校核压力表准确度。

(7)检查进浆口处,不得有粒径大于3 mm的杂物进入。

(8)用手转动皮带轮5~6圈,检查泵运转是否灵活。

(二)泵运转检查

(1)将离合器手柄放在断开位置上,开动电动机。当运转正常时,合上离合器启动泵工作,向工作地点输送浆液。

(2)泵在工作时,若需变速,必须拉开离合器或停泵后进行,不得在运转中变速。

(3)随时注意泵的传动系统有无冲击、碰撞声,排浆压力和排浆量是否均匀,有无漏油、漏浆等非正常现象。

(4)泵的排出压力应控制在额定范围内,随时注意观察和控制压力表值,防止超过规定的极限值。

(5)在工作中应经常检查各运动部件的润滑情况,各箱体内的润滑油温度在30~50 ℃范围内,最高不得超过60 ℃。

(6)带式制动器中的制动带不能沾油,以防摩擦片和制动阀在制动时打滑。

(三)停泵检查

(1)打开三通回路卸压后,脱开离合器,停止电动机。

(2)用清水清洗泵头缸体直至干净。

(3)闲工期或冬季停泵时,必须放净泵内和管路内的浆液,并彻底清洗干净。

(4)保养规程。

①日常保养:随时观察压力表的指针摆动情况,确保泵在额定压力下工作;随时注意填料盒的工作情况,若发现漏浆应及时拧紧或补充、更换新填料;新泵使用一个月后,必须更换一次润滑油;传动箱内密封性要好,防止灰尘、砂土等杂物进入;运转中发现泵内有异常声响时,应立即停泵进行检查,并消除故障;因柱塞、缸套、胶球、拉杆磨损造成压力和排量不足时,应及时拆卸更新;经常调节三角皮带的松紧程度,确保泵正常运转;安全阀门不得随意加厚,保证在额定压力下工作。

②定期保养:每周进行一次活塞、连杆、十字头等零件的松紧程度检查;每周进行一次进浆阀、排浆阀、拉杆、防尘密封圈、缸套的磨损程度检查;每周进行一次连杆、齿轮、轴承、安全阀、离合器、三通的磨合程度检查;每季度更换一次润滑油;每半年拆卸、清洗曲轴变速箱体并检查各零部件。

(5)检查与考核。

①由职能部门组织有关人员进行检查与考核。

②按照本规程的各项要求进行检查和考核。

(6)检验规程。

①主题内容与适用范围:本规定适用于额定压力为0～12 MPa泥浆泵、高压泥浆泵的检验。

②内容与要求。

A. 空载运转检验:启动电动机,打开泵上回浆管路,松开制动带或合上离合器,使泵处于空载运转状态;检查泵曲轴箱、变速器、离合器和泵体的运转是否正常,有无杂音和漏水、漏气等现象和组部件温升情况;检查泵上的所有紧固件。

B. 负荷运转检验:连接工作管路、调节控制回浆闸阀全部打开,使泵达到额定压力下的排量,运转4小时;压力表的指示值应准确无误;检查离合器及各变速机构是否灵活可靠;检查轴承润滑处是否良好,温升在规定范围内;检查各紧固件是否紧固。

二十二、移动模架操作规程

操作规程是针对标准跨的过孔制定的,对于非标准的首跨和操作过程,总体上分为脱模、开模、纵移、合模顶升。下面的末跨过孔,则需要吊车配合过孔。

人员配置:指挥员,1人;操作员,2人;观察检查人员,2人;配属人员,14人。

要求:所有参与人员熟悉该套移动模架的构造和操作方法,统一指挥,绝对不允许有误动作。

(一)脱模

准备工作:端模、散模拆除,清理杂物,松开内模,梁跨完成预张拉和初张拉,解除影响外模床竖向下落的约束和临时设施。

(1)启动液压泵站进行空运转,检查电液系统是否有故障,检查溢流阀压力是否为25 MPa。

(2)先启动梁跨的纵坡高处的两台泵站(若是无纵坡,则启动行走的前方两台泵站),同步向上顶升垂直油缸直至顶不动,下旋垂直油缸螺母,去除垫块和抱箍,去除的垫块和抱箍不能太多,只要能使垂直油缸可以下降50 mm即可。

(3)操作控制器,使前墩两个垂直油缸缓慢同步下降50 mm。此操作不能有误动作,同时控制下降速度,不同步不能大于30 mm,观察有无其他异常状况。

(4)在后墩处重复(1)～(3)步骤,使后垂直油缸亦下降50 mm。

(5)重复(1)～(4)的操作,直到外模床完全下落到支承上。

(二)开模

(1)准备工作:

①清理杂物。

②检查台车支承主梁的四个点是否在同一个水平面内,否则予以调整锁定台车,检查张拉过的精轧螺纹钢是否松动。

③检查开关门是否保持锁定状态。

④拆卸底模中缝的所有连接。

⑤拆卸主梁上支撑翼模的人字形撑杆。

⑥松开底模边缝下的支撑法兰螺栓,将该支撑杆向横桥向外转动90°后锁定。

⑦拆卸梳形横梁接头处的所有螺栓连接;拆卸梳形横梁和主梁、支撑桁和主梁之间的连接销子;解除所有影响模床水平分开的约束。

⑧检查梳形横梁开模的滑车系及其工作块,检查和拨动工作块的人员到达每个滑车系位置就位。

⑨检查梳形横梁滑动副的油脂,不足的予以重新涂油。

(2)所有油缸推移滑动系使工作块到达同一个棘孔位置。

(3)统一下命令,同步向外推移油缸。

(4)油缸回位,使工作块进入下一个棘孔位置。

(5)重复(3)、(4)步操作。

(6)在一侧梳形横梁打开 1 m 距离后,用同样的操作方法打开另一侧梳形横梁到 1 m 位置。

(7)如此重复,直到整个外模床打开距离满足过墩要求距离,为 8.3 ~8.4 m。

(8)在整个开模过程中,注意观察梳形横梁是否同步,若不同步,进行适当调整。注意观察是否有外模床外倾现象,开关门是否正常。

(三)纵移

根据该套移动模架的特点和现场的实际情况,对该套移动模架的纵移方式予以更改:不使用前吊架,不使用自动倒腿,改成用吊车倒运后墩旁托架和牛腿到超前墩安装,然后一次过孔到位的方式。可以省却一次墩旁托架和牛腿的自动倒运和安装的时间约 2 d。

1. 准备工作

(1)超前墩承台处理:承台开挖,清理泥沙,测量放样,确定该墩的牛腿高度,确定砂浆及找平铁板的数量、高度。(这部分工作可以在其他工序中间安排,不占用正常循环时间)

(2)在梁面上铺设后吊架走行的轨道。

(3)松开主梁上部与桥墩之间的顶块,顺纵桥向转动,紧贴主梁,不影响主梁纵移。

(4)检查前墩的精轧螺纹钢是否松动。

(5)检查后吊架上下销子,主梁上后吊挂点的螺栓是否松动,焊接位置是否有变形及其他异常变化。

(6)检查活动门是否正常。

(7)检查两半模床的姿态,使台车的滑板与主梁和导梁下的四条轨道充分接触、紧贴。

(8)检查所有轨道上都是否有润滑油。

(9)检查纵移滑板是否正常。

①检查移动模架的主电缆和四个液压站的电缆、信号线的走行是否有障碍。

②清理桥面及其他影响纵移的障碍。

2. 安装后吊架

(1)向前推移后吊架,使后吊架位于主梁后吊挂位置正上方。

(2)启动后两个台车上的垂直油缸,上升 30 ~50 mm,使两侧主梁位于同一水平面。

(3)连接后吊架与主梁上的后吊挂点,检查连接,确保无误。

(4)同步缓慢下降垂直油缸。

3. 向前纵移模床约 5 m

(1)打开前墩和后墩后方的开关门,使之打开到可以避开桥墩的程度。

(2)启动前墩两侧的台车纵移机构,使模架同步向前间歇纵移约 5 m。同步误差不大于 30 mm。保证空间足够,后台车可以拆卸。

(3)合拢开关门,按照要求紧固螺栓。

4. 倒运后台车到超前墩并安装

(1)对称分级松开 12 t—9 t—4 t—0 但不卸下桥墩托架的对拉精轧螺纹钢,卸下墩旁托架与墩侧的顶块。

(2)卸下托架与台车之间的连接螺栓,解体墩旁托架,用吊车及拖车转运至超前墩。

(3)根据实测高程调整牛腿组合,在超前墩安装好墩旁托架、台车、顶块等。

(4)按照对称分级 4 t—9 t—12 t 张拉对拉精轧螺纹钢。

5. 纵移过孔

(1)启动前墩两侧的台车纵移机构,使模架间歇向前纵移。

(2)当开关门分别同时靠近超前墩和前墩时,检查合拢后的后两组开关门紧固情况,再打开靠近桥墩的前两组开关门,继续向前过孔。

(3)当模架纵移到位后,合拢前两组开关门,紧固螺栓。

(4)纵移过程中注意检查各种电缆及信号线,防止挂断;注意检查主梁的同步误差不大于 30 mm;注意观察两半模床的姿态、开关门的状态;注意观察后吊架是否正常,是否存在两半模床走偏等。

(5)垂直油缸顶升主梁后段 30 ~ 50 mm,拆卸后吊架与主梁的连接。固定后吊架,使之不能移动。

(四)合模及顶升模架

(1)合模的顺序正好和开模的顺序相反。当合模到位后,将开模时所拆卸的构件按照要求全部安装到位。

(2)顶升模架的过程和脱模的过程相反,具体的顶升高度根据实测数据决定。

(3)根据实测数据,模床的部分地方可能需要进行调整。

在这一过程中,需要注意的事项有:

①注意检查墩旁托架的对拉精轧螺纹钢是否有托架与墩侧的顶块是否松动。

②注意检查两半模床的姿态和开关门的状态。

③注意两半模床向内行进的距离不能相差太大。

④注意操作的同步,不同步不能超过 30 mm。

⑤完全合模之前,检查主梁与主梁、主梁和桥墩之间的状态,可以用台车上的纵移油缸和横移油缸进行调整。

⑥注意检查底模连接螺栓、梳形横梁连接螺栓、开关门连接螺栓、底模支撑杆与梳形横梁的连接螺栓等所使用的螺栓是否是所需的型号、种类,拧紧力量是否符合要求。

⑦注意检查各部位的连接销是否安装到位,是否都安装了开口销锁定。

附录六 《水利工程建设项目生产安全重大事故隐患直接判定清单(指南)》

类别	管理环节	隐患编号	隐患内容
一、基础管理	现场管理	SJ－J001	施工企业无安全生产许可证或安全生产许可证未按规定延期承揽工程
		SJ－J002	未按规定设置安全生产管理机构、配备专职安全生产管理人员
		SJ－J003	未按规定编制或未按程序审批达到一定规模的危险性较大的单项工程或新工艺、新工法的专项施工方案
		SJ－J004	未按专项施工方案施工
二、临时工程	营地及施工设施建设	SJ－L001	施工驻地设置在滑坡、泥石流、潮水、洪水、雪崩等危险区域
		SJ－L002	易燃易爆物品仓库或其他危险品仓库的布置以及与相邻建筑物的距离不符合规定,或消防设施配置不满足规定
		SJ－L003	办公区、生活区和生产作业区未分开设置或安全距离不足
	围堰工程	SJ－L004	没有专门设计,或没有按照设计或方案施工,或未验收合格投入运行
		SJ－L005	土石围堰堰顶及护坡无排水和防汛措施或钢围堰无防撞措施;未按规定驻泊施工船舶;堰内抽排水速度超过方案规定
		SJ－L006	未开展监测监控,工况发生变化时未及时采取措施
三、专项工程	施工用电	SJ－Z001	没有专项方案,或施工用电系统未经验收合格投入使用
		SJ－Z002	未按规定实行三相五线制或三级配电或两级保护
		SJ－Z003	电气设施、线路和外电未按规范要求采取防护措施
		SJ－Z004	地下暗挖工程、有限作业空间、潮湿等场所作业未使用安全电压
		SJ－Z005	高瓦斯或瓦斯突出的隧洞工程场所作业未使用防爆电器
		SJ－Z006	未按规定设置接地系统或避雷系统
	深基坑(槽)	SJ－Z007	深基坑未按要求(规定)监测
		SJ－Z008	边坡开挖或支护不符合设计及规范要求
		SJ－Z009	开挖未遵循“分层、分段、对称、平衡、限时、随挖随支”原则

续表

类别	管理环节	隐患编号	隐患内容
三、专项工程	深基坑（槽）	SJ－Z010	作业范围内地下管线未探明、无保护等开挖作业
		SJ－Z011	建筑物结构强度未达到设计及规范要求时回填土方或不对称回填土方施工
	降水	SJ－Z012	降水期间对影响范围建筑物未进行安全监测
		SJ－Z013	降水井(管)未设反滤层或反滤层损坏
	高边坡	SJ－Z014	未按规定进行边坡稳定检测
		SJ－Z015	坡顶坡面未进行清理,或无截排水设施,或无防护措施
		SJ－Z016	交叉作业无防护措施
	起重吊装与运输	SJ－Z017	起重机械上安装非原制造厂制造的标准节和附着装置且无方案及检测
		SJ－Z018	未按规范或方案安装拆除起重设备
		SJ－Z019	使用未经检验或检验不合格的起重设备
		SJ－Z020	同一作业区多台起重设备运行无防碰撞方案或未按方案实施
		SJ－Z021	起重机械安全、保险装置缺失
		SJ－Z022	吊笼钢结构井架强度、刚度和稳定性不满足安全要求
		SJ－Z023	起重臂、钢丝绳、重物等与架空输电线路间允许最小距离不满足规范规定
		SJ－Z024	使用达到报废标准的钢丝绳或钢丝绳的安全系数不符合规范规定
		SJ－Z025	船舶运输时非法携带雷管、炸药、汽油、香蕉水等易燃易爆危险品;装运易燃易爆危险品的专用船上,吸烟和使用明火
	脚手架	SJ－Z026	脚手架未进行专门设计,无专项方案
		SJ－Z027	脚手架未经验收或验收不合格投入使用
		SJ－Z028	吊篮未经检测、验收或无独立安全绳

续表

类别	管理环节	隐患编号	隐患内容
三、专项工程	地下工程	SJ－Z029	施工方法不符合设计或方案要求
		SJ－Z030	未按要求进行超前地质预报、监控量测
		SJ－Z031	未按规定对作业面进行有毒有害气体监测
		SJ－Z032	瓦斯浓度达到限值
		SJ－Z033	未按规定设置通风设施
		SJ－Z034	开挖前未对掌子面及其临近的拱顶、拱腰围岩进行排险处理，或相向开挖的两端在相距 30 m 以内时装炮作业前，未通知另一端停止工作并退到安全地点，或相向开挖作业两端相距 15 m 时，一端未停止掘进，单向贯通的，或斜（竖）井相向开挖距贯通尚有 5 m 长地段，未采取自上端向下打通
		SJ－Z035	未按要求支护或支护体材质（拱架、各类锚杆、钢筋混凝土）等不符合要求
		SJ－Z036	隧洞内存放、加工、销毁民用爆炸物品
		SJ－Z037	隧洞进出口及交叉洞未按规定进行加固
		SJ－Z038	隧洞进出口无防护棚
	爆破作业	SJ－Z039	无爆破设计，或未按爆破设计作业
		SJ－Z040	地下井挖，洞内空气含沼气或二氧化碳浓度超过 1% 时未停止爆破作业的
		SJ－Z041	未设置警戒区，或未按规定进行警戒
		SJ－Z042	无统一的爆破信号和爆破指挥
		SJ－Z043	装药、起爆作业无专人监督
		SJ－Z044	起爆前未进行全面清场确认
		SJ－Z045	爆破后未进行检查确认，或未排险立即施工
		SJ－Z046	爆破器材库房未进行专门设计，或未按专门设计建设，或未验收投入使用
		SJ－Z047	使用非专用车辆运输民用爆炸物品或人药混装运输
		SJ－Z048	爆破器材库区照明未采用防爆型电器

续表

类别	管理环节	隐患编号	隐患内容
三、专项工程	模板工程	SJ－Z049	支架基础承载力不符合方案设计要求
		SJ－Z050	未按规范或方案要求安装或拆除沉箱、胸墙、闸墙等处的模板（包括翻模、爬（滑）模、移动模架等）
		SJ－Z051	支架立杆采用搭接、水平杆不连续、未按规定设置剪刀撑、扣件紧固力不符合要求
		SJ－Z052	采用挂篮法施工未平衡浇筑；挂篮拼装后未预压、锚固不规范；混凝土强度未达到要求或恶劣天气移动挂篮
		SJ－Z053	各类模板未经验收或验收不合格即转序施工
	拆除工程	SJ－Z054	无专项拆除设计施工方案，或未对施工作业人员进行安全技术交底
		SJ－Z055	拆除施工前，未切断或迁移水电、气、热等管线
		SJ－Z056	未根据现场情况进行安全隔离，设置安全警示标志，并设专人监护
		SJ－Z057	围堰拆除未进行专门设计论证，编制专项方案，或无应急预案
		SJ－Z058	爆破拆除未进行专门设计，编制专项施工方案，或未按专项方案作业，或未对保留的结构部分采取可靠的保护措施
	危险物品	SJ－Z059	易燃、可燃液体的贮罐区、堆场与建筑物的防火间距小于规范的规定
		SJ－Z060	油库、爆破器材库等易燃易爆危险品库房未专门设计，或未经验收或验收不合格投入使用
		SJ－Z061	有毒有害物品贮存仓库与车间、办公室、居民住房等安全防护距离少于 100 m
		SJ－Z062	未根据化学危险物品的种类、性能，设置相应的通风、防火、防爆、防毒、监测、报警、降温、防潮、避雷、防静电、隔离操作等安全设施
		SJ－Z063	油库（储量：汽油 20 t 或柴油 50 t 及以上）、炸药库（储量：炸药 1 t 及以上）未按规定管理
	消防安全	SJ－Z064	施工生产作业区与建筑物之间的防火安全距离，不满足规范规定，金属夹芯板材燃烧性能等级未达到 A 级
		SJ－Z065	施工现场动火作业未按规定办理动火审批手续，且周围有易燃易爆物品，未采取安全防护和隔离措施
		SJ－Z066	加工区、生活区、办公区等防火或临时用电未按规范实施
		SJ－Z067	未独立设置易燃易爆危险品仓库
		SJ－Z068	重点消防部位未规定设置消防设施和配备消防器材的

续表

类别	管理环节	隐患编号	隐患内容
三、专项工程	特种设备	SJ－Z069	使用的特种设备达到设计使用年限，未按照安全技术规范的要求通过检验或者安全评估
		SJ－Z070	特种设备安装拆除无专项方案，或未按规范或方案安装拆除
		SJ－Z071	特种设备未经检测或检测不合格使用的
		SJ－Z072	特种设备未按规定验收
		SJ－Z073	特种设备安全、保险装置缺少或失灵、失效
		SJ－Z074	起重钢丝绳的规格、型号不符合说明书要求，无钢丝绳防脱槽装置，使用达到报废标准的钢丝绳或钢丝绳的安全系数不符合规范规定
四、其他	水上（下）作业	SJ－Q001	通航水域施工未办理施工许可证
		SJ－Q002	无专项施工方案，或无应急预案，或救生设施配备不足
		SJ－Q003	运输船舶无配载图，超航区运输
		SJ－Q004	工程船舶改造、船舶与陆用设备组合作业未按规定验算船舶稳定性和结构强度等
		SJ－Q005	水下爆破未经批准作业
		SJ－Q006	潜水作业未制定专人负责通信和配气或未明确线绳员
	有限空间作业	SJ－Q007	未做到“先通风、后检测、再作业”或通风不足、检测不合格作业
		SJ－Q008	在贮存易燃易爆的液体、气体、车辆容器等的库区内从事焊接作业
		SJ－Q009	人工挖孔桩衬砌混凝土搭接高度、厚度和强度不符合设计要求
	安全防护	SJ－Q010	建筑（构）物洞口、临边、交叉作业无防护或防护体刚度、强度不符合要求
		SJ－Q011	垂直运输接料平台未设置安全门或无防护栏杆；进料口无防护棚
	液氨制冷	SJ－Q012	制冷车间无通（排）风措施或排风量不符合要求或排（吸）管处未设止逆阀；安全出口的布置不符合要求
		SJ－Q013	无应急预案
		SJ－Q014	制冷车间无泄漏报警装置
		SJ－Q015	制冷系统未经验收或验收不合格投入运行
		SJ－Q016	压力容器本体及附件未按规定检测或制冷系统的贮液器氨贮存量不符合规定

附录七　《水利工程建设项目生产安全重大事故隐患综合判定清单(指南)》

水利工程建设项目生产安全重大事故隐患综合判定清单(指南)

一、基础管理		
	基础条件	重大事故隐患判据
1	安全管理制度、安全操作规程和应急预案不健全	满足全部基础条件+任意2项隐患
2	未按规定组织开展安全检查和隐患排查治理	
3	安全教育和培训不到位或相关岗位人员未持证上岗	
隐患编号	隐患内容	
SJ－JZ001	未按规定进行安全技术交底	
SJ－JZ002	隐患排查治理情况未按规定向从业人员通报	
SJ－JZ003	超过一定规模的危险性较大的单项工程未组织专家论证或论证后未经审查	
SJ－JZ004	应当验收的危险性较大的单项工程专项施工方案未组织验收或验收不符合程序	
二、专项工程—临时用电		
	基础条件	重大事故隐患判据
1	安全管理制度、安全操作规程和应急预案不健全	满足全部基础条件+任意3项隐患
2	未按规定组织开展安全检查和隐患排查治理	
3	安全教育和培训不到位或相关岗位人员未持证上岗	
隐患编号	隐患内容	
SJ－ZDZ001	配电线路电线绝缘破损、带电金属导体外露	
SJ－ZDZ002	专用接零保护装置不符合规范要求或接地电阻达不到要求	
SJ－ZDZ003	漏电保护器的漏电动作时间或漏电动作电流不符合规范要求	

续表

SJ－ZDZ004	配电箱无防雨措施	满足全部基础条件＋任意3项隐患
SJ－ZDZ005	配电箱无门、无锁	
SJ－ZDZ006	配电箱无工作零线和保护零线接线端子板	
SJ－ZDZ007	交流电焊机未设置二次侧防触电保护装置	
SJ－ZDZ008	一闸多用	
三、专项工程—深基坑（槽）		
	基础条件	重大事故隐患判据
1	安全管理制度、安全操作规程和应急预案不健全	满足全部基础条件＋任意2项隐患
2	未按规定组织开展安全检查和隐患排查治理	
3	安全教育和培训不到位或相关岗位人员未持证上岗	
隐患编号	隐患内容	
SJ－ZSZ001	基坑（槽）周边1 m范围内随意堆物、停放设备	
SJ－ZSZ002	基坑（槽）顶无排水设施	
SJ－ZSZ003	变形观测资料不全	
四、专项工程—起重吊装与运输		
	基础条件	重大事故隐患判据
1	安全管理制度、安全操作规程和应急预案不健全	满足全部基础条件＋任意2项隐患
2	未按规定组织开展安全检查和隐患排查治理	
3	安全教育和培训不到位或相关岗位人员未持证上岗	
隐患编号	隐患内容	
SJ－JDZ001	起重机械基础承载力不符合说明书要求	
SJ－JDZ002	井架及物料提升机载人	

续表

SJ－JDZ003	电动卷扬机卷筒上钢丝绳余留圈数少于3圈或无防脱绳保护装置	满足全部基础条件＋任意2项隐患
SJ－JDZ004	钢构件或重大设备起吊时，使用摩擦式或皮带式卷扬机	
五、专项工程—地下工程		
	基础条件	重大事故隐患判据
1	安全管理制度、安全操作规程和应急预案不健全	满足全部基础条件＋任意2项隐患
2	未按规定组织开展安全检查和隐患排查治理	
3	安全教育和培训不到位或相关岗位人员未持证上岗	
隐患编号	隐患内容	
SJ－ZWZ001	雨季、融雪季节边、仰坡施工排险、防护措施不足	
SJ－ZWZ002	边、仰坡开挖未施做排水系统；岩堆、松散岩体或滑坡地段的边坡开挖、排险、防护措施不足	
SJ－ZWZ003	雨季、融雪季节，浅埋或地表径流地段未开展地表监测	
SJ－ZWZ004	未按规定进行盲炮处理	
SJ－ZWZ005	残留炮孔内（套孔）钻孔作业	
SJ－ZWZ006	未按规定进行爆破公示	
SJ－ZWZ007	爆破信号不明确	
六、其他		
	基础条件	重大事故隐患判据
1	安全管理制度、安全操作规程和应急预案不健全	满足全部基础条件＋任意1项隐患
2	未按规定组织开展安全检查和隐患排查治理	
3	安全教育和培训不到位或相关岗位人员未持证上岗	
隐患编号	隐患内容	
SJ－JQZ001	有度汛要求的工程，工程进度不满足度汛要求	
SJ－ZSZ002	人员集中区域（场所、设施）的活动无应急措施	
SJ－ZSZ004	采用国家明令淘汰的危及生产安全的工艺、设备	

附录八 水利水电工程施工一般危险源 LEC 法风险评价赋分表

序号	类别	项目	危险源	一般危险源	LEC 法取值范围				风险等级范围
					L	E	C	D	
1	施工作业类	明挖施工	有堆渣的挖掘作业	堆渣高度小于 10 m 的挖掘作业	1 ~ 6	3 ~ 10	7 ~ 15	21 ~ 900	低 ~ 重大
2			土方边坡开挖作业	土方边坡高度小于 30 m 的开挖作业	1 ~ 6	6 ~ 10	3 ~ 15	18 ~ 900	低 ~ 重大
3			石方边坡开挖作业	石方边坡高度小于 50 m 的开挖作业	1 ~ 6	6 ~ 10	7 ~ 15	42 ~ 900	低 ~ 重大
4		洞挖施工	洞室开挖	断面面积小于 20 m^2 或单洞长度小于 50 m 以及非地质缺陷开挖;地应力小于 20 MPa 或小于岩石强度的 1/5 或埋深小于 500 m 部位的作业;非重大风险源所列内容的普通洞开挖	1 ~ 6	6 ~ 10	3 ~ 40	18 ~ 2 400	低 ~ 重大
5			洞室支护	能及时支护的部位	0.2 ~ 6	6 ~ 10	3 ~ 15	3.6 ~ 900	低 ~ 重大
6		石方爆破	石方明挖的爆破作业	一次装药量小于 200 kg 的爆破	1 ~ 6	2 ~ 6	7 ~ 15	14 ~ 540	低 ~ 重大
7			石方洞挖的爆破作业	一次装药量小于 50 kg 的地下爆破;非重大风险源所列内容的普通爆破	1 ~ 6	2 ~ 6	7 ~ 40	14 ~ 1 440	低 ~ 重大
8		填筑工程	截流工程	截流工程	6 ~ 10	3 ~ 6	7 ~ 15	126 ~ 900	一般 ~ 重大
9			堤防工程	堤防工程	0.2 ~ 3	2 ~ 6	3 ~ 15	1.2 ~ 270	低 ~ 较大
10			大坝工程	大坝工程	1 ~ 6	2 ~ 6	7 ~ 100	14 ~ 3 600	低 ~ 重大
11		灌浆工程	采用危险化学品进行化学灌浆;廊道内灌浆	非采用危险化学品进行化学灌浆,廊道内灌浆	3 ~ 6	3 ~ 6	7 ~ 15	63 ~ 540	低 ~ 重大
12			灌注桩施工,旋挖桩施工,防渗墙施工	灌注桩施工,旋挖桩施工,防渗墙施工	1 ~ 6	3 ~ 6	1 ~ 3	3 ~ 108	低 ~ 一般

续表

序号	类别	项目	危险源	一般危险源	LEC 法取值范围				风险等级范围
					L	*E*	*C*	*D*	
13	施工作业类	斜井、竖井开挖	井筒衬砌部分	井筒衬砌	1 ~ 3	3 ~ 6	3 ~ 7	9 ~ 126	低 ~ 一般
14			竖井提升设施	提升系统行程小于 20 m	1 ~ 3	3 ~ 6	7 ~ 40	21 ~ 720	低 ~ 重大
15			斜井开挖	斜井开挖	1 ~ 3	3 ~ 6	7 ~ 15	21 ~ 270	低 ~ 较大
16			竖井开挖	竖井开挖	0.5 ~ 3	3 ~ 6	3 ~ 7	5 ~ 126	低 ~ 一般
17			沉井工程	小于 20 m 的沉井工程	0.5 ~ 6	3 ~ 6	7 ~ 15	10.5 ~ 540	低 ~ 重大
18			天锚或地锚	天锚或地锚	6 ~ 10	3 ~ 10	7 ~ 15	126 ~ 1 500	一般 ~ 重大
19		砂石料生产	砂石料破碎机	砂石料破碎机	0.2 ~ 1	1 ~ 6	1 ~ 3	0.2 ~ 18	低
20		混凝土生产	混凝土拌和楼（系统）	混凝土拌和楼（系统）	1 ~ 6	3 ~ 6	3 ~ 15	9 ~ 540	低 ~ 重大
21		混凝土浇筑	利用缆机、塔带机或门机浇筑	利用缆机、塔带机或门机浇筑	3 ~ 6	6 ~ 10	7 ~ 15	126 ~ 900	一般 ~ 重大
22			浇筑	浇筑	0.5 ~ 6	2 ~ 10	3 ~ 15	3 ~ 900	低 ~ 重大
23		脚手架工程	脚手架工程	搭设高度 24 m 以下的落地式钢管脚手架工程	1 ~ 6	3 ~ 6	3 ~ 40	9 ~ 1 440	低 ~ 较大
24			自制卸料平台、移动操作平台工程	自制卸料平台、移动操作平台工程	3 ~ 6	3 ~ 6	7 ~ 40	63 ~ 1 440	低 ~ 重大
25		模板工程	模板拆除	模板拆除	0.2 ~ 3	6 ~ 10	3 ~ 7	3.6 ~ 210	低 ~ 较大
26			模板支撑工程	搭设高度 5 m 以下；搭设跨度 10 m 以下；施工总荷载 10 kN/m 以下；集中线荷载 15 kN/m 以下；其他非重大风险源所列内容的普通模板	1 ~ 6	6 ~ 10	3 ~ 15	18 ~ 900	低 ~ 重大

续表

序号	类别	项目	危险源	一般危险源	LEC 法取值范围				风险等级范围
					L	E	C	D	
27	施工作业类	钢筋工程	运输	运输	1 ~ 6	3 ~ 6	3 ~ 7	9 ~ 252	低 ~ 较大
28			焊接	焊接	0.2 ~ 3	3 ~ 6	3 ~ 7	1.8 ~ 126	低 ~ 一般
29		金属结构制作、安装及机电设备安装	金属结构制造	金属结构制造	1 ~ 6	6 ~ 10	3 ~ 7	18 ~ 420	低 ~ 重大
30			金属结构安装	采用常规起重设备、方法，或单件起吊重量在 10 kN 以下的起重吊装工程	1 ~ 6	3 ~ 6	3 ~ 7	9 ~ 252	低 ~ 较大
31			水轮机及发电机安装	采用常规起重设备、方法，或单件起吊重量在 10 kN 以下的起重吊装工程	1 ~ 3	3 ~ 6	3 ~ 7	9 ~ 126	低 ~ 一般
32			高空作业及上下交叉作业	高空作业及上下交叉作业	3 ~ 6	6 ~ 10	7 ~ 40	126 ~ 2 400	一般 ~ 重大
33		建筑物拆除	一般建筑物拆除	采取机械拆除，拆除高度小于 10 m；其他非重大风险源所列内容的一般建筑物拆除	0.5 ~ 6	3 ~ 6	3 ~ 15	4.5 ~ 540	低 ~ 重大
34		配套电网工程	组立或整修杆塔	组立或整修杆塔	0.5 ~ 3	0.5 ~ 6	3 ~ 7	0.75 ~ 126	低 ~ 一般
35			电线杆	电线杆	0.5 ~ 3	0.5 ~ 6	3 ~ 7	0.75 ~ 126	低 ~ 一般
36		降排水	降排水期间影响范围内的建筑物	降排水期间影响范围内的建筑物	0.5 ~ 3	3 ~ 6	1 ~ 7	1.5 ~ 126	低 ~ 一般
37			降水井	降水井	0.5 ~ 3	3 ~ 6	1 ~ 3	1.5 ~ 54	低
38		水上（下）作业	工程船舶改造、船舶与陆用设备组合作业	工程船舶改造、船舶与陆用设备组合作业	0.5 ~ 3	3 ~ 6	3 ~ 7	4.5 ~ 126	低 ~ 一般
39			水下焊接、爆破	水下焊接、爆破	3 ~ 6	3 ~ 6	7 ~ 15	63 ~ 540	低 ~ 重大
40			潜水作业	潜水作业	3 ~ 6	3 ~ 6	3 ~ 7	27 ~ 252	低 ~ 较大

续表

序号	类别	项目	危险源	一般危险源	LEC 法取值范围				风险等级范围
					L	E	C	D	
41	施工作业类	有限空间作业	顶管作业	顶管作业	3 ~ 6	6 ~ 10	3 ~ 7	54 ~ 420	低 ~ 重大
42			人工挖孔桩	人工挖孔桩	3 ~ 6	3 ~ 6	3 ~ 7	27 ~ 252	低 ~ 较大
43		管道安装	管道	管道	3 ~ 6	3 ~ 6	3 ~ 15	27 ~ 540	低 ~ 重大
44	机械设备类	运输车辆	运输车辆	运输车辆	3 ~ 6	3 ~ 6	3 ~ 7	27 ~ 252	低 ~ 较大
45		特种设备	大型施工机械的安装、运行及拆卸	大型施工机械的安装、运行及拆卸	6 ~ 10	3 ~ 6	7 ~ 15	126 ~ 900	一般 ~ 重大
46			压力容器	压力容器	3 ~ 6	3 ~ 6	3 ~ 15	27 ~ 540	低 ~ 重大
47			锅炉	锅炉	6 ~ 10	6 ~ 10	3 ~ 15	108 ~ 1 500	一般 ~ 重大
48		起重设备安装、拆卸及吊装作业	起重机械设备自身的安装、拆卸作业	采用常规起重设备、方法，且单件起吊重量在 10 kN 以下的起重吊装工程	6 ~ 10	3 ~ 6	7 ~ 15	126 ~ 900	一般 ~ 重大
49	设施场所类	存弃渣场	弃渣堆	普通弃渣堆，下方无人作业	3 ~ 6	6 ~ 10	7 ~ 100	126 ~ 6 000	一般 ~ 重大
50		基坑	基坑	开挖深度未超过 5 m 的普通作业	1 ~ 3	3 ~ 6	7 ~ 40	21 ~ 720	低 ~ 重大
51		油库、油罐	汽油、柴油等油品储存区	储存量低于临界量的汽油、柴油等	参照《危险化学品重大危险源辨识》(GB 18218—2009)标准				
52		危险化学品仓库	乙炔等危险化学品储存区	储存量低于临界量的乙炔等危险化学品	参照《危险化学品重大危险源辨识》(GB 18218—2009)标准				
53		供水系统	输水主干管	输水管道	3 ~ 6	3 ~ 6	3 ~ 7	27 ~ 252	低 ~ 较大
54			利用液氯进行消毒和用盐酸进行污水处理	利用液氯进行消毒和用盐酸进行污水处理	3 ~ 6	6 ~ 10	7 ~ 15	126 ~ 900	一般 ~ 重大

续表

序号	类别	项目	危险源	一般危险源	LEC 法取值范围				风险等级范围
					L	E	C	D	
55	设施场所类	供水系统	高位水池	高位水池	3 ~ 6	6 ~ 10	7 ~ 15	126 ~ 900	一般 ~ 重大
56		通风系统	空压机房、供风管路等设施	空压机房、供风管路等设施	3 ~ 6	3 ~ 6	3 ~ 7	27 ~ 252	低 ~ 较大
57			储气罐	储气罐	3 ~ 6	3 ~ 6	3 ~ 7	27 ~ 252	低 ~ 较大
58		供电系统	变压器	变压器	3 ~ 6	6 ~ 10	3 ~ 7	54 ~ 420	低 ~ 重大
59			变电站	变电站	3 ~ 6	6 ~ 10	3 ~ 7	54 ~ 420	低 ~ 重大
60			高压电缆或高压线	高压电缆或高压线	3 ~ 6	6 ~ 10	3 ~ 7	54 ~ 420	低 ~ 重大
61		修理厂、钢筋厂、模具厂等	加工机械	加工机械	1 ~ 6	3 ~ 6	1 ~ 3	3 ~ 108	低 ~ 一般
62		预制构件场所	预制构件制作	预制构件制作	1 ~ 6	3 ~ 6	1 ~ 3	3 ~ 108	低 ~ 一般
63		施工道路、桥梁	车辆	车辆	1 ~ 6	3 ~ 6	1 ~ 3	3 ~ 108	低 ~ 一般
64		隧洞	甲烷	甲烷	1 ~ 6	3 ~ 6	1 ~ 3	3 ~ 108	低 ~ 一般
65			有毒气体	有毒气体	1 ~ 6	3 ~ 6	1 ~ 3	3 ~ 108	低 ~ 一般
66	作业环境类	不良地质地段	不良地质地段	不良地质地段	1 ~ 6	3 ~ 10	7 ~ 15	21 ~ 900	低 ~ 重大
67		潜在滑坡区	潜在滑坡区	潜在滑坡区	1 ~ 6	3 ~ 10	7 ~ 15	21 ~ 900	低 ~ 重大
68			粉尘	粉尘	1 ~ 6	3 ~ 6	1 ~ 3	3 ~ 108	低 ~ 一般

续表

序号	类别	项目	危险源	一般危险源	LEC 法取值范围				风险等级范围
					L	E	C	D	
69	作业环境类	野外有毒有害气体及有毒化学品泄漏环境	野外有毒有害气体	野外有毒有害气体	参照《危险化学品重大危险源辨识》(GB 18218—2009)标准				
70	作业环境类	野外有毒有害气体及有毒化学品泄漏环境	危险化学品	危险化学品	参照《危险化学品重大危险源辨识》(GB 18218—2009)标准				
71	作业环境类	具有危险性的动、植物	具有危险性的动、植物	具有危险性的动、植物	1～6	2～6	1～3	2～108	低～一般
72	其他	野外施工	高压线或不明管道	高压线或不明管道	1～6	3～6	1～3	3～108	低～一般
73	其他	野外施工	施工过程使用的临时、永久道路，桥梁、隧洞	施工过程使用的临时、永久道路，桥梁、隧洞	1～6	3～6	1～3	3～108	低～一般
74	其他	野外施工	施工期地质勘探	施工期地质勘探	1～6	3～6	1～3	3～108	低～一般
75	其他	消防安全	可燃物的堆放与使用	可燃物的堆放与使用	1～6	3～6	1～3	3～108	低～一般
76	其他	消防安全	生活区用电、明火	生活区用电、明火	1～6	3～6	1～3	3～108	低～一般

参 考 文 献

[1] 中华人民共和国水利部. 水利水电工程施工通用安全技术规程:SL 398—2007[S]. 北京:中国水利水电出版社,2007.

[2] 中华人民共和国水利部. 水利水电工程土建施工安全技术规程:SL 399—2007[S]. 北京:中国水利水电出版社,2007.

[3] 中华人民共和国水利部. 水利水电工程机电设备安装安全技术规程:SL 400—2016[S]. 北京:中国水利水电出版社,2017.

[4] 中华人民共和国水利部. 水利水电工程施工作业人员安全操作规程:SL 401—2007[S]. 北京:中国水利水电出版社,2007.

[5] 中华人民共和国水利部. 水利工程施工安全防护设施技术规范:SL 714—2015[S]. 北京:中国水利水电出版社,2015.

[6] 中华人民共和国水利部. 水利水电工程施工安全管理导则:SL 721—2015[S]. 北京:中国水利水电出版社,2015.

[7] 中华人民共和国水利部. 水利水电工程劳动安全与工业卫生设计规范:GB 50706—2011[S]. 北京:北京计划出版社,2012.

[8] 中华人民共和国建设部. 建筑施工安全检查标准:JGJ 59—2011[S]. 北京:中国建筑工业出版社,2012.

[9] 高会芳. 水利水电工程安全员培训教材[M]. 北京:中国建材工业出版社,2010.

[10] 李慧. 安全员[M]. 北京:中国建筑工业出版社,2014.

[11] 周和荣. 安全员专业知识与实务[M]. 北京:中国环境科学出版社,2012.